科学图书馆　危险的天气

Dangerous Weather

干旱
Droughts

[英]迈克尔·阿拉贝 著　张镌 译

上海科学技术文献出版社

图书在版编目（CIP）数据

干旱/（英）迈克尔·阿拉贝著；张镱译.—上海：上海科学技术文献出版社，2011.1

（危险的天气）

ISBN 978-7-5439-4618-7

Ⅰ.①干… Ⅱ.①迈… ②张… Ⅲ.①干旱—普及读物 Ⅳ.① P426.616-49

中国版本图书馆 CIP 数据核字（2010）第 243529 号

Dangerous Weather: Droughts

图字：09-2005-488 号

责任编辑：谭　燕
封面设计：许　菲

危险的天气

干　旱

［英］迈克尔·阿拉贝　著

张　镱　译

*

上海科学技术文献出版社出版发行
（上海市长乐路746号　邮政编码200040）
全国新华书店经销
江苏昆山市亭林彩印厂印刷

*

开本 740×970　1/16　印张 14.5　字数 243 000
2011年1月第1版　2011年1月第1次印刷
ISBN 978-7-5439-4618-7
定价：28.00元
http://www.sstlp.com

前言

何谓干旱？

长时间的高温和滴雨不降，土地干裂，土壤被烤得干硬，甚至变成粉末状。龟裂的农田寸苗不生，庄稼基本绝收。这就是干旱。

干旱给人类社会带来极其严重的后果：人们因为没有收成而遭受饥饿，身体变得虚弱不堪、疾病缠身，孩子们更是奄奄一息。1991年，干旱再次袭击埃塞俄比亚。2000年又发生了一次，2000年底，据分配援助物资的慈善机构估计：有100万人在干旱中死去，800万人受到影响，四分之三的庄稼被旱死，90%的牛被渴死。

萨赫勒干旱

每年到了5月份，在非洲沿撒哈拉沙漠南端的一带，土地已是又焦又干，活下来的植物在漫长而干燥的冬季之后也是枯黄一片。6月份，这一地区的季风雨时期季风雨雨量多、持续时间长。很快，河水就流淌过一度干涸的河床，随处可见干旱季节里躲藏在土壤里的种子开始发芽，灌木丛和树木也长出了叶子，大地一片绿色，牧民们将牲畜和家禽驱赶到开始生长的草原上，当时正值耕种季节，农民开始耕种了。10月下旬，季风雨开始减少、停止，干旱的季节就再次返回。这片地带延伸到塞内加尔、毛里塔尼亚、马里、布基纳法索、尼日尔、尼日利亚、乍得及苏丹（这些地区都位于非洲境内）的全部或部分地区，这一地区被称为萨赫勒地区。

在20世纪60年代的头几年里，季风雨来势凶猛，对萨赫勒地区的农民来说年景一片大好。到了1968年和1969年，雨量就大为减少。1970年，季风雨根本没有光临这一地区，全年没有降雨，直到1973年才下了一场雨，降雨量也少得可怜；1974年，又是一年没有雨水，1975年只下了一场小雨，从那以后，季风雨就一直是好坏无常，多数年份无雨，有雨年份很少。

这就是所谓的萨赫勒地区干旱，从1968年到1973年持续了5年的时间，在这期间,降雨量很少,在1972年到1973年之间是最恶劣的时期,几乎就没下一滴雨,到无雨期结束的时候,约有多达20万人和400万的牛已经死去了。

美洲干旱

遭受旱灾的不仅是非洲一个地区,2001年,在萨尔瓦多至少有5万人面临着饥饿的威胁,因为干旱已摧毁了他们栽种的玉米、大豆和其他的庄稼,这次干旱影响到中美洲大约150万的人口,但受灾最严重的地区是在萨尔瓦多。

当美国东部地区在1996年年初遭受暴风雪袭击的时候,堪萨斯、俄克拉荷马及得克萨斯(美国的三个州)的农民们正被迫以极低的价格出售他们养的牛,原因是冬季小麦因缺雨而收成不佳,可以喂牛的草也所剩无几,农民们实在是养不起了,只好卖掉。从1995年10月到1996年5月,在得克萨斯州的圣安东尼奥地区,降雨量仅为3.7英寸,而往年同期的平均降雨量则是15.8英寸,这时期的干旱太严重了,它让人们回想起尘暴袭来那几年(参见本书"尘暴"部分)的状况。

干旱的定义

干旱这个词没有一个确切的定义,在英国,三个星期不下雨就足以引发一次干旱预警,而在其他国家,几个月不下雨才有人将这种情况称为干旱。干旱仅仅是一个地区在一段时间内的降雨量显著低于往年同期水平,从而导致水资源的短缺,家庭用水、工业用水、农民和野生动植物都会受到严重的影响。

干旱造成的最明显的影响就是缺水。植物枯萎、动物渴死、庄稼收成不好;但还有另外一个影响,会带来更快速的危险。当植物枯萎、干死的时候,如果发生火灾,火苗就会蔓延得很快,因此,一丁点的火星也足以在森林、灌木丛或草地上引发一片火灾。1996年年初的时候,干旱导致了新墨西哥、亚利桑纳和科罗拉多(美国的三个州)的森林大火,甚至在阿拉斯加(美国的一个州)也发生火灾,该地区森林地面上的大片干枯的苔藓让大火燃起,并且每小时40公里的风速使火势快速蔓延。在美国的安克雷奇,火灾释放出大量的烟雾,政府官员甚至发布了空气质量警报。

野火令人感到恐怖——因为它在漫长而干燥的夏季结束的时候很常见,2001年的8月和9月,大火席卷了美国加利福尼亚、爱达荷、蒙大拿、内华达、俄勒冈、犹他、华盛顿和怀俄明这几个州,加利福尼亚州魏玛附近的火灾覆盖了2 000亩的土地,约瑟米蒂国家公园西部燃起的大火笼罩了11 500亩的土地。

消防员们全力以赴控制火势,但最终通常是秋雨的降临才浇灭了大火。即使是面临着季节性的火灾危险,人们也尽量适应当地气候,只有当天气反常时,人们才身陷困境,通常,天气都是时好时坏,但对于那些适应它的人们来说总是可以忍受的。只有极端的天气才会给人们带来困难和危险,干旱就是一种极端的天气,它可能随处可见。

1	前言
1	**天空不下雨的时候**
1	沙漠在哪里
9	比热和黑体
10	亚热带沙漠
13	逆温
14	绝热冷却与绝热升温
17	湿度
21	西海岸沙漠
25	海陆风
27	极地沙漠
35	空气运动与热传递
41	位温
43	降水、蒸发、升华、凝华与冰雪消融
43	乔治·哈得莱与哈得莱环流圈
45	大气总体循环
49	潜热与露点
52	蒸发、凝结与云的形成

危险的天气之干旱

55	气温直减率与稳定性
58	洋流与海表温度
59	科里奥利效应
66	气候循环与振荡
68	热带汇流区与赤道槽
73	厄尔尼诺现象与拉尼娜现象
79	喷流与风暴路径
84	阻塞高压
87	气象锋
90	涡度与角动量

94	**水与生命**
94	沙漠里的生活
98	沙漠之舟
102	极地生活
105	冬眠
108	沙漠中的居民
113	植物为什么需要水
117	C3、C4 与 CAM 植物
119	渗透

120	**大地中的水**
120	地下水
126	井水与泉水

131	**干旱会造成什么后果**
131	干旱是如何分类的
136	过去的干旱
144	干旱与土壤侵蚀
148	<u>土壤可蚀性</u>
149	尘暴
155	萨赫勒地区
160	季风
167	**如何应对干旱**
167	干旱气候地区的农业
171	灌溉
179	人类使用的水
183	水循环与水净化
189	淡化处理
194	蓄水
200	节约用水
202	气候变化会带来更多的干旱吗
203	<u>太阳光谱</u>
209	**附录**
209	国际单位及单位转换
210	国际单位制使用的前缀
211	**参考书目及扩展阅读书目**

天空不下雨的时候

沙漠在哪里

干旱随处可以发生,但这个简单的陈述却不能告诉我们究竟什么是干旱,它可以指从几个星期到几年持续无雨的状况。在非洲智利北部,连续59年每年平均降雨量为0.03英寸(0.75毫米),在位于阿里卡南部的伊基克镇,曾一度连续四年滴雨未下,在第五年的7月份出现了一次阵雨,降雨量为0.6英寸(15毫米)。而在位于阿尔及利亚中部的印萨拉赫,平均每10年下一次阵雨,通常雨量很大,那里的年平均降雨量为0.06英寸(15.2毫米)。图1的北非地图可表明印萨拉赫的位置。

印萨拉赫位于撒哈拉地区,撒哈拉是世界上最大的沙漠,阿里卡和伊基克位于阿塔卡玛沙漠,它的面积比撒哈拉沙漠小得多,但却比撒哈拉更干燥,在阿卡塔玛沙漠的部分地区曾连续几十年连一次小小的阵雨都没下,这些地方都没有名字,这点不足为奇,因为那里没有人居住,也没有任何种类的植物存在。图2可表明阿塔卡玛沙漠、阿里卡镇和伊基克镇的位置。

撒哈拉沙漠和阿塔卡玛沙漠有着显著的差异,撒哈拉沙漠与地中海和北大西洋临界,但由于其面积广大,大多数地区都离海很遥远;而阿塔卡玛沙漠则是由一条与南太平洋临界的狭长沿海地带构成,位于非洲西南部纳米比亚境内的纳米布沙漠则与阿塔卡玛沙漠类似,而且两者几乎是同样的干燥。撒哈拉沙漠是亚热带沙漠,那里的气候是赤道和热带地区之间大气运动造成的,阿塔卡玛沙漠和纳米布沙漠属西海岸沙漠,产生于不同的气候特征。

让你不寒而栗的沙漠

当我们听到沙漠这个词的时候,首先跃入脑海中的图画就是一望无垠的沙丘和无情的骄阳在晴朗、蔚蓝的天空发出耀眼光芒,我们所能想到的还有令人难以忍受的炎热,方圆几里以内都没有水,渴得让人发疯。

图 1　北非的撒哈拉地区

撒哈拉沙漠就是这样,阿塔卡玛也是如此,我们脑海中的形象都是来自这两个沙漠和其他一些炎热的沙漠,它们在许多探险故事和电影中都是以炎热为特征,但实际上沙漠只是在每天正午时分才是这样。太阳一旦落山,大地在白天吸收的热量就快速消失,夜晚就会非常寒冷。补充信息栏:比热和黑体解释了这一原因。

7月是最炎热的月份,位于阿尔及利亚中心、撒哈拉沙漠中的印萨拉赫的平均温度为98°F(37℃);11月是最寒冷的月份,平均温度则为57°F(14℃)。喀什是位于中国新疆维吾尔族自治区的一个城镇,年平均降雨量为2.5英寸(63.5毫米),全年降雨分布平均,最潮湿的月份降雨量约为0.3英寸(7.6毫米)。喀什位于沙漠中,但不是像撒哈拉那么炎热的沙漠,在最炎热的7月份,喀什的平均温度为

图2 智利海沿岸的阿塔卡玛沙漠

78°F(25.6℃),但根据人们掌握的情况来看,最高温度几乎达到90°F(32℃);1月是最寒冷的月份,平均温度为21°F(-6℃),但最低温度可达12°F(-11℃)。如图3所示,喀什位于塔克拉玛干沙漠境内。

塔克拉玛干是一种类型完全不同的沙漠,从外观上看它酷似撒哈拉沙漠,有着

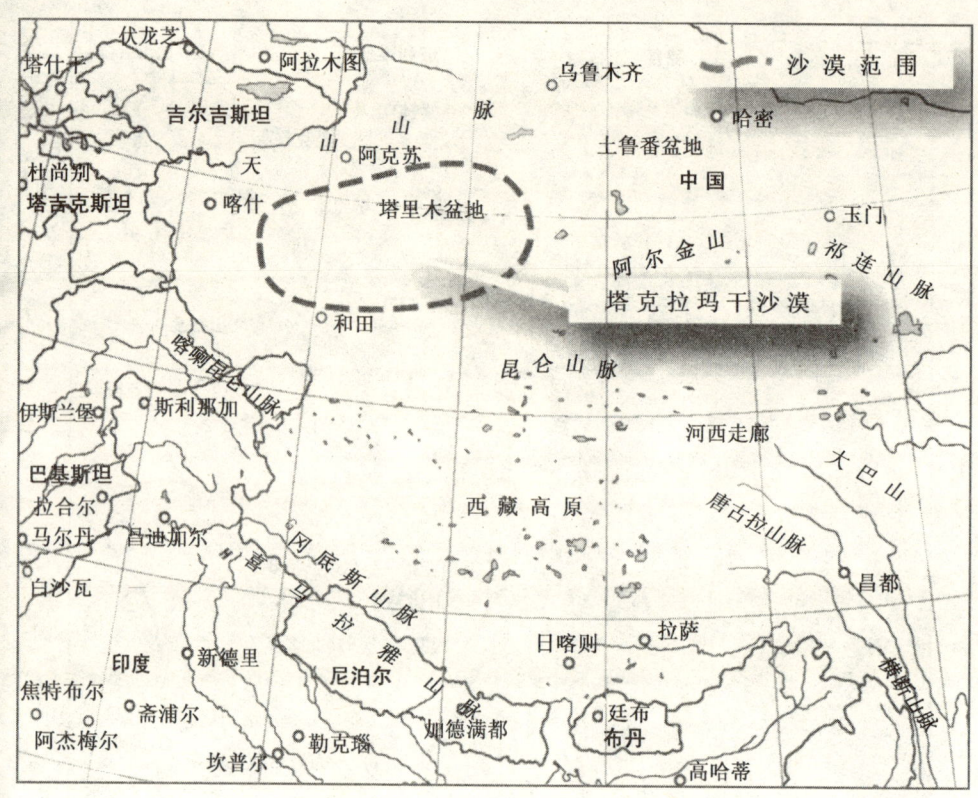

图 3　位于中国西部的塔克拉玛干沙漠

面积巨大的移动沙丘,寸草不生,中心地区至少和撒哈拉一样的干燥,但温度却比撒哈拉凉爽得多。喀什位于山脚下海拔4 300英尺(1 310米)处,因此,该地区仅能从穿过高山的空气中得到少量雨水。位于塔克拉玛干中心地区的塔里木盆地海拔要低很多,进入盆地的空气中原来含有的水分全部流失,在一些年份里,这片地区根本没有降雨。

位于塔克拉玛干以东的戈壁滩更为人所熟知,那里的情况也不那么恶劣,这片沙漠的中心地区每年有2英寸(50毫米)的降雨,大多数地区都生长着稀疏的植物,仅有东南部地区几乎没有降雨。尽管如此,戈壁滩里也没有城镇。图4中的乌兰巴托为蒙古的首都,它是一个繁荣的城市,但却不是位于沙漠中。

南美有一个与戈壁滩不相上下的沙漠,但没有戈壁滩那么干燥,这就是巴塔哥

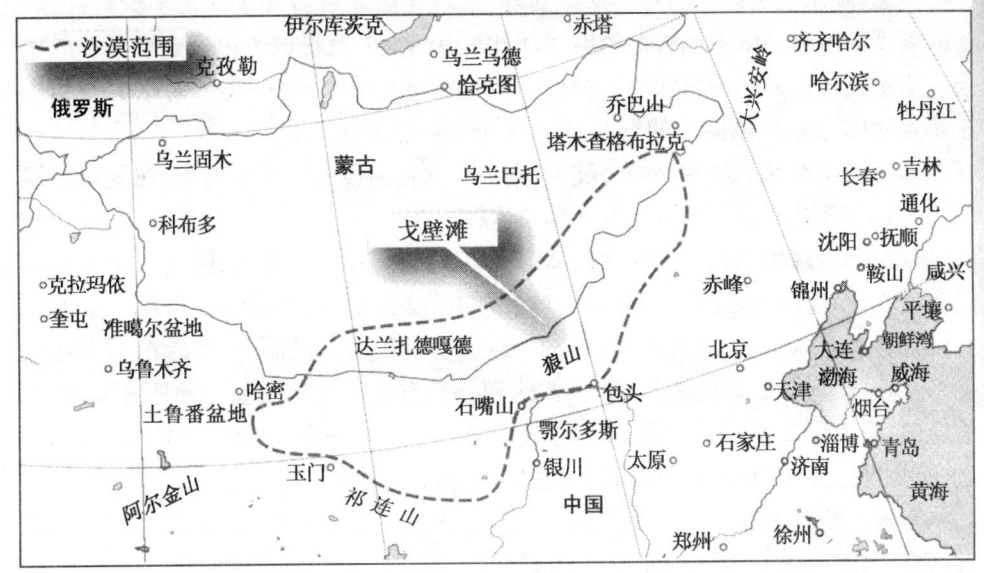

图 4　戈壁滩
位于群山环绕的高原上

尼亚沙漠,它覆盖着整个阿根廷,东边一直到达安第斯山脉,南部一直到达南纬39°,它是北美洲也是南美洲最大的沙漠。沙漠面积约为 30 万平方英里(77.7 万平方公里),那里的年均降雨量低于 5 英寸(127 毫米)。

塔克拉玛干沙漠、戈壁滩、巴塔哥尼亚沙漠等其他与它们类似的沙漠都距离海洋很遥远,塔克拉玛干沙漠位于亚欧大陆的中心部位,四周高山环绕,西藏位于它的南部,喜马拉雅山则是位于西藏高原的南边上。接近巴塔哥尼亚的空气必须穿越安第斯山脉,在这一过程中,空气会流失水分。以上这些都是内陆沙漠。

水分充足的沙漠

当你了解到一些沙漠气温寒冷时,你会很惊讶;但当你了解到地球上最干燥的沙漠是被平均深度为 6 900 英尺(2 100 米)的水所覆盖时你会更加大吃一惊,当然,这里的水是结冻的,而且从不融化,因此尽管每年冰层厚度的增量非常小,但经过几百万年之后,冰层逐渐变得越来越厚。在南极附近,在覆盖着大部分南极东部地区的冰层中心部位,每年平均降水量仅略多于 0.1 英寸(2.5 毫米),几乎全部的降水都出现在 2 月,在 1 月、10 月和 12 月仅有不足 0.05 英寸(1.3 毫米)的一点儿降水。

当然，降水也是以雪的形式从天而降，雪融化后才可得知水深是多少，仅因为不同类型的雪会保留不同数量的空气，所以，有的地方就形成了比别处厚得多的冰层。雪融化才让人们有可能对不同的冰层进行比较，十分之一英寸的水大约相当于1英寸(25毫米)刚降下的雪。

南极洲是世界上最寒冷的大陆，而南极点又是南极洲最冷的地方，在夏季中期(南半球正值12月份)，南极点的平均温度在-15℉(-26℃)到-21℉(-29℃)之间，但据人们掌握的情况看，温度最高曾升到8℉(-13℃)。因为南极的夏天根本没有夜晚，因此昼夜之间不存在温差，南极的温度在秋季二分点(太阳在一年内只有两天直射地球赤道，这两天被称为二分点)后不久达到最低值，然后在冬季就保持不变，这被称作是无核之冬，在地球上，唯一出现这种现象的地方就是南极，冬季的温度(当太阳没升到地平线以上的时候)在-69℉(-56℃)到-81℉(-63℃)(这个温度已是相当寒冷了)之间，但也可能降到-117℉(-83℃)。

与南极类似，格陵兰的气候也很干燥，连绵不断的山脉位于东海岸和西海岸附近，这个国家的中心地区位于这片山脉背后，它是一片被平均厚度达5 000英尺(1 525米)冰层所覆盖的高原地带，在冰层的中心部位，夏季平均温度为13℉(-10.6℃)，冬季为-53℉(-47℃)。冰层上的年平均降水量为0.3英寸(8毫米)，相当于3英寸(76毫米)深的雪，这使格陵兰的气候仅比南极洲中部略微潮湿一些，但这两个地方都比印萨拉赫干燥，比塔克拉玛干沙漠则干燥得多，因此没有人类永久居住在格陵兰中部便不足为奇了，格陵兰的城镇全部位于沿海地带，如图5所示。

极地中也有一些沙漠，它们有的位于大陆的中心地带，有的位于大陆西海岸的沿海地带，还有的位于亚热带，沙漠分布广泛，覆盖了全世界五分之一的陆地表面，但是仅有8%的地表极为干燥，寸草不生。图6表明了这些沙漠的位置。

什么样的地方才算是沙漠？

尽管西海岸沙漠的空气通常很湿润、雾也常见，但这里的沙漠地区却是几乎没有降雨或降雪的地方，有些沙漠炎热，有些寒冷，有些甚至冷得要命。

一个地方是否可以称之为沙漠的关键之处并非是这个地方的降水量(雨、雪、冰雹及其他从天空降到地面的水)，而是渗透过土壤、位于植物根部可及之处的水量，如果降水率超过地表上水的蒸发率，水就会渗透进土壤中，植物在土壤湿润的地方会生长繁茂，这样的地方绝不是沙漠。

显然，某一地区实际的蒸发率取决于该地区的降水量，如果水没先降至地面，

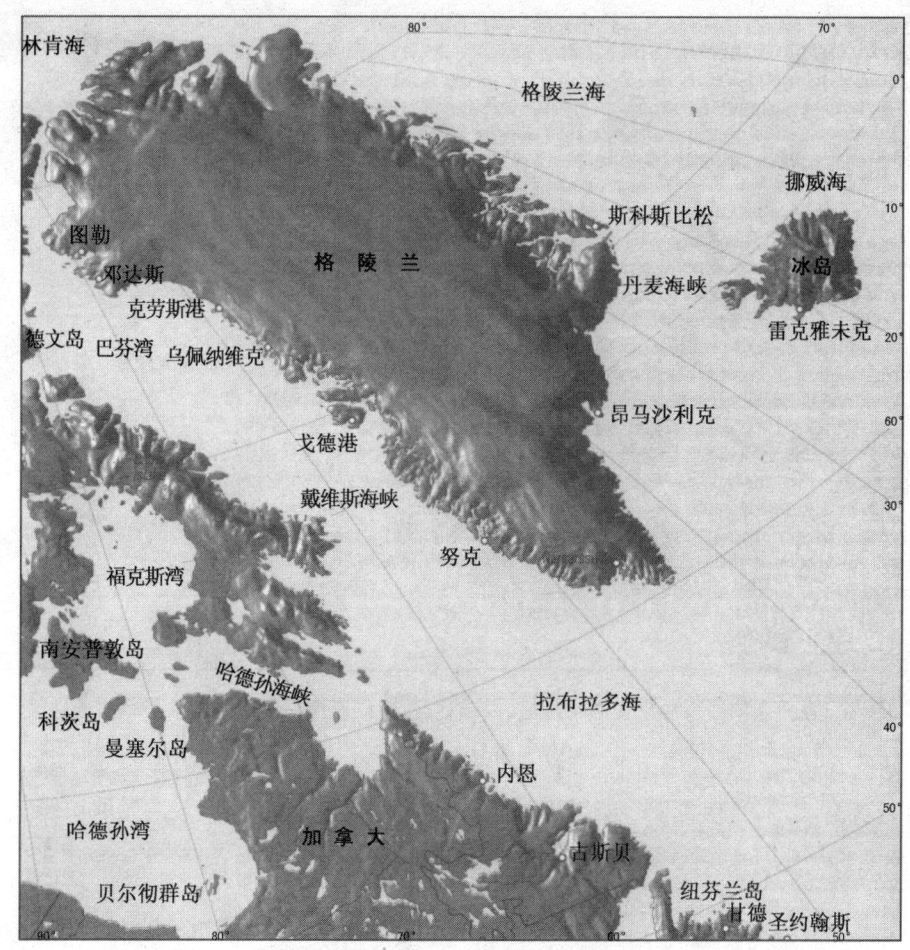

图5　无人居住的格陵兰中部地区

那么水就无法从地面上蒸发掉,因此,在气候干旱的地区,任何对实际蒸发量的测量都是毫无意义的。

另外的一个办法就是测量潜在蒸发量,潜在蒸发量指的是在水供应量毫无限制、并且地表永远湿润的条件下,*可能*会从地表蒸发掉的水量。潜在蒸发量可以很简单地加以测量,只要使用一个蒸发皿即可,蒸发皿是表面敞开的容器,一侧刻有深度标尺,和一些游泳池颇为类似,图7画的就是蒸发皿的外观。当蒸发皿中装满

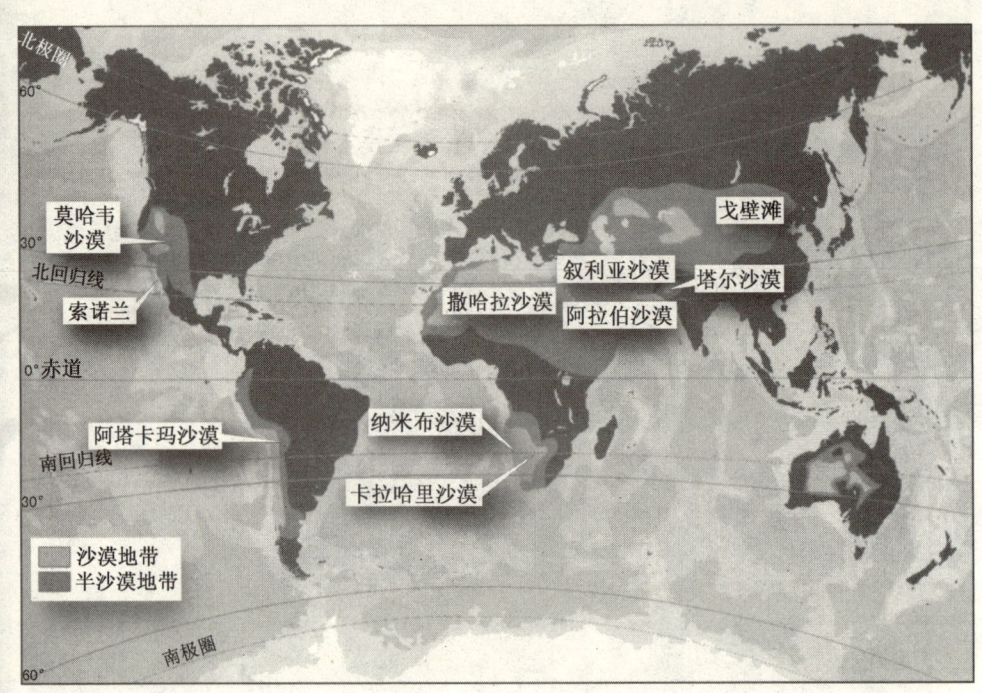

图6　世界上的沙漠位于亚热带地区、内陆地区、大陆西海岸沿岸地区和极地冰层地区

了精确到达某一刻度标记的水时,水表面就暴露在空气下,过些时候记录下蒸发皿中的水位,水位的减少就表明了水的蒸发量,每隔多久检查一次蒸发皿取决于蒸发

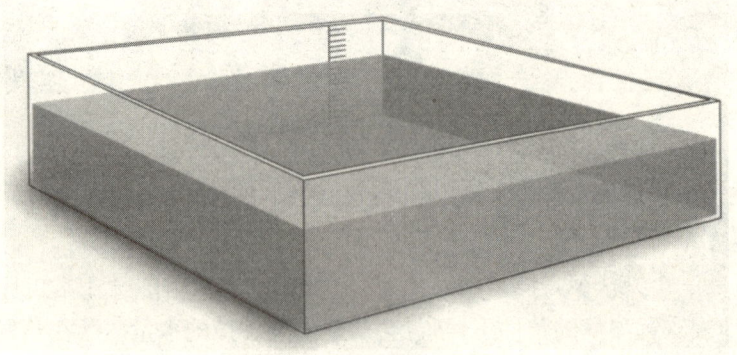

图7　蒸发皿
利用测量水位降低计算蒸发率

率的高低——水蒸发的越快,就需要更频繁地检查水位,如果有必要,还要不时地往蒸发皿中加水,并记录下增加量,雨量计或雪量计须放置在附近处,它们可以长期使用,通过多年的监测记录可以测定每个月的平均降水量,从而可以测定年平均降水量,你可以用它在自己家附近测量出潜在蒸发量。

补充信息栏

比热和黑体

物质受热时会吸收热能,同时温度升高,但不同的物质温度升高一度要吸收不同的热量。物质升温所需热量与其升温值的比值被称作该物质的比热,比热以卡路里每克每摄氏度(卡路里克$^{-1}$摄氏度$^{-1}$)为计量单位。比热随温度不同而稍有不同,因此当谈到某一物质的比热时,通常都要说明这一比热值的应用温度或应用温度范围。

纯净水在15℃时的比热值为1卡路里克$^{-1}$摄氏度$^{-1}$,这就意味着在15℃时1克的水要升温1℃需要吸收1卡路里的热量,17℃海水的比热则是0.94卡路里克$^{-1}$摄氏度$^{-1}$。

沙漠表面是由花岗岩和沙砾构成,当气温在20℃和100℃之间时,花岗岩的比热是0.19—0.20卡路里克$^{-1}$摄氏度$^{-1}$,在同样的温度范围内,沙砾的比热是0.20卡路里克$^{-1}$摄氏度$^{-1}$,这些数值对于大多数种类的岩石来说都是典型的比热值。

水的比热值是岩石比热值的五倍,这就意味着要升高同样的温度,水吸收的热量必须是岩石的五倍,这就解释了为什么水升温的速度要比沙砾和岩石慢得多。如果你在炎热夏季去海边,到了正午时分,沙砾会很热,你得一路小跑穿过沙滩才不会烫伤光着的双脚,但当你冲到水里时,你会觉得清凉舒爽,这个现象的原因就是水和沙砾比热值的不同。

在沙漠里,岩石和沙砾比热值低,这样它们升温就很迅速,到了一天的正午时分,沙漠表面就会变得非常热,但比热的影响是双向的,升温快的物质降温也快,能对所吸热量做出快速反应的分子构成也能保证在外部热量供应停止时,热量不会长久停留。

大地将其热量辐射到天空里,如果天空有云,云就会吸收大量的热并再次将热量辐射出去,这就很有效地留住热量并使空气温暖。但沙漠上空却没有云,沙漠从作用上更像是一个黑体。黑体指的是将全部辐射量吸收并将全部吸收的热能以更长的波长再次辐射出去的任何物体,然而,除非太阳和地球距离极近,否则严格意义上的黑体并不存在(有些能量不可避免地会受到损失)。黑体辐射的波长与温度成反比,温度越高,波长就越短。

在白天,沙漠岩石和沙砾从太阳那里吸收热量,温度上升,然后它们再将热能辐射到天空中,但同时,它们会继续吸收太阳辐射。岩石和沙砾吸收的热能和辐射出去的热能之间达到平衡,使地表温度在清早升到顶点,在达到顶点后,温度就保持恒定,然后,随着太阳落山,平衡的状态开始改变。太阳散发的辐射量保持不变,但地表吸收的太阳能却变少,地表就开始降温,但降得较慢,太阳一旦降到地平线以下、黑暗开始降临,沙漠就没有什么阳光可以吸收了,但同时也就没有什么可以停止它进行黑体辐射了,地表温度开始垂直下降,沙漠中的夜晚温度很低,实际上有时候极其寒冷。

如果在一年中,从裸露表面蒸发掉的水量大于年平均降水量的话,大地就会变得干燥,该地区就属于沙漠地带。但沙漠的降水量和蒸发率随地方的不同而有所差异,例如在极地冰层上温度很低,因此,水在极地冰层的蒸发量就少于它在撒哈拉沙漠岩石中的蒸发量,这样一来,冰层上沙漠的受雨量就大大少于赤道附近沙漠的受雨量。

然而,降雨量是有最低限度的,低于此限度,不管温度如何,沙漠就有可能在任何地方形成,任何年降雨量少于10英寸(250毫米)的地方都有可能是沙漠。

亚热带沙漠

沙漠很干燥,苏丹的瓦迪哈勒法属于典型的沙漠气候,它是位于苏丹西部纳赛尔水库岸边的一个镇,瓦迪哈勒法的地理位置很重要,因为它位于铁路线的终点,并且从这里,货物运到北方转成船运,一路沿着尼罗河运到埃及。一般说来,瓦迪哈勒法的年降雨量是0.1英寸(2.5毫米),它曾一连19年没有下过一滴雨。

这并不是说沙漠中从来不下雨,相反,沙漠有时会下雨,并且一旦下雨就会下的很大,一次暴雨就会在几年没下雨的地方降下 2 英寸(50 毫米)左右的雨水,在一次沙漠阵雨过后,汹涌澎湃的河流就会流过一度干涸的河床,这片河床被称为瓦迪斯。有时甚至可能会出现大规模洪水,例如,在阿尔及利亚的塔曼拉塞特,年平均降雨量为 1.8 英寸(46 毫米),但在 1992 年的 1 月 15 日,一次冰冷彻骨的暴风雨袭击了该地区,雨在第二天接着下,雨量丝毫未减,一直下到 1 月 17 日,一个目击者讲述说洪水如万马奔腾般冲过瓦迪斯地区,卷走了当地居民的茅屋和园子,居民们只好在两个废弃的碉堡中避难,之后,洪水冲垮了一个碉堡的外墙,碉堡坍塌,将 22 人埋在下面,其中 8 人遇难。

1930 年 12 月,埃及的锡瓦也连下了两天、雨量达 1.5 英寸(38 毫米)的雨,一般说来,锡瓦的年降水量为 0.4 英寸(10 毫米),12 月的降水量仅为 0.1 英寸(2.5 毫米),这场大雨给城中的泥瓦房造成了巨大的损失。

位于沙特阿拉伯的麦加城也经历过类似的强暴风雨,急速形成的大水汇成河流一路冲进了圣庙所在的山谷,现在,该地区已经建成了覆盖面很广的排水系统。

沙漠降雨并不总是这么剧烈,雨可能下得很小,而且在极少数情况下仅仅下点毛毛雨。

沙漠为什么会发洪水?

麦加的圣庙位于一个山谷的底部,它曾经差点因为附近山边流下的雨水而引发水灾;位于阿拉伯半岛南端的也门,也经历了突然的洪灾,它是一个山区国家,山中的降雨量很高——山脚年降雨量为 16 英寸(406 毫米),西山坡年降雨量为 40 英寸(1 016 毫米),山间河流为沿海平原提供水资源,在沿海平原,年降雨量少于 2 英寸(50 毫米)。山中的大雨是空气接近海面时被迫上升造成的,降雨如大瀑布般落进附近的沙漠里,使大片区域发水。在也门东部边境上也有一个高原,那里的年平均降雨量少于 4 英寸(100 毫米),但为数不多的几次暴雨就可以引发灾难性的洪水。图 8 表明了也门的地理位置。

突如其来的洪水不仅限于发生在撒哈拉沙漠或阿拉伯沙漠里,它还在美洲出现过,从 7 月到 12 月,在美国亚利桑纳州的索诺兰沙漠,暴风雨几乎都出现在夜里。暴风雨带来的大量降水,使美国科罗拉多和加利福尼亚东南部的莫哈韦沙漠也发生过洪水,这一地区的年平均降雨量是 2—10 英寸(50—250 毫米),但也有可能整整一年一滴雨都不下,冬季降雨一般强度适中、范围广泛,但夏季降雨则是随着猛烈的雷雨降下。

图8 有着高山平原和沿海平原的也门

  当潮湿空气移入沙漠中并被迫上升时就会出现暴风雨。厄尔尼诺天气现象削弱了信风的势头甚至完全改变信风的方向,可以让潮湿空气渗透进信风带附近的沙漠里。即使没有厄尔尼诺现象,气压分布不再那么集中也可让潮湿空气进入,然后,通过与炎热的沙漠表面接触,潮湿空气就会升温,并且通过对流上升。通常,空气无法渗透到沙漠上空的逆温带(参见补充信息栏:逆温),但如果空气一旦进入逆温带,当上升空气出现绝热降温时,巨大的暴雨云就会形成(参见补充信息栏"绝热冷却与绝热升温"),并且云中的水蒸气就会凝结,产生的暴风雨来势猛烈,但一般持续时间短,并且这种现象也极为罕见。

  沙漠发洪水的原因是沙漠没有植物可以锁住流动的水,沙漠表面的大片面积都是由光秃的岩石构成,或者由距地表下不远处的不透水岩石构成,在这种条件下,水会肆意流过地表,汹涌澎湃地从山上奔流直下。

  只要可能,水就会渗进地下,在沙漠的热量中快速蒸发掉,很快土地就再次干裂,天空里可能会出现云,但云都飘走了,没留下一点雨。平均说来,在冬季,云覆盖着撒哈拉沙漠上空10%的面积,在夏季则仅覆盖着4%的上空面积。

补充信息栏

逆 温

通常，温度随高度增加而增加，但有时在地平面上会有一个特殊的大气层，其中的空气温度要比下面的空气温度低，这就是逆温现象。

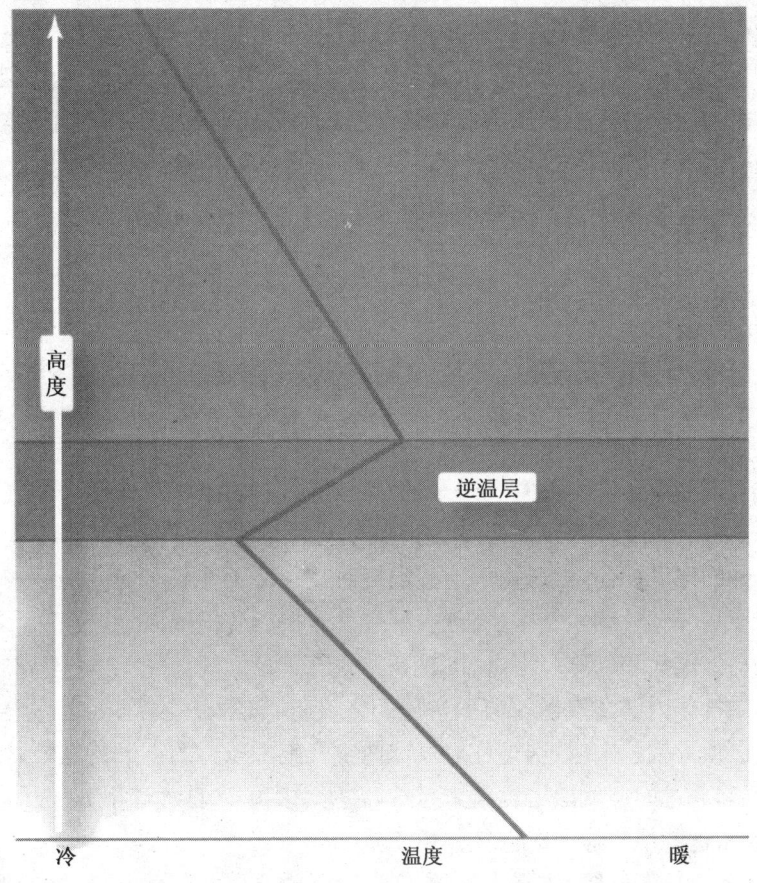

图9 逆温

暖空气层停留在冷空气层之上，在地表处得以升温、由于对流而上升的空气无法穿过空气密度较低的逆温层。

逆温产生的方式主要有三种。

在晴朗、无风的夜晚，地面通过辐射其热量快速降温，与地表相邻的空气通过与地面接触冷却下来，但这一冷却范围仅延伸到地表以上几百英尺处，在低温空气的表层以上是没被冷却、温度仍然较高的空气层。到了早上，太阳使地面升温，低空空气也得到升温，逆温现象就终止了。

温暖、稳定的空气在气象锋中温度较低的空气层上流动时就产生了锋面绝热，温暖的空气像毯子一样裹在寒冷空气上面。

在反气旋的中心部位——也就是空气沉降的地方也会形成逆温，当空气下沉时就会由于空气体积压缩而导致升温。如果地面附近的空气正带着阵风和漩涡移动，沉降的空气就无法穿过，这样它就停留在漩涡空气层以上，这就是通常出现在亚热带沙漠地区的逆温类型。

补充信息栏

绝热冷却与绝热升温

空气因为位于它上面空气的重量而受到压力，想象一下这样一个气球：气球内一部分充入空气并采用可使内部空气与外界完全隔绝的材料制成，无论气球以外的温度如何，气球内的空气温度总是保持不变。

假设将气球放到大气中，气球内的空气被挤压在气球以上、一直到大气层顶部的空气重量和气球以下、密度较高的空气重量之间。

如果气球内的空气比气球下空气的密度低，气球就会上升，当它上升时，距大气层顶部就越来越近，这样对气球内空气施加压力的空气就越来越少，同时，当气球通过的空气层密度越来越低，它所受到的来自气球下方的压力也就越来越小，这就使气球内的空气体积膨胀。

空气（或任何气体）体积膨胀时，空气分子就会彼此分散，空气总量保持不变，这就会占据更大的体积，当分子分散开时，它们必须将其他的分子"挤走"，这一过程就需要使用能量，因此，当空气体积膨胀时，分子就会损耗能量，又由于分子损耗了能量,它们运动的速度也就越来越慢。

当移动的分子撞击到什么物体上时,它的一些动能就会转化到被撞击的物体上,部分动能就转换成了热能,这使得被撞击物体温度升高,升高多少与撞击到它上面的分子数量和分子运动速度有关。

空气膨胀,分子越来越分散,这样少量的分子在每一秒钟都会撞到某一物体上;分子运动的速度也会越来越慢,它们撞击的力量也就越来越小,这就意味着空气温度会降低,因此在空气体积膨胀时,空气温度会冷却下来。

如果气球内的空气比气球以下的空气密度大,气球就要下降,气球所受压力会增加,体积就会减少,并且空气分子会需要更多的能量,这时,温度就要增加。

这种升温和冷却与气球周围的空气温度毫无关系,因此被称作"绝热升温和绝热冷却"(adiabatic warming and cooling),该名称中"绝热"一词来自希腊词"adiabatos",意思是"无法穿过的"。

图10　绝热冷却与绝热升温

上升和下降气体所受压力的影响,一个空气泡被挤压在上面空气重量和下面密度较高的空气重量之间,当气泡升到空气密度较低的区域中时,气泡体积膨胀,这使其温度降低。当气泡下降到密度较高的空气中时,体积缩小,使其温度升高。

为什么不再下雨了?

空气在穿越海洋时会使水分循环,当空气穿过大陆的海岸时,空气被迫上升,如果山脉正位于和空气运动轨迹成直角的地方,空气就必须快速直升。当上升时,空气会出现绝热冷却(参见补充信息栏:绝热冷却与绝热升温),空气里的水蒸气就会凝结。山的向风面有云和雨,在背风面,空气向下沉降,这时空气含有的大多数水分已经流失,当空气下降时就会出现绝热升温(参见补充信息栏:绝热冷却与绝热升温),这就进一步降低了它的相对湿度。因此,山背风面的气候非常干燥,这片区域位于*雨影*中,沙漠就可能在此形成,图11表明了这一过程。北美洲的莫哈韦沙漠和南美洲的巴塔哥尼亚沙漠就是雨影区沙漠。

像撒哈拉、阿拉伯、叙利亚和澳大利亚的这些亚热带沙漠都是以不同的方式形

图11　雨影区沙漠

潮湿的空气上升穿过高山、水分流失，这就使沙漠在山的背风面形成。

成,由于这些沙漠上空的空气沿着亚热带哈得莱环流圈的下降面不断下沉(参见补充信息栏:位温),因此那里的空气才会如此干燥。而且空气还非常炎热,首先是因为它位于低纬度地区,空气本身就很热。其次,当空气下降时,空气会出现绝热升温现象。

　　沉降的空气增加了地球表面所受压力,形成一片高压区域或反气旋,在南北半球的亚热带都有一个反气旋区。在北半球,空气绕反气旋按逆时针方向流动(在南半球则为顺时针方向)。风向大致与等压线平行(地图中连接等气压点的线条),但在接近地球表面的地方,风和地球表面的摩擦力使风速略微减慢,并使风向改变穿过等压线。陆地上,风向与等压线成45°角(海面上摩擦力较小,风向与等压线成30°角)。图12表明了这一运动的结果使空气远离反气旋的中心。在中纬度地区,天气系统总是变化,空气远离反气旋中心,很快就减少了那里的气压,反气旋势力减弱直至消失,但在亚热带,反气旋总是有源源不断的空气补给,这些空气是作为哈得莱环流圈循环的一部分而沉降下来的,这里的反气旋势力不会减弱,空气的总体运动远离反气旋的中心部位。

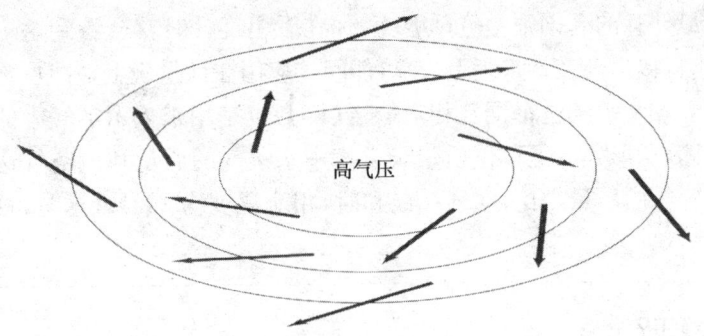

图 12 绕反气旋运动的气流,与地球表面的摩擦使风向改变穿过等压线

空气长期不断的外流阻止空气在低空进入沙漠,盛行风使接近海洋的潮湿空气偏转方向,哈得莱环流圈的空气沉降不仅产生了亚热带沙漠,还使这些沙漠持续不断的干旱少雨。

补充信息栏

湿　度

空气所含水分的多少随温度不同而有所变化,暖空气比冷空气能保留更多的水分,空气中水蒸气的多少被称为空气*湿度*,空气湿度可以多种方式加以度量。

*绝对湿度*指的是一定单位体积空气中水蒸气的质量,计量单位是克每立方米(1 克每立方米 = 0.046 盎司每立方码),但气温变化和气压变化会改变空气的体积,也就会改变单位体积的水蒸气含量,而不是确实增加或减少一些水分,绝对湿度这一概念没考虑到这点,因此这个概念并不十分有用,也很少使用。

*混合比*的用处就大一些,混合比是用来计量单位体积干燥空气中水蒸气的含量,干燥空气指的是水蒸气已完全去除的空气。*比湿*与混合比类似,但前者计量的是单位体积包括水分在内的空气中所含水蒸气的数量,混合比和比湿均以克每立方米为计量单位。由于水蒸气的数量总是很小,几乎还不到空气质量的 7%,因此,比湿和混合比几乎是一回事。

> 大家最熟悉的名词则是*相对湿度*,你在看湿度计时就会看到这一计量单位,它可能直接出现在计量表上,也可能间接应用在计量表上,并且,你在天气预报中也会经常听到这个词。相对湿度(RH)也是用来表示空气中的水蒸气含量,但其表达形式应是单位质量干空气中水蒸气的质量和该空气达到饱和时含有水蒸气的质量之比,空气在饱和时,相对湿度为100%(这里,百分号经常省略)。

多干才算干?

尽管亚热带反气旋是大气总体循环的永恒特征(参见补充信息栏:位温),但亚热带沙漠并不总是这么干燥。

公元前100多年,世界气候比现在温暖,南北两半球信风汇合的赤道地带或叫热带汇流区(ITCZ)也比现在宽,热带汇流区跟随太阳之后,在6月份移到北半球,9月份移到南半球。在过去,热带汇流区移走时产生的结果就是每年的6月份或9月份,降雨会出现在现在的撒哈拉地区,当时的撒哈拉地区遍布着森林、湖泊和农场,撒哈拉北部还是一片主要的产粮区,为罗马提供粮食。到公元前,它才成为我们今天所看到的沙漠地区。

世界上第一个最伟大的帝国在气候湿润的时期繁荣起来,而它衰败和灭亡则与持续一个世纪之久的干旱有一定关系,那场干旱将农田全部变成了沙漠。这个帝国占据着一片被称为阿加德的地区以及一些索马里城邦,帝国首都则坐落在底格里斯河或幼发拉底河的河岸上(确切位置无人知晓),在这种地方,沙漠有可能出现,也有可能会消失。

一片沙漠要形成的话,除了年降水量极低以外,降雨量(或降雪量)还必须少于地表水分的蒸发量(参见"沙漠在哪里"部分)。

当然,气温在沙漠形成的过程中也很重要,在寒冷气候地区形成沙漠要比在炎热地区形成沙漠困难。将某一地区的降雨量除以平均气温,所得数字可表明该地区是否是沙漠地带。

如果年平均降雨量接近沙漠形成的最低值,那么降雨的季节分布情况就非常关键了,夏季气温比冬季高,蒸发量在夏季就会更多些,就得有更多的降水量来防止沙漠形成。

用一个公式可计算一个地区是否是沙漠地带,使用这个公式时要考虑到降雨分布情况,如果降雨大多是出现在冬季,公式为 $r \div t$;如果降雨主要出现在夏季,则使用公式 $r \div (t+14)$;如果全年降雨平均分布的话,则使用公式 $r \div (t+7)$。在以上公式中,r 指的是以厘米为单位的降雨量(将英寸转换为厘米就乘以 0.394),t 指的是以摄氏度为单位的平均气温(将华氏度转换为摄氏度可以这样运算:$℃ = (℉ - 32) \times 5 \div 9$),如果计算所得答案小于1,那么该地区就是沙漠地带。比如,在阿尔及利亚的印萨拉赫地区,年平均降雨量为 1.7 厘米,降雨主要在冬季,平均气温是 25.4℃,运用公式 $r \div t = 1.7 \div 25.4 = 0.07$,而印萨拉赫地区里确实有一片沙漠,就是撒哈拉沙漠。美国亚利桑纳州的菲尼克斯城年降雨量为 19 厘米,全年降雨平均分布,平均气温是 21.25℃,将这些数字代入公式 $r \div (t+7)$,可得 $19 \div (21.25+7) = 0.7$,菲尼克斯位于沙漠中,但它的沙漠气候不像印萨拉赫地区那么极端,你也可以使用你所在地区的气象数据得知你居住的地方是否是沙漠。

绿洲

即使在沙漠中,有些地方也有水,撒哈拉沙漠就是以它的绿洲而闻名——这些绿洲就是沙漠中的湖泊。由于绿洲里的水是在地表上,植物和动物就可以在其中存活,农民可以耕种农田,人们也可以居住在附近。

绿洲里的水来自于地表下的流动水(参见"地下水"部分),如图 13 所示,绿洲的形成主要有两种方式。

当沙漠下起大雨时,一些雨水会在蒸发前渗透到地表下,雨水渗过覆盖沙漠地表的沙层和松软的沙砾层,到达渗透层的岩石处,然后渗透到不透水的坚硬岩石层,在这儿,这些水作为地下水积聚起来、穿过多孔地层、非常缓慢地流下山坡。

水也可能从沙漠以外进入,比如,降落在高山向阳面上的雨水就可能作为地下水穿流过山体,进入高山雨影区的沙漠中,你可以这样设想:一大片接近几百英里宽的地下水在地平面以下很深的地方流过大面积的地区。

现在你设想在某个地方风将沙漠表面的沙子和沙砾吹走,经过多年,这一地区的沙子和沙砾已经被风完全吹光了,形成了一个很深的凹陷,如果凹陷处比地下水的位置还深,地下水就会流过这处凹陷,形成一个湖泊。地下水当然也会从表面蒸发,但由于在湖泊的下山方向上,地下水会穿过多孔岩石继续流动,因此它会源源不断地补充上来,使得湖水清澈、完整,这样,湖泊就永远存留,周围的陆地就成了绿洲,这种情况在图 13 中得以阐释。

图 13 绿洲
该图表明绿洲形成的两种方式

图 13 中下方的图则表明绿洲形成的另一种完全不同的方式。地下水正常地流过多孔岩石,困在一片不透水的岩石层中。由于地表运动使岩石断裂,使图中右侧的岩石升高(或使图中左侧的岩石下降),这时在岩石层中就出现了一个断层。左侧的多孔岩石层在与不透水岩石交会的地方中止,地下水就无法继续向前流从而汇聚起来,水平面不断升高,直至遇到右侧多孔岩石层的延续部分。在两处多孔岩石层之间,水平面升到地表处,这样,作为沙漠绿洲中心的湖泊就形成了。

但不幸的是绿洲数量极少,彼此相隔遥远,沙漠还是个对人类充满敌意的地方,沙漠中的水很少,气温在冷热两个极至之间来回波动,尽管沙漠气候恶劣,还是能让大量的生命形式在其中生存。

西海岸沙漠

亚热带沙漠之所以干燥是因为那里很少下雨,但这并不一定意味着空气也是干燥的。有些沙漠的空气在大多数时候都是湿润的,但它们却是所有沙漠中最干燥的沙漠,这明显具有悖论的意味。例如,在纳米比亚位于纳米布沙漠西端海岸上的鲸湾港,清早的相对湿度(见补充信息栏:湿度)经常高于90％,到了下午2点,气温达到最高值,这时的相对湿度仍高于60％,甚至经常还高于70％,但在一年中最湿润的3月,降雨量仅为0.3英寸(8毫米),而且,平均看,一年中有7个月根本没有降雨。

将这里的气候与位于阿尔及利亚中心、深入撒哈拉沙漠并远离海岸的印萨拉赫作个对比:在印萨拉赫,冬季清早的相对湿度超过60％,但在夏季清晨7点钟的时候,相对湿度却低于40％,在7月份还经常低于30％,8月份经常低于20％,这简直是干燥到了极点;与印萨拉赫相对照,纽约城中午时刻的空气相对湿度范围是从4月的53％到9月和12月的61％。

海岸城镇上空的空气为什么那么湿润不是什么难解之谜,原因就是它们与海洋极为接近,真正的难解之谜是为什么在某些海岸地区尽管湿度很高,但雨水还是这么稀少。

这些干燥的海岸地区位于北美洲的西侧、南美洲和非洲,它们构成了位于美国西南部和墨西哥北部的索诺兰沙漠的一部分、位于智利的阿塔卡马沙漠、位于撒哈拉西部、摩洛哥南部的西撒哈拉沙漠以及位于纳米比亚境内的那米布沙漠,如图14所示,这些沙漠全部位于各大洲西海岸沿岸上。

东部边境洋流与亚热带反气旋

图14还表明了离海岸不远处有一些洋流与海岸平行流向赤道,加利福尼亚洋流沿美洲的西海岸流动,秘鲁洋流沿智利和秘鲁的海岸流动,加纳利洋流流过加纳利岛和西非海岸,本格拉洋流沿非洲西南部流动。所有这些洋流都携带着来自北极或南极的冷水,它们就是东部边境洋流(参见"洋流与海表温度"部分)。

亚热带沙漠产生于哈得莱环流圈中垂直大气循环而沉降下来的干燥、高温空气(参见补充信息栏:位温),空气沉降产生地表气压恒高的区域,被称为"亚热带反气旋",这些反气旋以大西洋和太平洋东侧为中心。

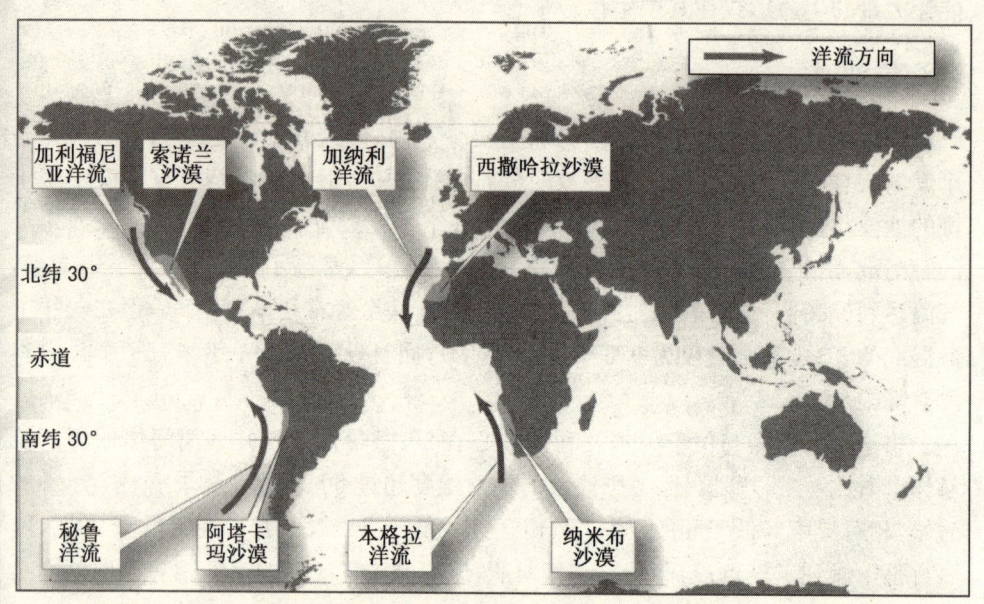

图 14　西海岸沙漠
这些沙漠受到与西海岸平行流过的寒冷洋流影响

在北半球,空气绕反气旋按顺时针方向循环,在南半球则按反时针循环,图 15 表明的是亚热带反气旋的大致位置,并阐释了空气绕其运动产生的影响:空气运动将冷空气带向赤道,产生的盛行风——北半球的西风带和南半球的东南风带——将海表洋流吹向赤道,盛行风在反气旋周围持续吹动,成为东北信风带和东南信风带,洋流也转向汇入赤道洋流,在南北两半球均与赤道平行流动。

寒冷、密度高的空气在这些风的携带下,加强了反气旋东侧空气的下沉运动,这就可能加强对所有亚热带沙漠来说都很典型的逆温现象。逆温蕴含在对流中,因此不管低空大气层的空气有多湿润、大气层下面的沙漠表面有多温暖,空气还是无法上升到足够的高度形成足够大的云来产生降雨。人们认为空气很稳定,这就意味着如果有任何事物迫使它上升,外力一旦停止,空气就会下沉到原来的高度。对流云——积云和积雨云无法在稳定的空气中形成,而恰恰是这些云才能带来阵雨(积云带来阵雨)或大雨(积雨云带来大雨)。

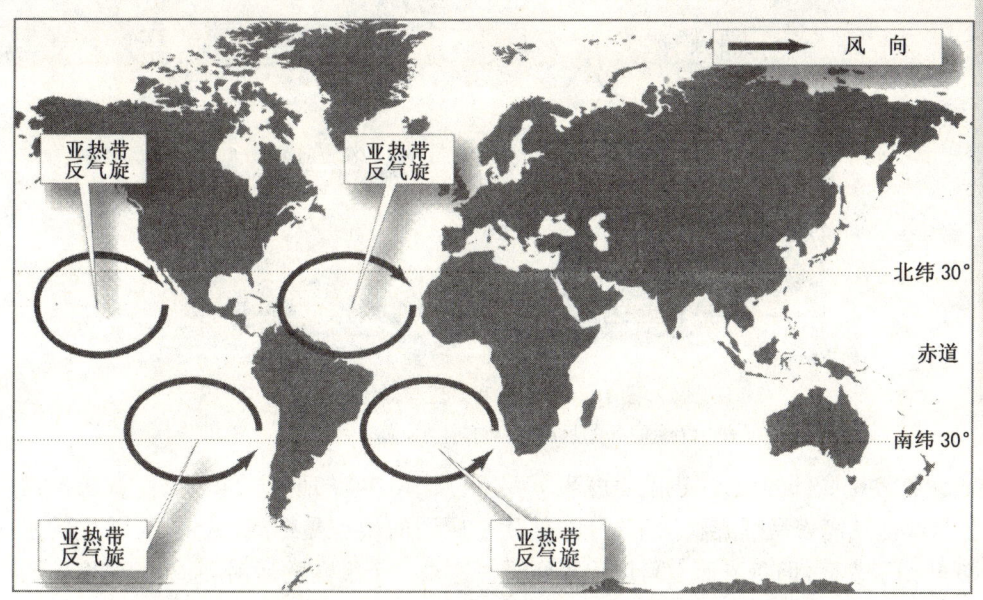

图 15 西海岸风带
亚热带反气旋周围的盛行风将冷空气带到西海岸

急流

洋流携带着冷水,这些水因为是来自海面以下很深的无数急流而变得更加寒冷。这些急流是埃克曼螺线造成的,这一现象在 1902 年首先得到解释,在 1905 年瑞典海洋学家凡根·沃佛雷德·埃克曼(1874—1954)对它进行了详尽的解释。19 世纪 90 年代,挪威北极探险家弗雷特约夫·南森(1861—1930)已经注意到洋流并不顺着风向流动,而是跟风向成一定角度,而埃克曼则发现了这其中的原因。

洋流被风驱赶,并且像风一样,洋流受科里奥利效应影响(参见补充信息栏:科里奥利效应)。科里奥利效应与风和海平面之间的摩擦力达到平衡,从而产生了两股相等的力量,一股力量与风向一致,另一股力量则与风向成直角,这样产生的力量使洋流流动方向与风向成 45°角——在北半球洋流方向在风向右侧的 45°角上,在南半球则是在风向左侧的 45°角上,图 16 表明了这点。

海表下,风力的影响减小,科里奥利效应就在两股力量中占了上风,这产生的影响就是使洋流方向随着深度的增加而偏转得越来越大,最终的结果就是在接近

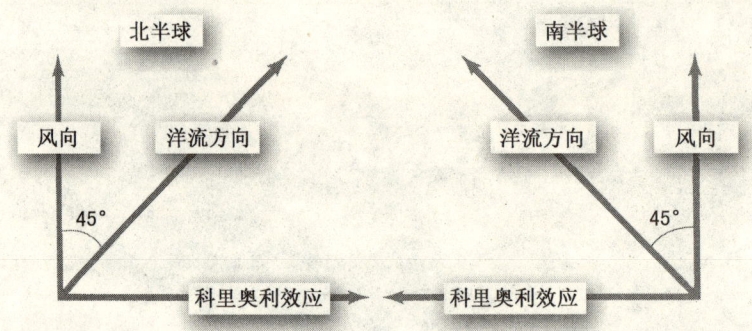

图 16　科里奥利效应与洋流
力量的平衡使洋流流动方向与风向成 45°角

表面临界层底部的地方,也就是海表下 82 英尺(25 米)的地方,洋流已经飘离风向 90°,洋流从海表呈螺旋状向下运动,这就是所谓的埃克曼螺线,这样,更深处的水就升到了表面(即急流而上),取代了洋流。这是一个缓慢的运动,通常的速度每天还不到 3.3 英尺(1 米),受埃克曼螺线效应影响的表面临界层被称作埃克曼层。

风驱使东临界洋流方向与南北海岸线相平行,埃克曼螺线效应将海表水从海岸附近推移开,深水从下面升上来,这种现象被称为*海岸急流*。临界洋流通常携带冷水,而急流使水温更冷,这其中的区别很显著:在 8 月份,北加利福尼亚海岸附近的大西洋温度是 70℉(21℃),温度也可能比这还高些;而位于同一纬度的加利福尼亚海岸附近的太平洋温度则是 59℉(15℃),南美洲西侧的气候也明显比东侧冷,在 7 月份(冬季),两地温差大约是 12℉(6.7℃),在夏季由于每隔几年出现的厄尔尼诺天气现象使温度高的海水向南流动、升高了夏季的平均气温,因此温差就会小些。

温暖的空气与寒冷的海水

海岸沙漠地处亚热带地区,横跨两个盛行风带——位于中纬度的西风带和位于热带地区的东风带。在西风带和东风带之间,作为大气绕亚热带反气旋运动的一部分,风向趋于朝赤道方向,因此,大多数时候,沙漠的部分地区由于离赤道距离最近而导致其上空的风从陆地向海洋吹去,并携带着来自内陆的干燥空气,这是造成气候干燥的部分原因。

盛行风在海面上是最可靠的,陆地上有山,可以随时使风转向,海岸附近特别是热带海岸附近有海陆风,可以主宰风向(参见补充信息栏:海陆风)。这些影响力之间相互作用对各个沙漠产生了彼此不同的影响。

海陆风主宰着纳米布沙漠的气候,尽管这里的盛行风属于东南信风,大部分日子里海风在上午10点左右开始吹起,海风在南部比在北部的强度大些,强度最大时可达每小时30英里(每小时48公里),并扬起大量沙尘。太阳落山后不久,风就开始逐渐平息,经过了一段时间的风平浪静后,陆地风开始刮起,一直持续到第二天早晨。东信风也很常见,特别是在冬季清晨海风还没来得及压过东信风势头的时候,东信风从内陆地区就带来了温暖、干燥的空气。

当暖湿的海上空气飘过寒冷的本格拉洋流时被冷却,水蒸气凝结形成低空云和雾。在早晨,陆地风已经减弱,足以让暖湿的海上空气穿过海岸。黎明后,太阳的热能使这片暖湿空气蒸发水分,空气这时已变得非常稳定,对流无法让它上升并且无法从海面上引入更多的潮湿空气,但也会出现一时的低云、大雾甚至一阵毛毛雨。鲸湾港平均一年有55天下雾,一些动植物因为从雾中获得水分而生存下来。

西撒哈拉地区(也被称为"大西洋撒哈拉地区")的气候与纳米布沙漠气候极为相似,主要受海陆风和加纳利寒流的支配,低空云和雾很常见,海风使气温比撒哈拉中部低得多。7月,印萨拉赫的日间平均气温是113°F(45℃),而在距离毛里塔尼亚海岸很近的努瓦克肖特,日间平均气温仅为89°F(32℃),努瓦克肖特的湿度比印萨拉赫高得多,夏季经常超过80%,对比之下,印萨拉赫的相对湿度从没达到过70%,而且经常低于40%。但是,像纳米布一样,西撒哈拉地区极度干燥,努瓦克肖特年平均降雨量仅为6.2英寸(157毫米),到了季风季节的8月份,降雨量只有4.1英寸(104毫米)。

补充信息栏

海 陆 风

白天,海风从海洋吹向陆地;夜晚,陆地风则从陆地吹向海洋。

白天陆地升温比海洋快,暖空气在陆地不断上升,冷空气则从海洋上空被调到陆地的低空层取代暖空气的位置。陆地上的暖空气上升时温度降低,其后,空气移到海平面上,在海面上空,空气沉降、向陆地回流。

夜间发生的过程则完全相反,陆地降温比海洋快,因此,空气在陆地上沉降,作为陆地风向海平面上空流动,在海面上空,陆地风挤入紧挨海表,还没冷却的空气层下,这层空气便开始上升,向陆地回流。图17表明这一过程。

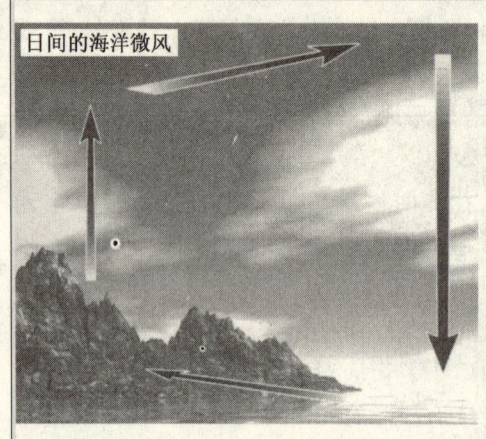 

图17　海陆风

白天,空气在陆地上升,寒冷空气从海洋或湖泊流向海岸;夜晚,空气从陆地流向海洋或湖泊。

阿塔卡玛沙漠的气候也受到临界寒流——秘鲁洋流的影响,水蒸气在与寒冷海洋表面接触的暖湿空气中凝结,当这一过程在纳米布沙漠和西撒哈拉沙漠附近发生时,便产生了低空云和雾,然而,由于高达9 000英尺(2 745米)、连绵不断的山脉矗立在阿塔卡玛和海岸之间,穿过高山的空气在途中失去了所含水分,将阿塔卡玛留在了雨影区中,因此云和雾很少能到达这片沙漠地区。位于阿塔卡玛沙漠以东的多米可山是安第斯山脉的一部分,在多米可山和安第斯山脉以上就是被称作阿尔蒂普拉的安蒂恩高原,因为多米可山的存在,任何水分都无法从东向西移动。

索诺兰沙漠是受加利福尼亚洋流的影响,但与其他西海岸沙漠相比,这片沙漠位于更加深入的内陆地区,这就缓和了洋流对它产生的影响。下加利福尼亚的高地将来自太平洋的水分留下来,但沙漠却得益于夏季季风雨和冬季偶尔从太平洋移入、带来降雨的气象锋系。可是,在更深入的内地,气候就十分干旱,美国亚利桑那的尤马年平均降雨量仅有3英寸(76毫米)。

极地沙漠

当罗伯特·费尔肯·斯考特船长(1868—1912)在1903年穿越南极、首次到达南极点时,令他和手下们惊讶的是他们遇到了一个隐蔽的山谷,在山谷里看不到雪或冰,而且当山谷地面的沙子流过他手指间时感觉很温暖。这次探险所发现的就是地球上为数不多的几个干燥山谷中的一个,这样的山谷总计占地大约2 200平方英里(5 700平方公里),这只不过是占地达540万平方英里(1 398.6万平方公里)的全部大陆中微乎其微的一部分,但这些山谷却很令人感兴趣。尽管那里有些藻类、苔藓和地衣,却没有什么生命存在,斯考特也看不到任何生命的迹象。事实上,尽管这些山谷被大量的冰雪包围,但它们与其他地方发现的干燥沙漠很相似,只不过温度低了很多。干燥的山谷非常寒冷、对人类并不友好,因此它们比地球上任何一个其他的地方都像火星。山谷干燥的原因部分是由于降落在地表上极其少量的雪被时速常超过每小时100英里(每小时160公里)的风吹走了,还有部分原因就是颜色深暗的岩石和沙土从太阳吸收足够的热量,使落到这里的雪全部融化。

南极的大部分地区都覆盖在冰层下,各地冰层厚度有很大差异,但平均说来冰层几乎达到7 000英尺(2 100米)厚,全世界所有的冰有90%都位于南极大陆的表面上,在那儿,甚至还有液体水存在,在冰层下有至少占液体水总量70%的淡水湖。地下岩石中放射性元素发出的热能(地壳中主要的热能来源)使这些水保持液体状态,并且上面厚厚的冰层使它们与外界隔绝。1996年6月,有人宣布发现了有可能是最大的淡水湖——东方湖,它位于俄罗斯东方号空间站附近(大约是南纬78°)、厚度超过13 000英尺(4 000米)的冰层下。东方湖长达125英里(201公里),占地达5 400平方英里(14 000平方公里),有些地方水深超过1 500英尺(458米),图18显示南极洲海岸轮廓、延伸穿过大海湾的海洋冰架、出于研究目的各国分享领土的方式以及东方号空间站的位置。南极大陆并不缺水,实际上,它拥有全世界95%的淡水。

咆哮的南纬40°、愤怒的南纬50°和惊声尖叫的南纬60°

如果你曾经有幸从海上拜访南极的话,你就有机会驾船经历一些极为恶劣的天气,你会路过南美洲和非洲最南端的一些地方,被水手们将其称为"咆哮的南纬40°"、"愤怒的南纬50°"和"惊声尖叫的南纬60°",地如其名,越往南去,大风就越是强烈。

你还会穿过极地锋,那里向北移动的赤道空气与向南移动的赤道空气相遇,在

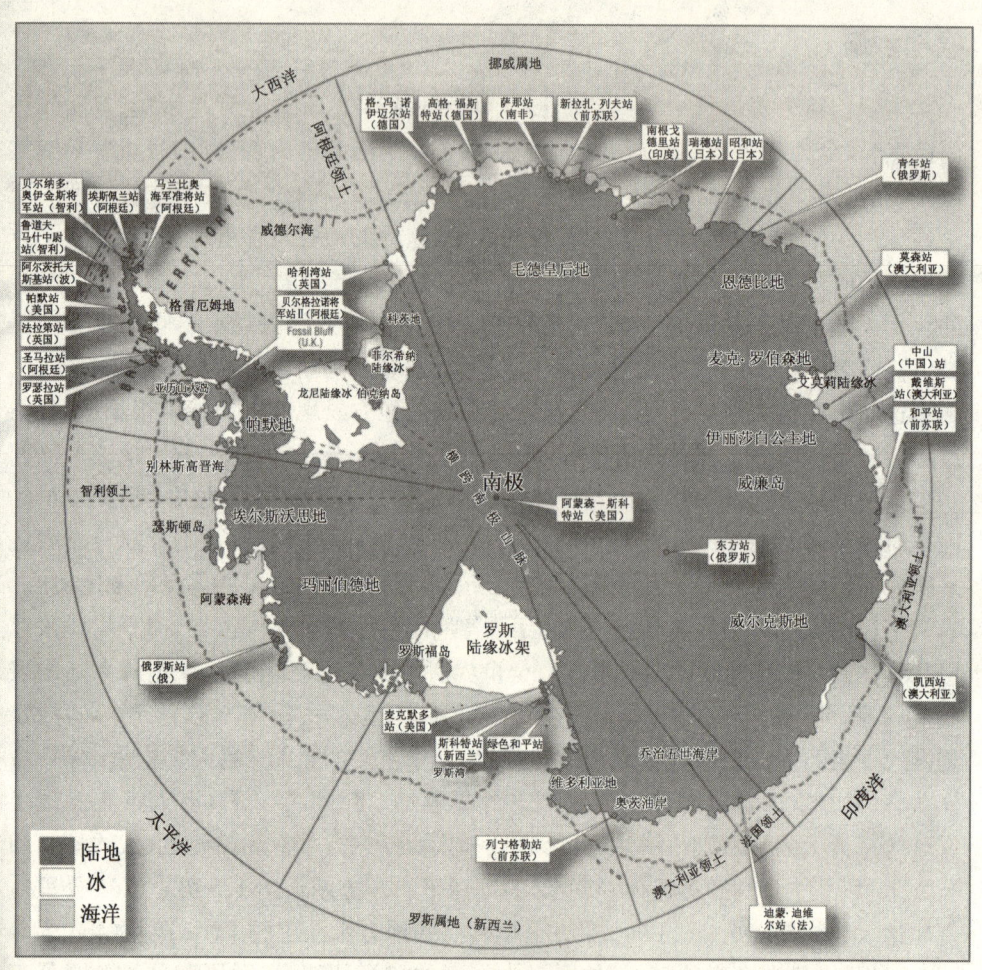

图 18 南极

夏季,位置大概是在南纬 45°,冬季则偏北些,这种极地锋产生袭击海岸的猛烈暴风雨,大雪和暴风雪在这很常见,但在夏季则是时间漫长的晴朗天气。当你怀揣着遇到美好天气的想法到达这里,那向你迎面而来的就是一片壮观的冰雕景观。

湿润还是干燥?

在猛烈的暴风雪中,你乘坐的轮船经过了巨大的冰川,看到了一片广袤无垠的冰天雪地,你很可能会做出结论说南极的气候湿润。但实际上,这只是描绘出你可能会看到的一部分景象。这些地方的年平均降水量为 15 英寸（380 毫米），但南极大陆面积广阔，如图 19 所示，海岸气候没有深入到内陆，因此在南极靠里的内陆是一片沙漠，这片沙漠差不多是世界上最干的沙漠了。

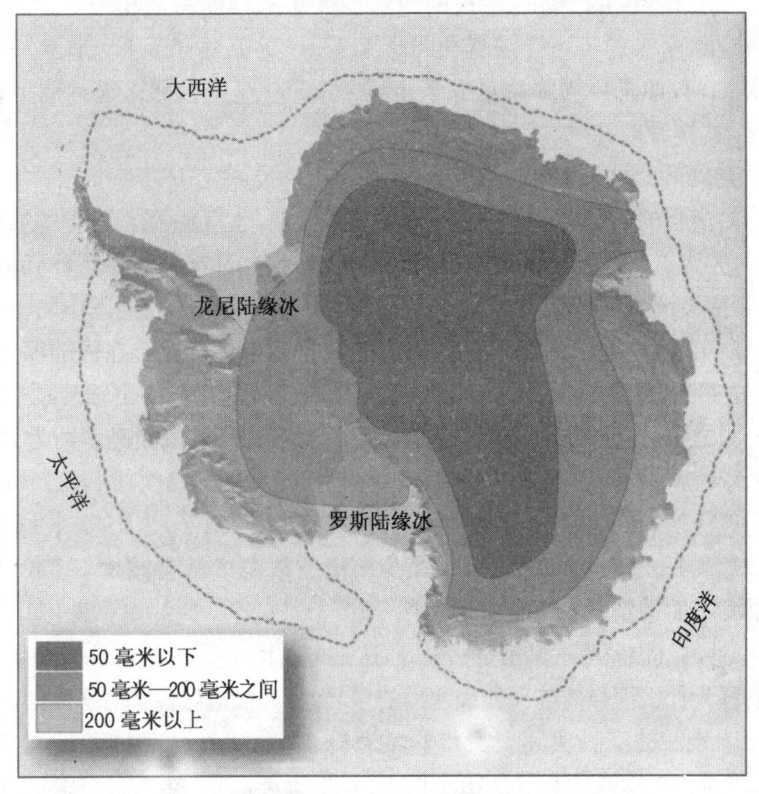

图 19　南极的降雪

　　除了干燥山谷外，陆地到处都是被冰覆盖着，但这并不意味着气候是湿润的，即使在夏季天气也是太寒冷，无法让冰融化，数百万年以来，南极的气候就一直如此。下雪时，雪落在以前降下的雪面上，冰层就是降雪不断累积这一极其漫长而缓慢过程的结果。

　　在南极的气候条件下测量降雪量很困难，雪本身很完整、呈粉末状，风总是很猛烈，将雪向东吹，据我们了解风速达到每小时 200 英里（每小时 320 公里），相当于 5 级飓风，问题是盛行风可能把雪吹到雪量计外而不是让雪落入雪量计中，这样降雪结束时就无法区分哪些是刚降下的雪,哪些是以前的降雪。即使有可能区分它们,风还是将雪吹走了,雪的厚度就会出现很大的偏差。

为使降雪量的计量单位能够应用在许多不同种类的降雪上,降雪量的单位通常换算成与之相当的降雨量,南极的内部地区年平均降雪量相当于2英寸(50毫米)的降雨量,南极点年均降雪量相当于2.4—3.1英寸(60—80毫米)的降雨量。不管气温如何,如果年均降雨量少于10英寸(250毫米),那么这片陆地就可能是沙漠地区,这样看来,南极就是沙漠了。

大风为何如此猛烈?

人们对南极的描绘大多是一望无际的冰天雪地,冰雪当然存在,但这些描绘却有些误导人,因为有些描绘取材于南极冰架的表面,这些冰架从海岸延伸到罗斯-威德尔海(位于南极洲)中面积广阔的海湾上,还有一些则取材于在地图中属于英国领土的南极半岛上,这些地区远远不是南极大陆典型的整体形象。在内陆深处,地面升起,大陆被横跨南极的山脉分成面积不等的两部分,横跨南极的山脉只是南极大陆上的几个山脉之一,接近大陆的中心地区,冰层下岩石的平均海拔高度约为8 000英尺(2 440米),计算天空下地面的海拔高度时必须也把冰层的厚度加上去。如果你站在南极点附近任何一处冰层上,你的海拔高度就会是15 000英尺(4 575米)左右。

海拔高度每上升1 000英尺,干燥的南极空气温度就会减少5.5°F(10℃每公里),如果海平面的空气温度是13.5°F(−10.3℃)的话,那么海平面上15 000英尺(4 574米)处的气温就是−69°F(−56℃),这是冬季南极点的平均最高温度。海拔高度可以解释为什么南极内陆比北极寒冷的多,因为北极恰好位于海平面的高度上。

与地表接触的空气实际上变得非常寒冷,并且随着温度的降低,空气体积缩小,密度增加。密度高的空气从山上向下运动,远离高地,插入海岸附近、温度稍高的空气下面,而且,空气运动时的速度会越来越快。向山下吹拂的风被称为下吹风,在南极大陆上,下吹风在到达海平面高度时,经常就变成了大风,甚至是飓风。

格陵兰地区

格陵兰这个国家也位于冰层之下,图20显示的是这个国家的主要城镇,用它们各自现代所用的因纽特名称标出。格陵兰冰层的平均厚度大约是5 000英尺(1 525米),图勒位于北纬76.5°,年降水量为2.5英寸(63.5毫米),低于10英寸(250毫米)这一阈值,运用公式 $r \div (t+14)$ 可得出数值2.2(参见亚热带沙漠部分)。这一数值大于一个地区是否属于沙漠的上限值1,但这并不一定代表该地区属于干燥气候,像格陵兰所有的城镇一样,图勒位于海岸上。人们认为图勒的气候典型地代表了内陆大多数地区的气候,但由于它位于海岸上,因此要比内陆地区更湿润些。格陵兰南部的雨雪量更大些,但与南极内陆类似的是,格陵兰北部及大多数的内陆地区都是位于冰层以上的干燥沙漠。

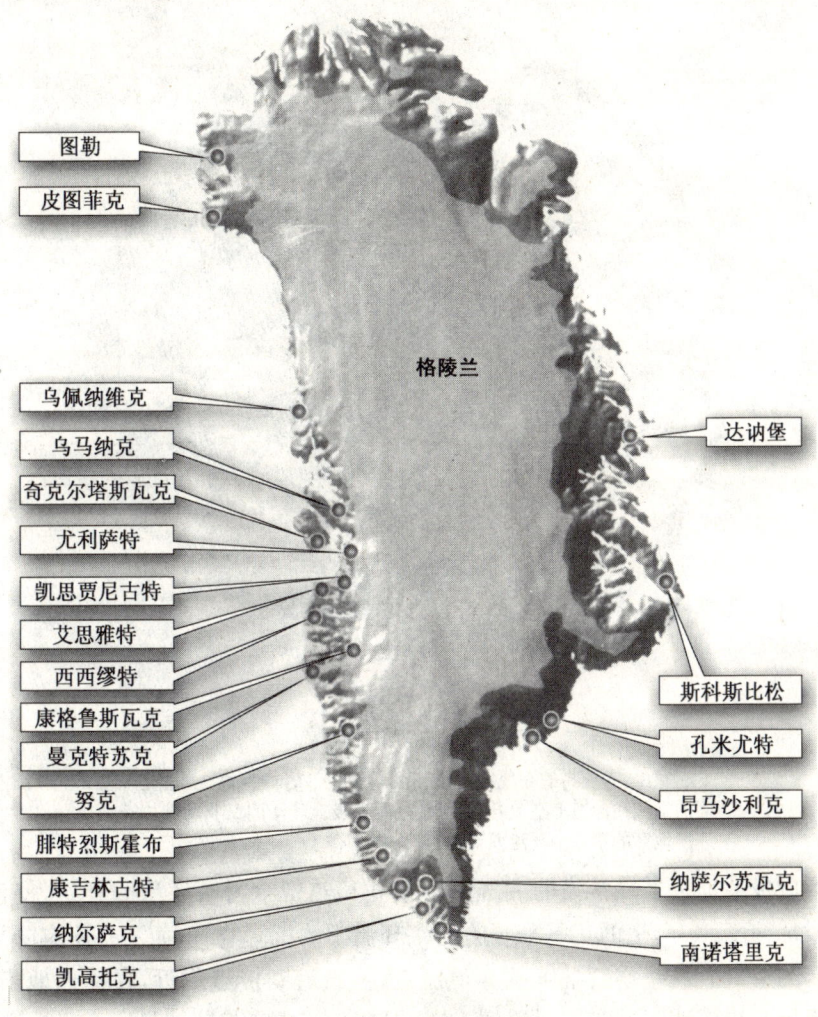

图20 格陵兰
世界上最大的岛

在南北两个极点上，就像位于低纬度地区沙漠上空的空气一样，温度寒冷、密度高的空气都在沉降，这一运动是全球大气循环的一部分，如图21所示，温暖的空气从赤道向极点运动，寒冷空气则以三个垂直环流圈的形式从极点向赤道运动。

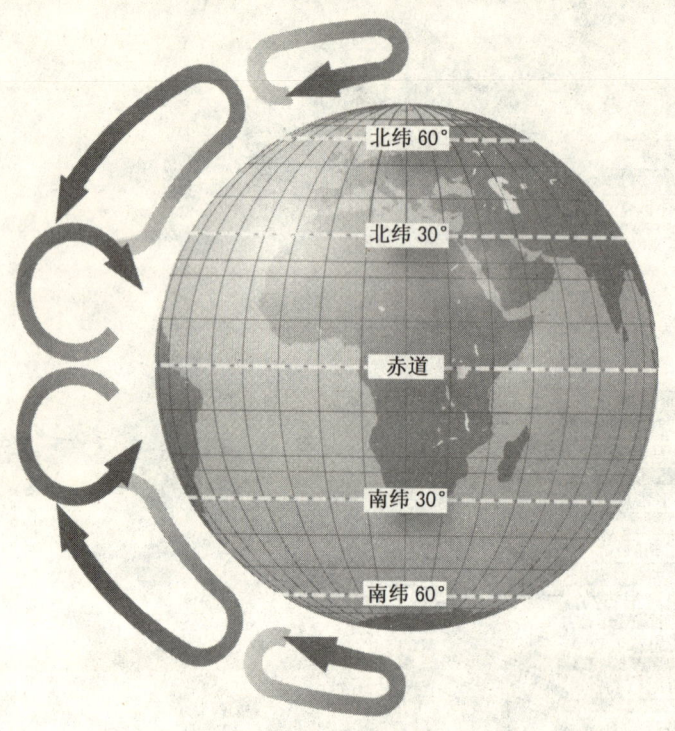

图21 三圈环流模式

寒冷、密度高的空气在南极、北极上空沉降，产生高气压地区；温暖的空气在赤道上空上升；赤道环流圈和极地环流圈又驱动着位于中纬度地区的第三个环流圈。

形成极地地区干燥沙漠的大气循环模式从热带哈得莱环流圈开始，使沙漠在南北半球纬度30°产生的正是来自哈得莱环流圈的沉降空气，而不是所有降到亚热带地区的空气。一些空气继续从赤道流走，一直流到极点附近，在接近地表处，一些沉降到亚热带地区的空气返回到赤道，但有一些空气却转到另一个方向上，朝极点运动，当空气到达极点时，由于空气遇到了来自全世界范围内向极点运动的空气而无法继续前进，空气在此聚集起来，密度增加直到可以开始向下运动，这就产生了南极和北极中部地区上空的沉降空气。在地表附近，空气别无选择只能飘离极点，直到在到达南北半球60°的时候，它与从热带哈得莱环流圈流走的空气相遇，汇聚的两股空气上升，并加入到高空气流中，一些空气向极点运动，一些空气则向赤道运动。

实际上，空气运动比这要复杂些，但这一概括描述却被称作大气循环的三圈环流模式，它使空气运动的方式在我们的头脑中留下深刻的印象。第一个环流圈与赤道最接近，被称作哈得莱环流圈，第二个环流圈是极地环流圈，由在极地上方沉降的空气和上升到南北半球纬度60°的空气构成，这两个环流圈驱动着位于中纬度的第三个环流圈。

寒冷的极地

就像地理意义上的赤道不与气候意义上的赤道相吻合一样（参见"大气运动和热传递"部分），气候意义上的极地也不完全与地理意义上的极地相一致。但这在南极却没什么不同，因为地理意义上的南极和气候意义上的南极基本紧紧相邻，但两个不同意义上的北极却彼此距离遥远，气候意义上的北极经常被称为冷极，它距离西伯利亚境内的上扬斯科（俄罗斯的一个地名）很近，位于北纬65°，东经133.5°，上扬斯科和其东南480公里附近的一个小城奥依米亚康是北半球最寒冷的地方，1月份的平均温度为$-58℉$（$-50℃$），有时温度甚至降到$-90℉$（$-68℃$）。

南极的温度则更寒冷些，东方空间站位于寒冷的南极附近，1997年，科学家曾测量出那里的温度低达$-131.8℉$（$-91℃$），这是人类所知地球表面上最低的温度。东方空间站是俄罗斯的一个科学考察基地，设立于1957年；现在终年都没人驻扎在那儿。南极洲的阿蒙森-斯科特站是由美国设立在南极的一个科学考察基地，该站记录了6月份的一次温度为$-117℉$（$-83℃$），在南半球，6月份正是冬季刚过了一半的时候。和南极中部不同的是，上扬斯科并非全年都很寒冷，在7月份，它的平均温度是$56℉$（$13℃$），但据人们所掌握的情况显示那里的温度曾超过$90℉$（$32℃$）。

与南极附近的其他地方一样，上扬斯科气候干燥，年平均降雨量为5英寸（127毫米），降雨主要出现在夏季，它的平均温度是$1.4℉$（$-17℃$），那么$r \div (t+14) = -4.5$，所得结果小于1，这样上扬斯科就是处于一片非常干燥的沙漠中。

上扬斯科的日间相对湿度（参见补充信息栏：湿地）在45％到78％这个范围内变化。夜间相对湿度有时超过80％，这使它的气候听起来似乎比实际情况更湿润些，但我们得记住相对湿度指的不是空气中实际的水蒸气含量，而是单位质量干空气中水蒸气的质量和该空气达到饱和时含有水蒸气的质量之比。由于低温空气比高温空气所含的水蒸气少，因此随着温度下降，相对湿度就会升高，5月份的日间平均温度是43°F（6℃），平均相对湿度是47％，如果温度是68°F（20℃）的话，相对湿度只有19％。

极地沙漠中如何生存

极地沙漠中的生存问题似乎与亚热带沙漠中动植物所面临的问题不同，但实际上这些问题还是很相似的。诚然，南极和格陵兰都不缺水，但那里的水仅能为人类使用，人们可以点火来使冰融化，但植物做不到，并且植物的根仅能吸收液体形式的水，没有了水，植物就会死去（参见"植物为什么需要水"部分）。植物无法使用结冻的水，就植物而言，冰冻的大地与完全干燥的大地没有区别。

这里我们可以推断的是极地沙漠中几乎没有植物生长，尽管气候条件对生长不利，但在干燥的山谷里和山边上，光秃的岩石和沙砾暴露在太阳下，在夏季，当深色的地表吸收足够的热量给植物融化一些水，苔藓和地衣就能够生长一段时日。在背阴处，在夏季中期，阳光照射几乎不间断时对阳光的吸收能短暂地将岩石的温度提高到80°F（27℃）以上，而一年中余下的时候，这些低级植物就只好保持休眠状态了。

哺乳动物可以用自身的热量使冰融化，但所有的动物都需要食物，而所有的食物又都首先从植物那里获得，食肉动物自己可能不会消耗植物，但他们吃的食草动物却以植物为食。植物如此稀少，极地沙漠甚至比炎热的沙漠更加缺少动物生命。从南极半岛最北端开始穿过德雷克海峡要经过600英里（965公里）才会到达南美洲的最南端，由于南极如此孤立无援，这片大陆上几乎不可能有人居住，当然对于鱼类和像海豹这样的海中哺乳动物或鸟类、企鹅来说却毫无障碍，因为它们是从海上而不是从空中到达其他地方。然而，却没有多少陆栖动物能够设法跨越南极，南极仅有的原生动物就是100种左右的软体动物，其中一半是海豹或鸟类身上的寄生虫。

地处低纬度的沙漠在白天很炎热，到了晚上就变得凉爽甚至寒冷，但极地沙漠却从来也不热,而温度也绝对不是什么小问题。植物只能在有限期间里适应极低的温度,但光合作用在20°F(−7℃)以下时就会停止,如果继续呼吸,植物就会"饿死",这就像植物在温度极高的时候也会死亡一样(参见"植物为什么需要水"部分)。

极地沙漠与人们更熟悉的亚热带沙漠一样干旱,而且,极地沙漠中的条件只能是更艰苦,与极地沙漠相比,美洲、非洲、亚洲和澳洲的炎热沙漠简直是富含各种生命形式。

空气运动与热传递

海洋覆盖着地球表面三分之二以上的面积,我们的地球是一个充满水的星球,水从海洋上蒸发,密度增加形成露、霜,或者云并形成降水——包括冰雹、毛毛雨、雨或雪。有些降水落在陆地上,又从陆地上返回到海中,这样就完成了水的循环。图22显示的就是这一过程。

图22 水的循环

但降水并不是均匀地落在每一片陆地上,有些地区接到的降水比其他地区多得多,例如:刚果民主共和国境内的基桑加尼年均降雨量为67英寸(1 700毫米),而位于马里的廷巴克图年平均降雨量仅为9英寸(229毫米),这两个城市都位于非洲境内,并且都远离海洋。基桑加尼位于赤道以北纬度不到1°的地方,廷巴图克则是在北纬17°以南的地方,两地纬度上的区别大概与美国密苏里州的圣路易斯和阿尔伯塔州的爱德蒙顿之间的区别差不多,圣路易斯和埃德蒙顿像基桑加尼和廷巴图克一样都是内陆城市。圣路易斯的年平均降雨量为39.4英寸(1 001毫米),气候湿度是爱德蒙顿的3倍,但基桑加尼的湿度却是廷巴图克的7倍。

形成这一差异的主要原因并不是两个城市间纬度上的距离,而是这一距离所处的位置,刚果民主共和国与赤道很近,马里也处于亚热带,但两个北美洲的城市却都位于温带纬度地区。

阳光照射、回归线和季节

地球接受的所有能量都来自太阳,大多数的太阳辐射都穿过大气层,使陆地和海洋的表面升温。空气通过和升温的陆地及海洋表面接触也得以升温,也就是说,陆地和海洋从上部得到加热,而空气则从下方得到加热。正是这种太阳能产生了我们的气候,但太阳并不是以同样的强度照射到每一个地方。

由于地球绕太阳旋转,你可以将地球运行的轨迹想象成一个圆形平面(被称为黄道面)的轮廓,如果你设想一条线垂直穿过黄道面,将这条线与地球自转轴相比较,你会看到地球自转轴大约倾斜了23.5°,这就意味着在正午时分,太阳直射在赤道附近地区(但确切地说,太阳在一年内只有两天直射赤道,这两天被称为二分点),并且太阳在赤道地区的照射比在高纬度地区更强烈些。

这个倾斜角产生了两条回归线,赤道两侧各有一条地带,两条地带的最高纬度是一年中至少有一天正午太阳直射在该位置的纬度,北回归线位于北纬23.5°,南回归线位于南纬23.5°,如图23所示,这一纬度也是地球自转轴的倾斜度,一年中有两天——目前是6月22日到23日和12月22日到23日,太阳在正午时分直射在一条回归线上,这两个日子被人们称为二至*日*,在一个半球是夏至日,在另一个半球就是冬至日。二分点就是当正午太阳直射赤道的两天,一天是3月20日到21日,一天是9月22日到23日,在二分点时,在南北两半球上,一天24小时恰巧是12个小时的白天和12个小时的黑夜。

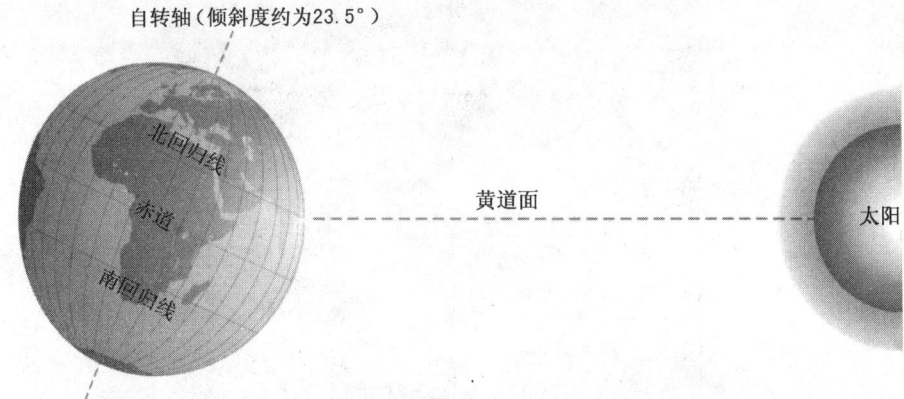

图23 太阳直射位置为何在两条回归线之间移动

由于地球在一年中绕太阳旋转，黄道面与地球表面相交的直线从北回归线开始移动、穿过赤道到达南回归线，然后再移回来。这种黄道面的运动就意味着太阳在一年中的每一天，太阳会直射在两条回归线之间的某个地方。

地球在运行轨迹中绕太阳旋转时，自转轴倾斜角还产生了季节，季节的出现是因为首先一个半球朝太阳倾斜，然后是另一个半球向太阳倾斜，这样两半球轮流接受较多的太阳照射，如图24、图25所表明的那样，这一差异在二至日最大，而在二分点则没有什么区别。

蒸发和对流

由此，赤道地区在全年之中比其他地区都受到更多的热量，浏览一下世界地图，你会看到赤道绝大部分都穿过海洋，因为赤道表面受到太阳的强烈照射、蒸发率很高，所以赤道附近水资源充足。

由于空气受热时分子吸收能量、彼此分离而产生体积膨胀，这就减小了空气的密度，空气是从下方受热，因此与地球表面最接近的空气比上面的空气密度小，这就使密度较大的空气下降到密度小的空气下方，迫使密度小的空气上升，这一过程被称为*对流*，因为这一过程是由密度较大、质量较沉的空气引起的，因此它从本质上是由重力引起的，对流在太空也就不会发生。空气继续上升直到它到达了与周围空气密度一致的高度，同时，空气在上升时会发生*绝热冷却*（参见"亚热带沙漠"部分中的补充信息栏：绝热冷却与绝热升温）。

水蒸发到升温的空气中，并作为水蒸气与空气一同上升。空气中含有多少水

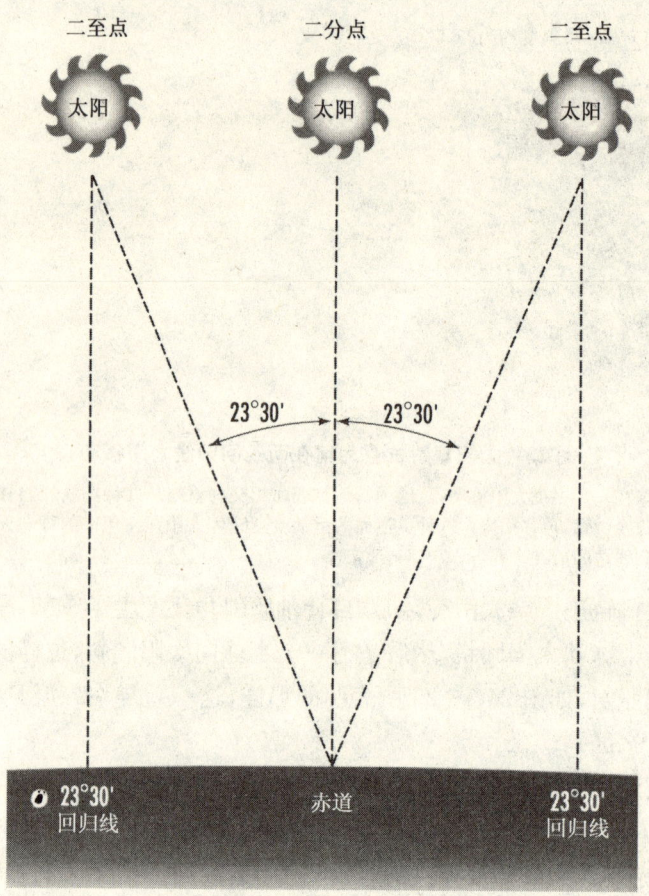

图 24　回归线、二至日及二分点
地球自转轴的倾斜度决定了两条回归线的纬度

蒸气取决于空气的温度,暖空气比冷空气可含有更多的水蒸气,并且随着空气温度下降,相对湿度(参见"亚热带沙漠"部分的补充信息栏:湿度)增加。空气饱和时(其相对湿度达到100%)的温度被称为"露点"温度,当到达此温度时,水蒸气开始凝结,这也是测量露点温度的一个方法。

在赤道上方,大量的热量使空气上升、冷却,很快空气就到达它的露点温度,水分开始凝结,云开始形成,当云滴变得过大、过重,上升的气流无法再承受得住它们

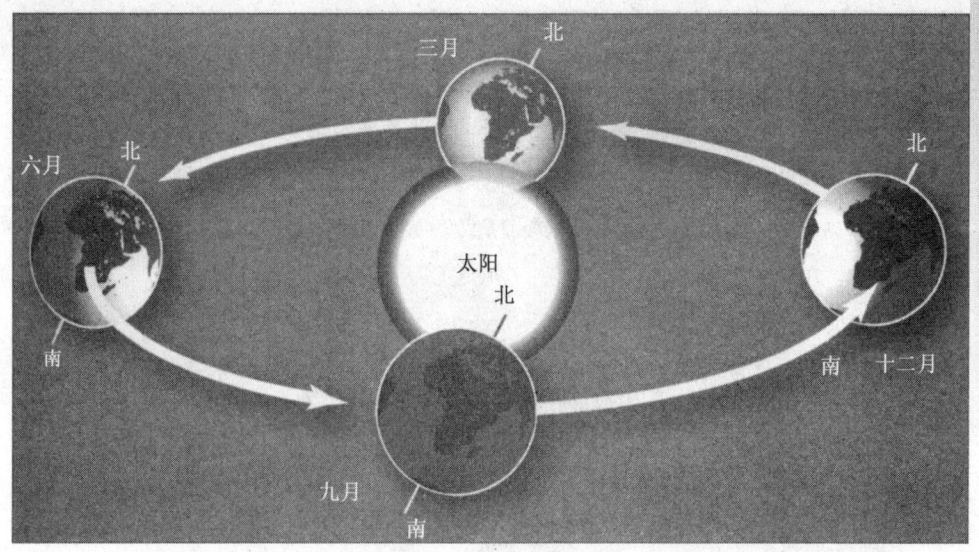

图 25　季节和地球运行轨道

　　由于地球自转轴的倾斜,当一个半球是夏季时,另一个半球就是冬季。随着地球绕太阳旋转,一年四季轮流交替。

的时候,云滴就作为降雨落下,这就是降雨量在赤道地区很高的原因。如图 26 所显示,空气在有些地方上升,在这些地方之间,下降的空气带来了干燥的天气,即使在赤道上方,也不是所有的时候都会下雨。

　　上升空气大多保持向上运动,直到空气到达对流层顶,这里是一个界限,它位于赤道以上 10 英里(16 公里)的高度,在这个界限以上,空气温度和密度都不会随高度减少,因此这里就会留住下面正在上升的空气,一旦空气无法再继续上升,它就会远离赤道,向南或向北移动。在这个高度上,空气温度通常在 $-94℉(-70℃)$ 到 $-120℉(-84℃)$ 之间,因此,空气根本就没法含有一点点的水蒸气,空气极为干燥。

空气下沉产生亚热带沙漠

　　高空空气得到上升空气无穷无尽、不断的补给,并且被冷却到一个极低的温度,高空空气开始从赤道移走——尽管空气温度较低,它却没有下沉(参见补充信息栏:位温)。在纬度 30°附近,热带空气遭遇向赤道移动的空气,两股空气汇聚在

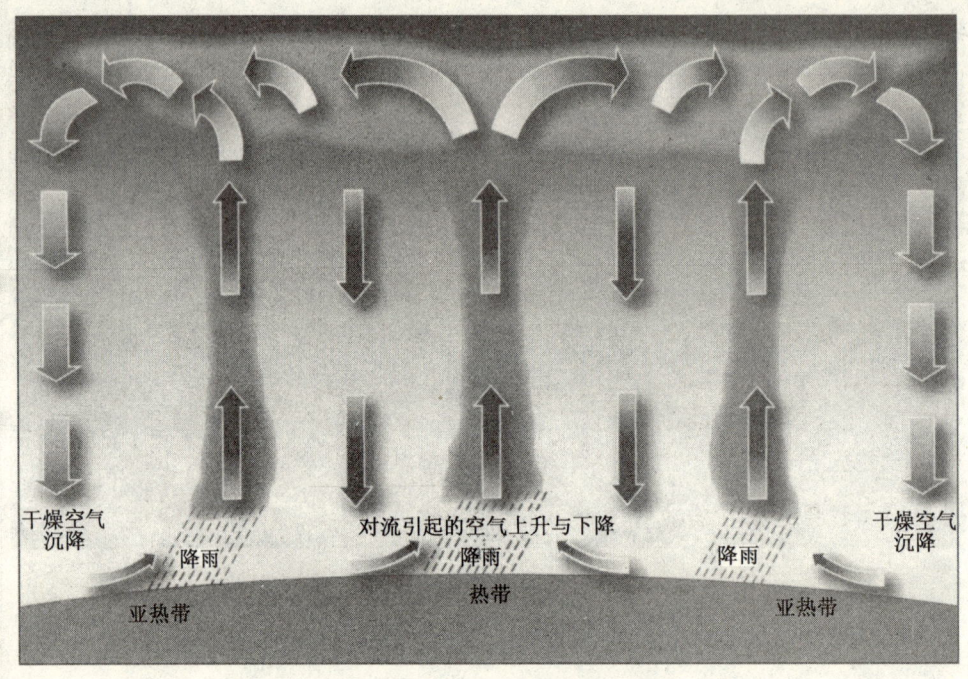

图 26　热带和亚热带的空气循环

空气在赤道上方上升,在高纬度地区移走,然后在亚热带下降。

一起,两股空气从这里开始一路下降到地球表面,空气下降的越低,它的重量就越大,因此下沉空气就会被压缩,随着空气下沉又被压缩,空气就会出现绝热升温,在空气到达地球表面时,它就具备了产生干燥沙漠的条件。

再看一眼世界地图,你会看到在两个半球上均有一片沙漠地带,而沙漠地带的中心恰巧在北回归线(北半球)和南回归线(南半球)以外,这些沙漠属于亚热带沙漠,是由温暖而干燥的下沉空气产生,撒哈拉沙漠、阿拉伯沙漠、印度塔尔沙漠、澳大利亚沙漠和中美洲的沙漠都是由此产生的。极地上方的沉降空气也会产生沙漠,那就是极地沙漠。

补充信息栏

位 温

由于冷空气的分子间的距离小,因此其密度大于热空气。一定体积的冷空气的质量和密度都大于同体积的热空气。受下方冷空气的抬升作用,密度较小的热空气上升至冷空气的上方。

空气温度随高度的增加而下降,所以山顶的温度比山下低。某些高山的山顶终年积雪不化,即使是在夏季,登山者也要穿上厚重的衣服才行。那么是什么原因使处于山顶或对流层顶的冷空气没有下沉到地面呢?

在回答这个问题之前,我们先想象一下如果这些密度大、温度低的空气下沉到地面后情况会如何。假设天空无云,空气干燥,海平面温度为80°F(27℃),高空33 000英尺(10公里)处的对流层顶的温度是 $-65°F(-54℃)$。由于温度和高度的影响,对流层顶的空气密度大于其下方的空气。

如果这样的空气下沉到海平面高度的话,在其下降过程中空气会受到挤压并产生绝热升温(参见补充信息栏:绝热冷却与升温)。由于空气非常干燥,其干绝热直减率(DALR)为5.4°F每1 000英尺(9.8℃每公里)。当空气下降3.3万英尺(10公里)时,其温度会增加 $5.4 \times 33 = 178.2°F(98℃)$。与其在对流层顶时的温度相加,则当空气下沉到地面时它的温度是 $178.2 - 65 = 113.2°F(44℃)$,远远高于海平面高度的80°F(27℃)。所以下降过程中温度的升高使空气密度变小,质量少于它下面的空气,因而高空中的空气不可能真的下沉到地面。

位温是空中的空气快下降到海平面气压(即1 000毫巴)时按绝热变化所达到的温度,用希腊字母 ϕ 表示。位温只受空气温度和气压的影响。天气学家们用位温来测定大气的稳定度。

如果地球与黄道面相垂直的话,沙漠地带会比现在更宽,从地理意义上说,赤道是在地图上绕地球中心画下的一条线,与两个极点等距,但热赤道的定义却与此不同,它指的是将所有温度最高点都连接起来的一条线。地球的自转轴倾斜角使热赤道随着季节变化而移动,移动范围从北纬23°到南纬10°—15°之间,从整体上看,一年中主要位于北纬5°附近。对流产生的空气垂直运动主要以热赤道为中心,而不是以地理意义上的赤道为中心,因此空气也随季节变化而向南或向北运动。由于空气上升的地区有所改变,那么产生了炎热、干燥气候条件的空气沉降地区也会有所改变,这使沙漠地带扩展到纬度较高的位置。

世界上并不是所有的沙漠都是由热带、亚热带空气循环造成的,沙漠还出现在亚洲较深的内陆地区和中纬度大陆西侧高山背风地区,空气在陆地上空长途跋涉到达那里时,空气中的水分已经基本流失了。中纬度天气系统从东部延伸到西部,由于在空气上升爬过高山时水分已经流失,因此这部分位于高山雨影中的地区就非常干燥,美国落基山脉以东的沙漠就属于这种类型的沙漠。

大气的总体循环

以上就是高温从赤道向高纬度移动这一过程的一部分,250多年前人们就已经发现了这一大气循环过程。当然,当时没有人去解释沙漠为什么就出现在它们所在的位置上,要解释清楚这一点实在很困难,而大气循环的另一个结果却具备更大的重要性。另一个结果涉及到如果空气上升,空气还必须在低空漂移占据自己的一席之地,空气在地平线以上移动就成为风,赤道两边任意一侧的风都是可以预测的,在北半球,风始于东北方向,而在南半球,风则始于东南方向,这种风向非常容易预测,因此海上的水手们将它们称为*信风*,这个词来自一个古德语词,表示"轨迹"的意思,而且还意味着这些风(几乎)总是在同一位置出现并总是以相同方向移动。信风的可靠性需要人们去解释,而热带空气大规模的循环又是提供答案的原理。

有几位科学家曾尝试完成这个任务,但与这一空气循环联系最密切的两个名字恐怕其中一个是乔治·哈得莱(参见补充信息栏:乔治·哈得莱与哈得莱环流圈),另一个就是*哈得莱环流圈*,这是哈得莱描述的热带对流运动。哈得莱环流圈还解释了水手们很感兴趣的另一个现象,这就是被他们称为"赤道无风带"的地区,赤道无风带与赤道接近,那里几乎总是清风徐徐,而且风向易变,有时甚至根本无风,船只在这片区域安安稳稳。之所以会这样是因为汇聚的信风空气在穿越温暖的海洋时也会轻微上升,在热赤道附近,由于空气作垂直运动而不是水平运动,因此那里的空气几乎静止不动,这就产生了赤道无风带,它从每年10月到次年6月位于大西洋和太平洋的东侧,但从7月到9月却一直延伸到大西洋和太平洋的西侧,赤道无风带还在10月和12月之间、3月和4月之间分别覆盖着赤道附近印度洋和西太平洋的大部分地区。

降水、蒸发、升华、凝华与冰雪消融

让我们想象在冬季的清晨,你在户外眺望一片面积不大的湖水,冰开始在湖泊边缘形成,而且现在已经覆盖着湖表面的一部分了。你可以看到周围的冰、液态水和空气都含有水蒸气,水在同一时间、同一地点以固体、液体和气体这几种不同的形式同时存在着。

补充信息栏

乔治·哈得莱与哈得莱环流圈

当欧洲船队第一次离开欧洲越过北回归线穿过赤道时,水手们发现信风无论在风力还是方向上都很少变化,这给他们的航海带来了很大的帮助。到了 16 世纪,几乎所有水手都知道了信风的存在。但直到多年以后才有人开始对信风进行研究。与许多科学发现一样,对信风的研究也经历了几个阶段。

英国天文学家爱德蒙德·哈雷(1656—1742)是第一个对信风作出解释的人。他在 1686 年提出赤道地区的空气温度要比其他地区高,暖气流的上升使赤道两边的冷空气向赤道流动,由此形成了信风。我们今天知道这种解释是错误的,因为如果这样的话,赤道两侧的信风应该分别来自正北和正南而不是东北和东南。

1735 年,英国气象学家乔治·哈得莱(1685—1768)对哈雷的理论提出了修正,指出地球由西向东的自转使空气发生了偏移,形成了东北与东南两个方向的贸易风。这一说法虽然正确地解释了信风,但其理论还是较为粗糙。

此后美国气象学家威廉姆·费雷尔(1817—1891)在 1856 年将科里奥利效应引入大气运动研究之中,指出空气方向的改变是由于空气在运动中围绕自己的竖轴旋转,就像被搅动的咖啡一样。由于是费雷尔第一个发现了在中纬度地区的大气逆流,因此人们称之为费雷尔环流。

在解释信风的过程中,哈得莱对热量从赤道地区向其他地区的传递进行了说明,提出赤道上空的暖空气在高空向极地方向流动并在极地地区下沉。空气等流体由于底部受热而进行的垂直运动被称为环流,所以哈得莱所描述的这种空气运动方式称为哈得莱环流。

地球自转使哈得莱环流的形成不止一个,并且环流的形成过程也非常复杂。来自赤道不同地区的热气流上升至高空 10 英里(16 公里)处时离开赤道上空,冷却后在南北纬 25°—30°地区下沉。当空气到达地表时,有一部分会向赤道方向回流形成信风,完成低纬度环流,其他的则远离赤道向极地方向运动。

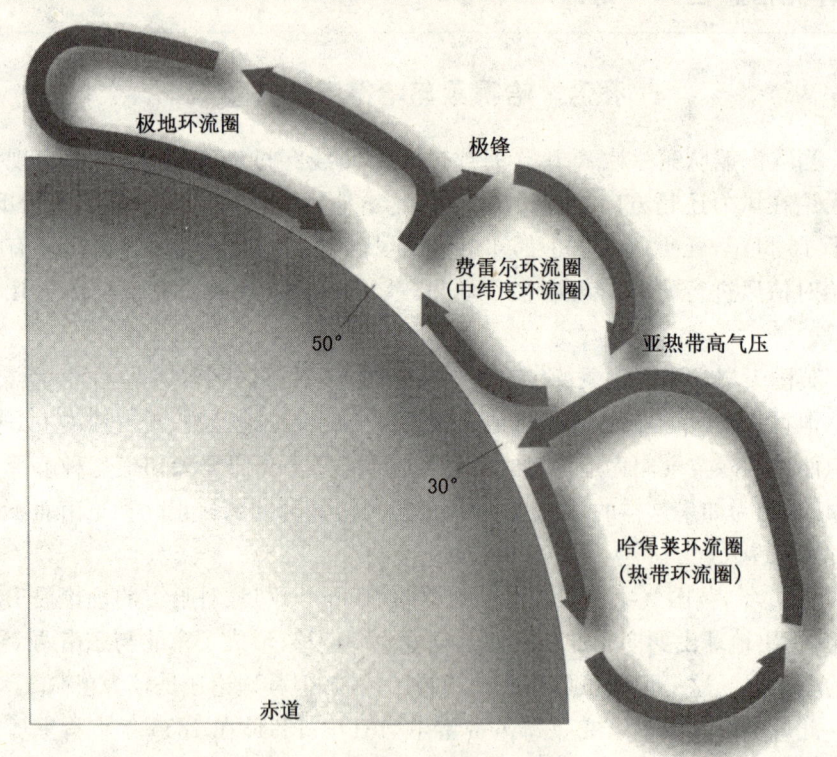

图 27　三圈环流模式

热带(哈得莱)环流圈和极地环流圈受对流运动的直接驱动,而中纬度(费雷尔)环流圈受到的则是对流运动的间接驱动,它直接受极地环流圈和热带环流圈的驱动。

冷空气在到达极地上空时下降,在低空处飘离南北两极。在南北纬50°的地区与部分来自赤道哈得莱环流的热气流相遇,形成极锋。在极锋处空气再次上升,一部分飘向极地形成高纬度环流,其他的则飘向赤道地区与下沉的哈得莱环流汇合,成为环流的一部分。

在南北半球各有三组这样的环流,所有的环流中都是暖空气向远离赤道的方向运动而冷空气则向赤道方向运动,人们将其称为大气环流中的三圈环流模式。

补充信息栏

大气总体循环

北半球的北回归线和南半球的南回归线在地球上标示出一年中至少有一天太阳在正午时分直射地面的地带范围,北极圈和南极圈则标示出一年中至少有一天太阳不会升到地平线以上并且不会落到地平线以下的地区范围。

想象一束宽度仅为几度角的光线。太阳直射时这一光束照射的范围要比太阳位于天空中低角度时照射范围小得多。每束光所含能量的多少相同,光束的宽度也是相同,因此太阳直射时能量的辐射范围要比太阳高度低一些时的范围小,这就解释了为什么热带地区比地球上其他地方所受热量都多,也解释了为什么我们与赤道距离越远,从太阳那里得到的热量就越少。

太阳在赤道上比任何其他地方上照射的都更强烈,但大气运动时一些热量从赤道处移走。赤道附近,温暖的表面使与其接触的空气升温,暖空气上升。在高度约为16公里的对流层顶,暖空气从赤道移走,一些暖空气向北运动,一些则向南运动。随着空气上升,空气也不断冷却,因此从赤道移走的高空空气温度极低——约为$-85°F$($-65°C$)。

赤道空气在北纬30°和南纬30°之间沉降,空气下降时,又开始升温。空气接近地表时已变得又干又热,因此这片空气使离赤道有些距离的地区也得到升温。在地表附近,空气开始分流,这里是一片风平浪静的地带,有时被称为无风区(英文单词为 horse latitudes,原因是因无风而帆船无法行驶,船上运载

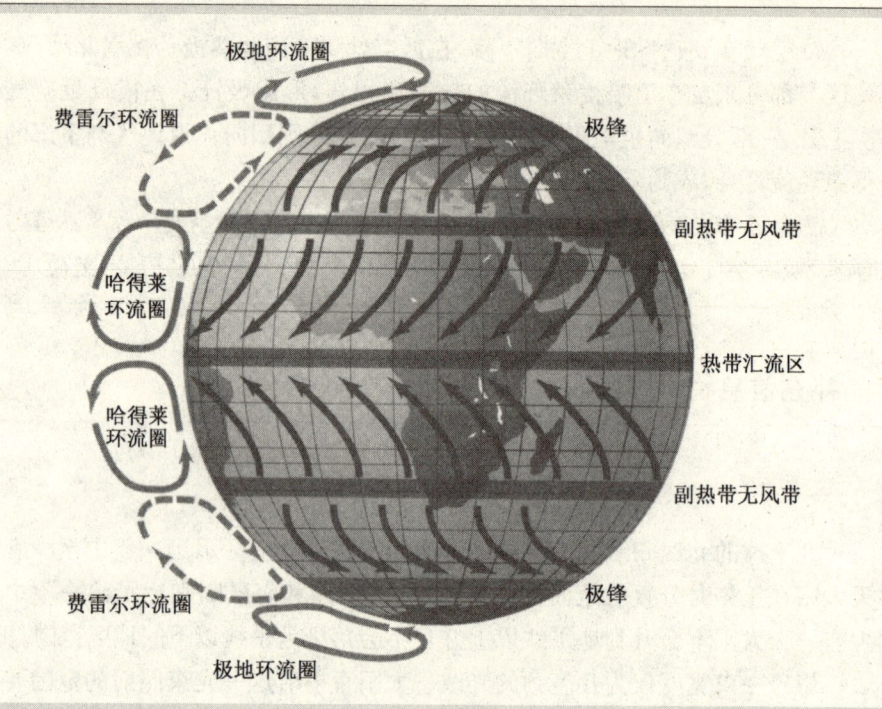

图28 大气总体循环
空气运动将热量运离赤道

的马匹因无淡水而大批死去,横尸在甲板上)。大多数空气向赤道流回,一些空气从赤道流回,一些空气从赤道流走,来自南北的空气在热带汇流区会合,这种空气循环就形成了哈得莱环流圈。

极地上空,空气非常寒冷,因此它会下沉,达到地面时,就会从极地流走。在北纬50°—60°和南纬50°—60°之间,从极地移走的空气遇到了从赤道移过来的空气,相遇的气流上升到地表以上大约7英里(11公里)处的无风区。然后,一些空气流回极地,形成极地环流圈,一些空气则向赤道运动,形成费雷尔环流圈(该环流圈由美国气象学家威廉·费雷尔(1817—1891)发现)。

了解了这一空气运动过程,你会得出这样的结论:暖空气在赤道上升,在亚热带下降到地表,在低空流回到纬度55°附近,然后再上升继续向极地运动。同时,在极地附近下沉的冷空气又流回了赤道。

> 如果没有这种热量的再分配,赤道地区的天气要比现在炎热得多,极地附近的天气也会比现在寒冷得多。

当然,肉眼无法看到水蒸气,但水蒸气确实存在,空气总是含有一些水蒸气,在真正干燥的天气里,你可能认为空气和地表一样干燥,但即使在这个时候,空气中仍含有水分,并且在看似完全干燥的土壤中也有些水分。

水是唯一一种在常温下能够以三种状态存在的常见物质,每个人都认为并且我们理所当然地都认为水在32℉(0℃)时结冰,在212℉(100℃)时沸腾,但这仅对于处在海平面大气压的纯净水来说是成立的,因为溶解在水中的杂质和气压的变化会改变水的冰点和沸点。

有极分子

如果不同的物质是由大小类似的分子构成,那么这些物质就具有相同的冰点和沸点。尽管这种特征很普遍,但它在水这种物质上却表现得较特殊。水分子由两个氢原子和一个氧原子构成(H_2O),大小与氨(NH_3)、盐酸(HCL)和甲烷(CH_4)相同,但水的冰点和沸点均比这些物质高,氨的冰点和沸点分别为-108℉(-78℃)和-28℉(-33℃);盐酸的冰点和沸点分别为-175℉(-115℃)和-121℉(-85℃);而甲烷的冰点和沸点则分别是-299℉(-184℃)和-263℉(-164℃)。

水这种物质的独特特征并不是由分子大小决定,而是由分子结构决定。每个水分子由两个氢原子和附着在氢原子上的一个氧原子构成,两

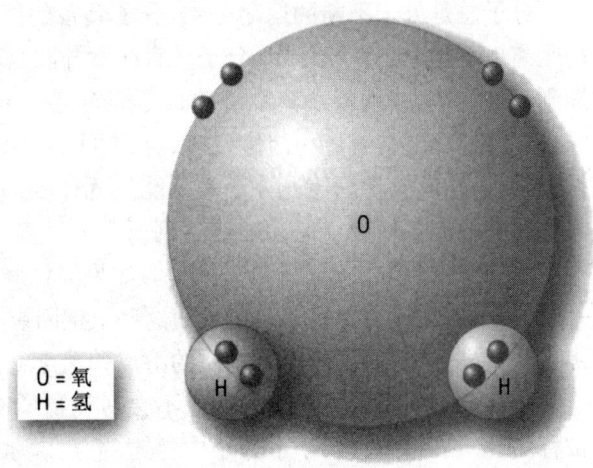

O = 氧
H = 氢

图29 水分子

黑圆圈代表外层电子的位置,它可以用来解释水分子为何是有极分子。

个氢原子都位于氧原子的同一侧上,它们之间的夹角呈 104.5°。水分子的形状类似一个敞口的 V 字形,其原子受到两个相反电极的吸引。图 29 表明原子的分布状况。每个原子的原子核都带有一个正电极(原因是原子核包含质子,质子携带正电极),而每个原子的电子上都带有负电极,这样,正、负电极就得到平衡(电子上的负电极与质子上的负电极大小相等)。构成水分子中的原子共同享有一些外层电子,这被称为*共价键*,四个氧电子(携带负电极)位于水分子中氧原子一侧,而另外四个氧电子则共有两个氢原子,位于水分子的另一侧上,结果在水分子中氧原子的一侧上出现了一个微量负电极,氢原子一侧上则出现了一个微量正电极,但总体看来整个分子的电磁极还是中性的。这种类型的分子就被称为有极分子。

氢键

当氢原子与氧原子(O)、氟原子(F)或氮原子(N)中的一种形成一个分子时,由于以上三种原子携带强负电极,因此新形成的分子中的氢原子和位于临近分子中携带负电极的 O 原子,F 原子或 N 原子还能形成另一个化学键,被称为氢键。氢键将各个水分子在液体中作为一个整体紧密结合在一起,在冰的状态中则结合得更紧密些。

分子总是处于不断的运动之中,分子具备的能量越多,运动的就越快,彼此间的距离也就越大。在气体中,分子呈直线做分散运动,当分子冲撞到彼此身上或冲撞到其他物体上,则会跳离开原来的运动轨迹。将分子冷却时,分子就会失去能量,彼此距离变短,就成为液体形式。在更低的温度下,分子结合得非常紧密,只能做振动,这样就成为固体。分子为了能从固体变为液体、从液体变为气体,就必须吸收足够的能量使分子运动加速达到所需的速度。在大多数情况下,究竟需要吸收多少能量主要取决于分子的大小,但如果液体和固体的分子是由氢化键连接在一起的话,那么就需要更多的能量使这些氢键断裂。这样,带有氢键物质的溶点和沸点就会高一些,而不带氢键物质的溶点和沸点就会低一些。

破坏分子间吸引力所需的能量不会对该物质的温度产生任何影响,这种能量被称为"潜热",并且,由于水分子中氢键的存在,水的潜热值要高于大多数物质的潜热值(参见补充信息栏:潜热)。

蒸发

纯水的沸点是 212℉(100℃),但它会在任何温度下蒸发,只要是在液体形式下,所有的分子就都在运动,使他们连接在一起的氢键不断地在断裂、并重新形成。

水温越高，分子运动就越快。如果将水加热，个别的水分子会吸收这些新的热量。而被吸收的新热量又使分子运动加速，一些分子的运动速度非常快，足以从水表面脱离，进入水表面以上的空气层中。位于这一空气层中的水分子也会进入液体中，因此这层空气包含的分子就进行着双向运动。分子对液体表面施加压力，被称为水气压。在一定的水气压下，空气层达到饱和并不再含有任何水分子，这一水气压被称为饱和水气压，饱和水气压会随温度变化而变化。温度升高时，使空气饱和所需的水蒸气量也随之增加，饱和水气压在212℉（100℃）时达到最高值1 013毫巴（100千帕）。空气层在饱和水气压下无法保留水蒸气，因此如果有任何水分子进入，相同数量的气体分子就会立即凝结成液体。

如果从液体表面逃离的分子进入到没达到饱和水气压的空气层中，那么这些水分子就能够穿过这一空气层，进入到上层空气中，这就是所谓的蒸发。

升华和凝华

在非常寒冷但晴朗的天气里，当气温低于冰点时，薄薄的冰雪块有时会变小，直到最终消失。冰已经直接蒸发到空气中，这被称为*升华*。冰或雪的结晶体中所含水分子从阳光中吸收了足够的能量，使其摆脱氢键的束缚并逃离，由于冰里有众多连接分子的氢键，因此从冰这一固体中逃离所需能量就要多于比从液体中逃离所需能量。并且，空气还必须非常干燥，原因是在低温下，只有干燥空气才仅能保留少量的水蒸气。

补充信息栏

潜热与露点

水以三种形态存在：气态（水蒸气）、液态（水）和固态（冰）。水以气态形式存在时，分子可以向各个方向自由运动。以液态形式存在时，分子形成分子链。水以固态形式存在时，分子形成紧密的圆形结构，中央留有一定的空间。水温冷却时，分子间距离缩小密度代表卡每克每摄氏度加大。在海平面气压条件下，纯水在39℉（4℃）时的密度最大。在这个温度以下，水分子开始形成冰晶。由于冰晶中心有一定的空间，因此冰的密度没有水大。在质量极同的条件下，冰的体积要大于水的体积。所以水在结成冰时体积增加并且漂浮在水面上。

分子依靠正负电子的吸引而链接在一起，要想打破这种链接，必须有足够的能量——潜热。分子吸收潜热打破链接时温度不会上升，在重新形成链接时分子释放出相同数量的潜热。在32°F(0℃)时将1克纯水(1克＝0.035盎司)从液体变成气体需要600卡(2 501焦耳)的热量。这一数值是蒸发潜热。当水汽凝结时，同样数量的潜热被释放出来。结冰或融化所需要的融化潜热是80 calg^{-1}(334 Jg^{-1})。冰直接升华成水汽会吸收680 calg^{-1}(2 835 Jg^{-1})的

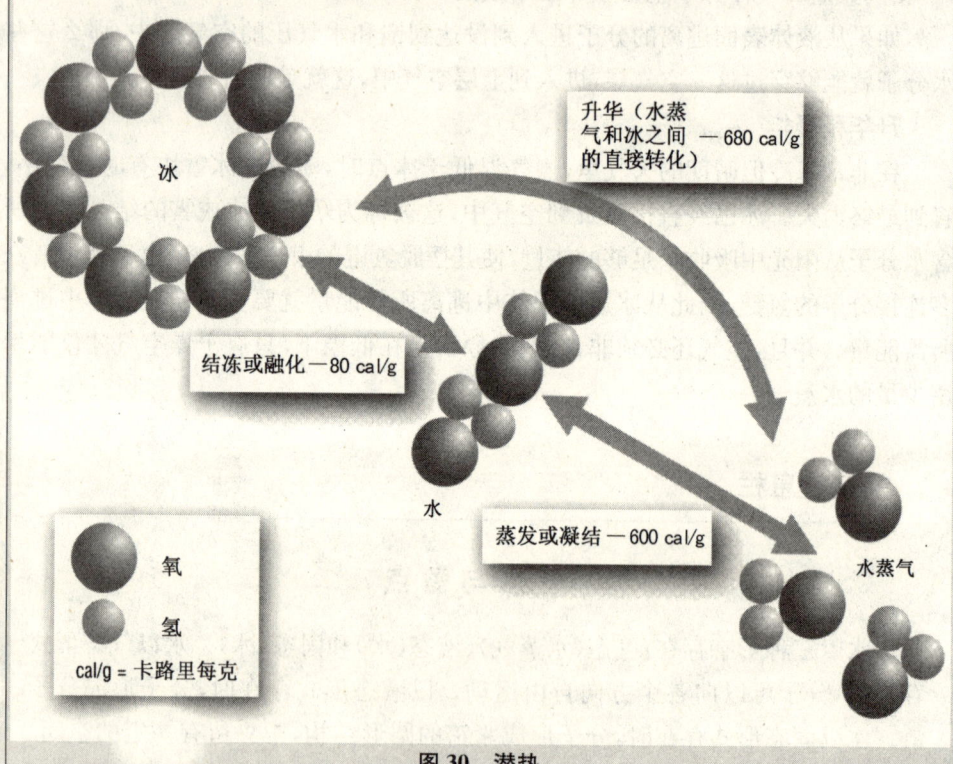

图30　潜热

当水在气体、液体和固体状态之间来回变化时，连接各分子的氢键断裂或形成，分别释放或吸收能量，这种能量就是潜热。

潜热,是融化潜热和蒸发潜热的总和。水汽直接变成冰的凝华过程则释放出等量的潜热。潜热受温度影响很大,因此在引用潜热值时应指明其温度值。我们在这里一律使用 32°F(0℃)。

潜热的来源是周围的空气和水。当冰融化或水蒸发时,周围的空气失去能量温度下降。这就是为什么冰雪融化时天气会变冷而我们人在汗水干了的时候会觉得凉快。

空气上升过程中温度下降,水汽凝结释放出潜热使周围空气继续受热上升。这一过程导致带来暴雨的云层的形成。

暖空气比冷空气蕴含的水分子量多。当气流冷却时,其中的水汽会凝结成液体小水珠。导致这一变化的温度被称为露点。当温度降到露点时,物体表面就会有露水出现。

温度达到露点时,空气中的水汽呈饱和状态。空气达到饱和状态时所含有的水汽质量为相对湿度(RH),写成百分数。

在高于冰点的任何温度下,饱和水气压都有唯一的数值,但在低于冰点的温度下,却有两个数值。造成这一现象的原因是由于在同一温度下,冰面上的饱和水气压总是低于水表面上的饱和水气压,在冰点以下仍保持液体状态的水被称为*过冷水*,大多数的云都至少包含一些过冷水滴,在实验室条件下,水滴可以在自发结冻前被冷却到-40°F(-40℃)。

水蒸气也可无需经过液体阶段就直接冻成冰,这被称为*凝华*。凝华出现在晴朗而寒冷的夜晚,这时,在植物上会形成霜,但不会形成露。因此,清晨驾车的司机在开车前必须将冰从挡风玻璃上刮掉。

冰雪消融

冰层和雪地即使在最寒冷的条件下也会通过融化和升华相结合的物理变化而失去一些冰雪,这个过程产生的总体影响被称为冰雪消融。冰雪消融发生的速率取决于空气温度、湿度、阳光照射强度以及其他各种因素。

另外一个因素就是风,水在有风时比空气静止时发生蒸发或凝华的可能性更大一些,风越猛烈,就会越快速地带走水蒸气。当然,我们在过去就一直利用这一点,每次我们将洗过的衣物悬挂起来在风中晾干就是一个例子。衣物变干是因为空气涡旋的存在,风吹过陆地表面时,会产生一些小小的不规则形漩涡,这些漩涡将许多水蒸气携带到高空,并使更高处的干燥空气到达地表以补充流走的空气,这样,在干燥空气中会有更多的水分蒸发或升华。

凝结和云的形成

水蒸气一旦进入空中就会被携带在空气中,当气温降低到使空气达到饱和的温度时,水蒸气便开始凝结成水滴。(参见补充信息栏:蒸发、凝结与云的形成)这一温度被称为露点温度。

补充信息栏

蒸发、凝结与云的形成

空气上升时绝热冷却。若空气干燥,它就会按照每上升1 000英尺,气温下降5.5℉(每公里10℃)的*干绝热直减率*降温。在穿越高地如山或山脉时(见图31中1),或在锋面处遭遇高密度的冷气团时(见图31中3),移动的空气被抬升。局部看,当地过对流上升(见图31中2)。

大气温度在*凝结高度*降低到露点(气体中含有能冷凝的温度饱和气,冷凝为液体时的温度)。当空气上升超过凝结高度时,里面的水汽开始凝结,释放潜热,空气增温;如果空气还继续上升,一旦空气相对湿度达到100%,它就会按照每上升1 000英尺,气温下降3℉(每公里6℃)的*湿绝热直减率*降温。

水汽凝结在小颗粒*云凝结核*(CCN)上。如果空气中的云凝结核由易于溶解于水中的小颗粒(吸湿核)组成,如盐晶和硫酸盐,水汽的凝结湿度就会较低,为78%。如果空气中含有不能溶解的物质,如灰尘,水汽就会以100%的相对湿度凝结。虽然云中相对湿度很少超过101%,但如果没有云凝结核,相对湿度就会超过100%,达到*过饱*和状态。

云凝结核直径从0.001 μm至10 μm大小不等,但只有空气处于极度过饱和状态时,水才在最微小的颗粒上凝结;最大颗粒过沉,不能长期悬浮在空气中。当云凝结核直径平均为0.2 μm(1 μm = 1/1 000 000米 = 0.000 04英尺)时,水凝结效率最高。

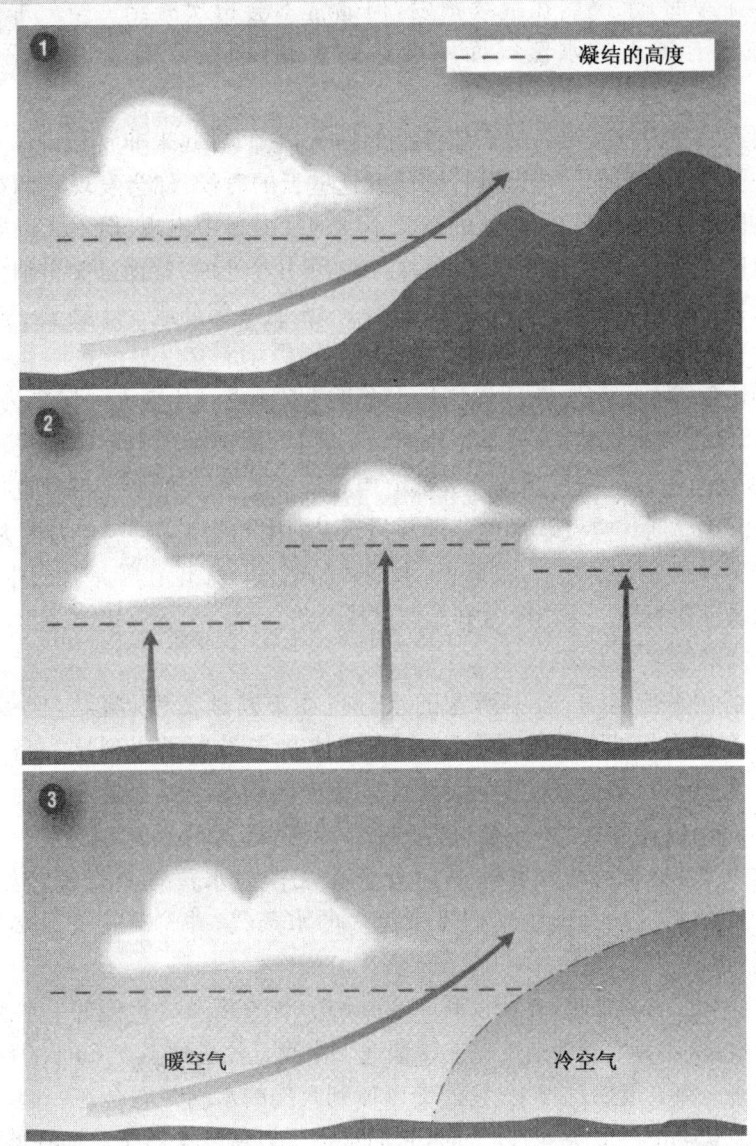

图 31　空气为什么会上升

1) 空气在高地上被迫上升（地形抬升）　2) 地面不均匀受热导致对流发生,而对流则引起空气上升　3) 空气沿气象锋被迫上升

发生干旱时,水仍然在继续蒸发,但通常不会再次凝结。空气非常干燥,可以留住所有进入的水蒸气而不会达到饱和,即使云形成了,也不会出现降雨。

观察在晴空中一缕缕如烟雾般漂浮的白云,它们看起来非常稳定——甚至可以用手去触摸。但当你用望远镜仔细研究这些云的时候,你会发现它们在不断变化。一些圆圆的小云团和一丝丝的烟云不断地从白云中出现,但不久以后就消失不见,并且云中所有的水蒸气全部消失后过不了几个小时,整团云朵也消失得无影无踪。云被干燥的空气环绕着,如果云滴——云的一部分或一小缕云——被吹到邻近的空气中,云滴差不多立即会蒸发。

这种体积不太大的云只需半个小时就可以发展成一片巨大的风暴云,高度可达7英里,宽度可达6英里,但半个小时以后,巨大的云朵也会完全消失。即使在多云的天气里,厚厚的云层连续几天都覆盖着整个天空,云的各个部分也持续存在不到一两天的时间。空气非常迅速地穿过云朵,因此能够立即将小片云从整朵云中带走并带入到干燥空气中,在那里,水滴开始蒸发。无论在哪一片云中,单独的水滴和冰晶存在不到一个小时就开始蒸发或升华。

云如何继续存在下去?

云总是在不断运动,云中所含的水分也在不断地蒸发、凝结,但一些水滴和冰晶却在竭力保持各自的液体状态或固体状态。为了达到这一目的,水滴和冰晶的大小必须达到一定程度,而且只有当四周的云略微超饱和时(超饱和指的是相对湿度大于100%;参见"亚热带沙漠"部分的补充信息栏:湿度)才会实现这一点,这就使水滴和冰晶的分子无法作为水蒸气蒸发掉。如果水滴和冰晶周围的空气运动能给它们带来更多的水蒸气,并将凝结的潜热带走,水滴就会增大。

水滴刚形成时非常小,直径仅有 0.2 μm(0.000 008 英寸),但如果水滴的大小一旦开始增长,那么增长的速度就非常快速。水滴直径达到 100 μm(0.04 英寸)时就开始下落。在下落的过程中,它们会碰撞到其他的水滴并融合在一起。当水滴直径达到 200 μm(0.08 英寸)以上时,它们重得足以从云中落下。而在此以前,这些水滴只是空气中一些势力微弱的上升气流。如果水滴降落到地面,就成为毛毛雨了。

补充信息栏

气温直减率与稳定性

随着高度的增加,空气温度递减,这种现象称作温度直减率。当干燥空气绝热冷却时,高度每增加1 000英尺(1公里),温度下降5.5°F(10℃),这叫做干绝热直减率。

当不断上升的空气温度下降到一定程度时,其水汽开始凝结成水滴,这种温度叫做露点温度。而此时所达到的高度叫做抬升凝结高度。凝结时会释放潜热,这样空气会变暖。因此在这之后空气就会以较慢的速度冷却,这叫做饱和空气绝热直减率。饱和空气绝热直减率会有所变化,但平均来说每上升1 000英尺(1公里),温度下降3°F(6℃)。

气温随着高度的增加而递减的实际比率,是通过比较空气表面的温度,即对流层顶的温度(中纬度约-55℃,即67°F)和对流层顶的高度(中纬度约7英里,即11公里)而进行计算的。计算的结果叫做环境推移率。

如果环境推移率低于干绝热直减率和饱和空气绝热直减率,上升的空气就会比周围的空气冷却得快,所以上升的空气比较冷,易于下降到低处。因此这种空气具有绝对稳定性。

如果环境推移率高于饱和空气绝热直减率,那么按照干绝热直减率和饱和空气绝热直减率衡量,正在上升和冷却的空气会比周围的空气暖,因此空气会继续上升,这种空气具有绝对不稳定性。

如果环境推移率高于干绝热直减率,但是低于饱和空气绝热直减率,尽管上升的空气干燥,但它会比周围的空气冷却得快。但是它一旦升到抬升凝结高度之上,就会比周围的空气冷却得慢。最初空气是稳定的,但是一升到抬升凝结高度之上,就变得不稳定了。这种空气具有条件性的不稳定性。如果空气没有达到抬升凝结高度之上的不稳定条件,它就具有稳定性。

如果环境推移率低于干绝热直减率和饱和空气绝热直减率,空气就具有绝对稳定性。如果环境推移率高于饱和空气绝热直减率,空气就具有绝对不稳定性。如果环境推移率低于饱和空气绝热直减率但高于干绝热直减率,空气就具有条件性的不稳定性。

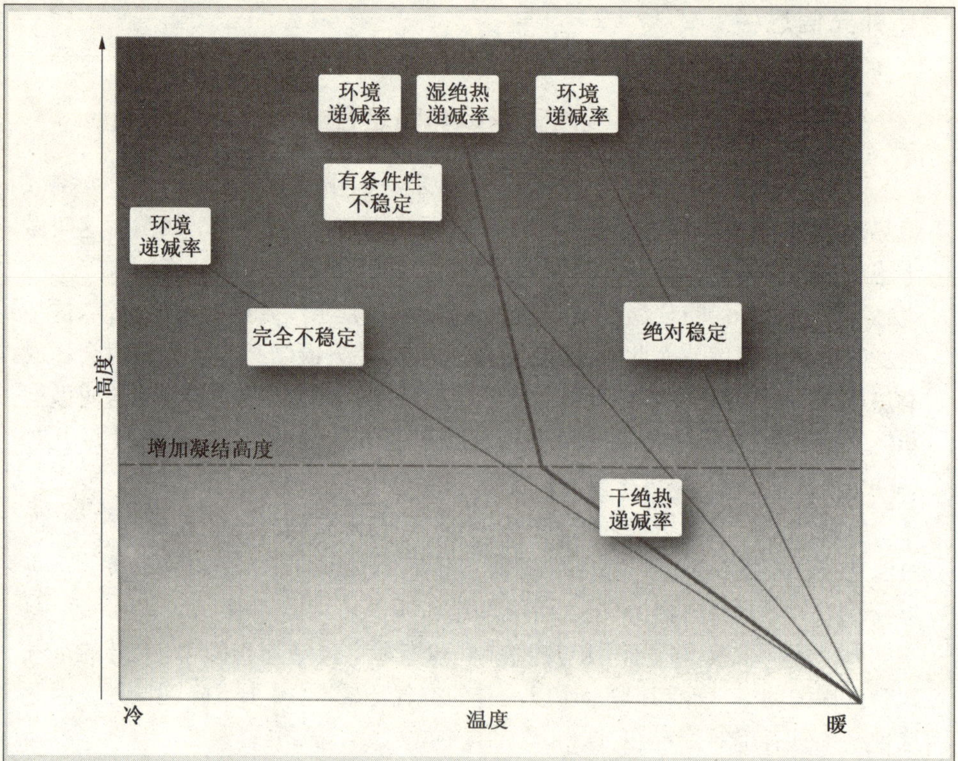

图 32 温度直减率和稳定性

图 33 表面弧度效应

水滴只有在温暖的云团中才会以这种方式扩大体积,但即使在夏季中期甚至在炎热的沙漠上空,大多数云的温度都很低。如果地平面的气温是90°F(32℃),并且气温按照干绝热直减率(参见补充信息栏:气温直减率与稳定性)随高度增加而减少的话,那么,在1.1万英尺(3 350米)高度上的温度就是30℉(−2℃)。在一些温度低于冰点的云团中,过冷水蒸气不会凝结成水滴,但会直接变成冰晶。一旦冰晶出现,水就会从过冷的液体水滴中蒸发,并作为冰沉积在晶体上。这一现象之所以发生既是因为冰表面上的饱和水气压比液体上的饱和水气压低,也是因为水从水滴中蒸发比在面积大而均匀的表面上蒸发容易,从小水滴中蒸发得也比从大水滴中蒸发快。如图33所示,分子在平面上比在弧度大的表面上更容易存留。表面下的每个分子都是由氢键将自己和其他分子连接在一起,表面的分子上面没有其他分子存在,因此,这一层的分子就是同侧面和下面的分子连接在一起。如果表面弧度大,那么侧面的分子实际上是位于略为偏下的地方,因此侧面氢化键的连接力就要弱一些。表面弧度越大,表面分子就越不固定,那么它们就越有可能逃离到空气中,使小水滴比大水滴蒸发得更快些。

一旦凝化开始,过冷水滴开始蒸发、冰晶开始增长时,这一过程进行得就比水蒸气凝结成液体水滴的过程快得多。云端处有可能含有冰晶,较低云层就会含有温度高一些的水滴。冰晶从低温层中落下,而当更多的过冷水滴开始在冰晶上结冻时,冰晶就会变大。但当冰晶温度达到零上1、2度时,就会开始融化。水滴在大多数的云中,即便是赤道上空的云中,都是以结冻、冰晶增大、水滴冲撞和融合这一组合过程发展起来的。

最终,当水滴的重量达到一定程度时,就会从云底部落下。但实际上,非常小的水滴随时都从云中离开。当你在晴朗的天气里,用望远镜从云团中看到一些刚一出现就消失不见的小云团和一丝丝的烟云实际上都是由水滴构成的,如果出现在高处的云端附近,就是由冰晶构成。在这些云团和烟云从主体云中出现以后,由于它们又回到原处而没有消失,因此更准确地说,它们是蒸发掉了。由于相对湿度达到饱和点,水蒸气开始凝结,但这不一定在任何地方都会发生。云会在这种现象发生的地方形成;不出现这种现象的地方,天空就保持晴朗。离开云的水滴进入到没达到饱和状态的空气中,开始蒸发,抑或是冰晶开始升华。这就解释了云为什么会有形状,还有云为什么会有轮廓清晰的底部。

雨点有多大?

云底部和地面之间的空气没有达到饱和,如果这部分空气达到饱和,水蒸气就会在其中凝结,云就会一直延伸到地平面,这就意味着从云中降下的水会进入到没饱和的空气中。这样,水就会立即开始蒸发,只有体积超过一定范围的雨滴才会在开始蒸发以前就到达地面。

表面积相同的情况下,水滴体积越大,水滴质量也就越大,如果水滴是球形的,直径要是达到2个单位,体积($3/4\pi r^3$)就是4.18,表面积($4\pi r^2$)是12.6;如果直径是4个单位,体积就是33.5,表面面积是50.3。前者的体积和表面积之比为1∶3.0,后者的体积和表面积之比为1∶1.5。在重量(或质量)相同的情况下,体积大的水滴表面积就要小一些,那么它遇到的空气阻力就要比体积小的水滴遇到的空气阻力小,这样它降落的速度就快一些。直径为200 μm的毛毛雨滴降落速度为每秒钟2.5英尺(每秒钟0.76米),直径为500 μm的雨滴降落速度则是每秒钟13英尺(每秒钟4.0米)。体积大的水滴不仅含有更多的水,使水滴在蒸发前能存在更久的时间,同时,它还能降落的更快一些,这样它在空气中花费的时间就少一些。

即使如此,雨也有可能永远到不了地面。在干旱期间,沙漠上空空气的相对湿度很低,凝结高度也就是云底部轮廓的高度会非常高,从云中降落的水不得不从极度干燥的空气中穿过很长的一段距离。即使在最干的沙漠上空也会出现云朵,有些云大的足以产生降雨,但雨水在云下部的干燥空气中就蒸发掉了。这种蒸发的雨水在云下部经常是可以看得到的,外观就像是一片灰色的薄纱,被称为*雨幡*。只有位于高空的风暴云才能足够快地释放水分,使雨滴蒸发时云下部的空气达到饱和,这样更多的雨滴就可以降落到地面上。

洋流与海表温度

阳光照射使地表变暖,而地表又使与其接触的空气变暖。在赤道上空,暖空气上升,向北和向南移动,大气循环就这样开始了。通过大气循环,热量被从赤道带到极点(参见"大气运动和热传递"部分的补充信息栏:大气总体循环)。如果没有大气循环,赤道地区的气候会比现在炎热得多,极地的气候也会比现在寒冷得多。

然而,这并不是全部的事实。太阳除了照射陆地以外,还照射海洋。与陆地上的岩石和土壤不同的是,海水可以移动。海水的运动也将热量从低纬度向高纬度运送,但海水运送热量的形式与大气运动有极大的差异。

但两者的结果却是相似的。水在赤道附近得以升温,向北、向南运动,那么这些暖水的位置就被从高纬度流进的冷水占据。也就是说,热量被传递出去,结果热量就得以更均匀的分布。

海洋环流圈

世界上每个主要海洋中(南北大西洋、南北太平洋及印度洋)都有环绕而行的水流,在北半球按顺时针方向流动,在南半球则按逆时针方向流动,这些主要的洋流被称为海洋环流圈。

海表附近流动的洋流受海风驱动。赤道两侧的盛行风为东南信风和东北信风,但洋流流向并不与风向完全一致,在北半球洋流流向位于风向的右侧上,并与风向成45度角;在南北半球则位于风向的左侧上,并与风向成45度角。这其中的原因在"西海岸沙漠"部分中进行了解释。这种现象导致的结果就是热带洋流在南北两个半球都自东向西流动,当洋流接近赤道时,流向会有所偏转。当洋流从赤道流走时,科里奥利效应(参见补充信息栏:科里奥利效应)对它产生的影响越来越明显,科里奥利效应的大小在赤道处为零,到了极地附近,就增加到了最大值。

补充信息栏

科里奥利效应

在向赤道或赤道两侧运动时,除非物体紧贴地面运动,否则物体的运动路线不是直线而是发生偏转。在北半球时物体向右偏转,而在南半球时则向左。所以空气和水在北半球按顺时针方向运动,而在南半球则是按逆时针方向运动。

第一个对此现象做出解释的人是法国物理学家加斯帕尔·古斯塔夫·德·科里奥利(1792—1843)。科里奥利效应由此得名。科里奥利效应在过去又被称为科里奥利力,简写为CorF。但现在我们知道这并不是一种力,而是来自地球自转的影响。当物体在空中作直线运动时,地球自身也在运动旋转。一段时间之后,如果从地球的角度去观察,空中运动物体的位置会有所变化,其运动趋势的方向会发生一定程度的偏离。这是由于我们在观察运动着的物体时选择了固定在地表的参照物,没有考虑地球自转的因素。

地球自转一圈是24小时。这就意味着地球表面上的任何一点都处在运动当中并每隔24小时就回到起点(相对于太阳而言)。由于地球是球体,处于不同纬度上的点的运动距离是不一样的。纽约和哥伦比亚的波哥大,或是地球上任何两个处于不同纬度的地区,它们在24小时中运行的距离是不一样的。否则的话,地球恐怕早就被扯碎了。

我们再举个例子具体说明一下。纽约和西班牙城市马德里同处北纬40°线上。赤道的纬度是0°,长度为24 881英里(40 033公里),这也是赤道上任何

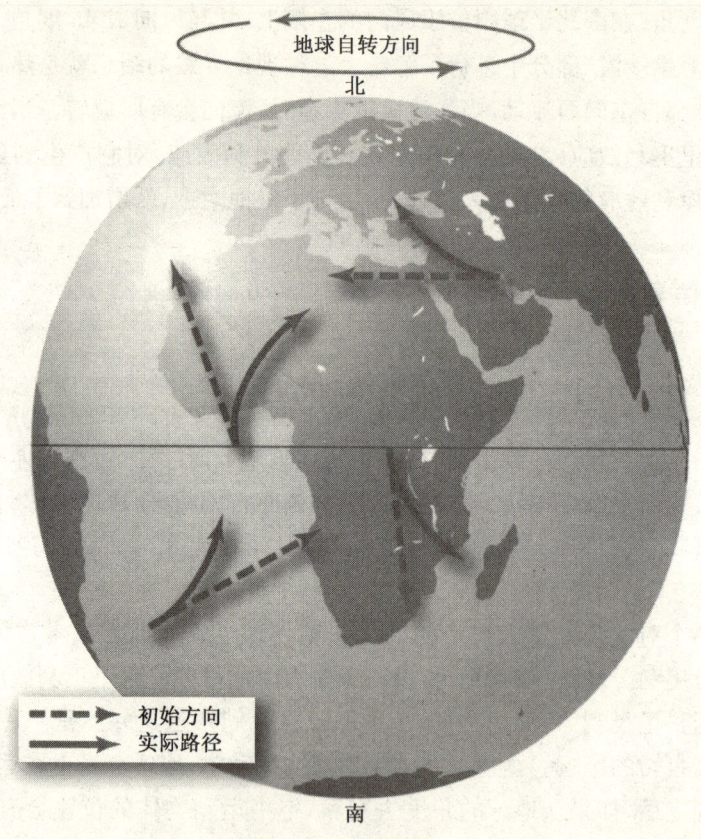

图34 科里奥利偏转角

在北半球,移动的空气团和洋流运动方向向右偏转,在南半球则向左偏转。科里奥利效应在极地达到最大值,在赤道则为零值。

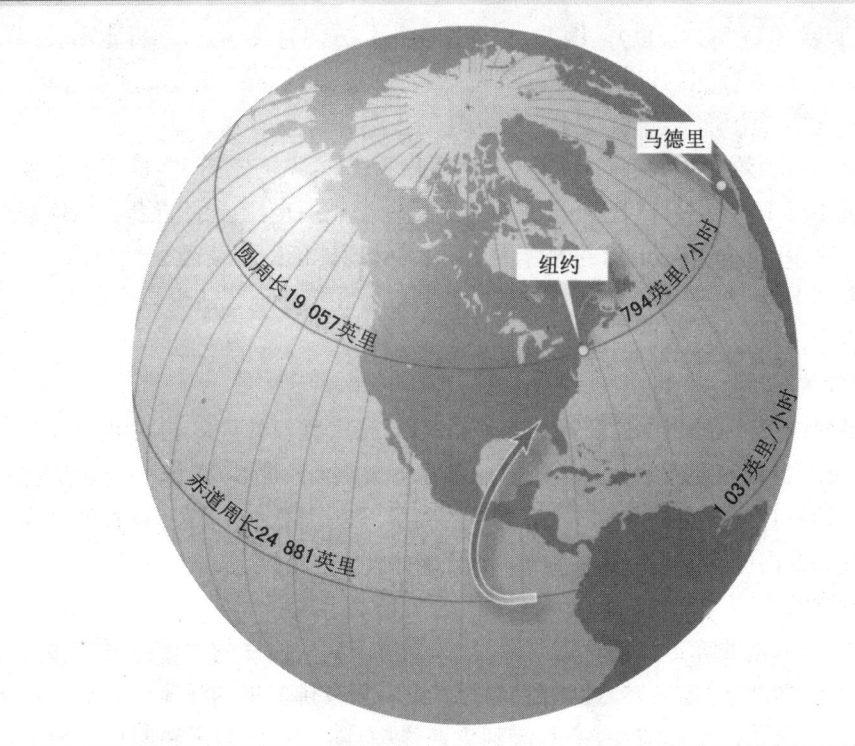

图35 科里奥利效应
飞机从赤道向高纬度目的地的飞行路线似乎向东偏转。

一点在24小时之内行过的距离,所以赤道上物体的运行速度都是每小时1 037英里(1 665公里)。在北纬40°线上绕地球一圈的距离是19 057英里(30 663公里),这就意味在这一纬度上的点运行距离短,速度也较慢,每小时约794英里(1 277公里)。

现在假设你打算从位于纽约正南方的赤道地区起飞飞往纽约。如果你一直向正北方向飞行的话,你绝对到不了纽约(不考虑风向问题)。为什么?因为当你还在地面时,你已经以每小时1 037英里(1 665公里)的速度向东前进了。而当你向北飞行时,你的起飞地点也还在继续向东运行,只不过是速度较慢。从赤道到北纬40°的这段距离你大约需要飞行6个小时。在这段时间里,你已相对于起飞地点向东前进了6 000英里(9 654公里),而纽约则向东前进了4 700英里(7 562公里)。因此,如果你向正北方向直飞的话,你肯定不会降落在纽约,而是在纽约以东(6 000英里—4 700英里)1 300英里(2 092公里)左右的大西洋上降落,大概位于格陵兰岛的正南方向。

科里奥利效应的大小与物体飞行速度和所处纬度的正弦函数成正比。速度为每小时100英里(160公里)的物体受科里奥利效应影响的结果要比速度为每小时10英里(16公里)的物体大10倍。赤道地区的正弦函数是 $\sin 0° = 0$,而极地地区是 $\sin 90° = 1$,因此科里奥利效应在极地地区的影响最显著,而在赤道地区则消失。

海平面以下,风的影响有所减小,这样一来,克里奥利效应就相对变得较强一些,偏转角度也随深度而减小。洋流方向随深度增加而不断变化,这一变化从**埃克曼螺线**开始一直到**埃克曼深度**为止,到了埃克曼深度这个地方,洋流就按照与海表洋流相反的方向流动。(参见"西海岸沙漠"部分)

主要洋流

赤道两侧,南北赤道洋流自东向西流动,当位于北大西洋的北赤道洋流接近北美洲时,它会向北转(向右转),这时它成为安第利斯及佛罗里达洋流。之后又成为海湾洋流,沿北美洲海岸流动,一直流到大西洋中,随后在葡萄牙和西班牙所处的纬度转向南,再次汇入北赤道洋流中。

但是,当一部分的海湾洋流开始向南偏转时,它就自己独立出来成为北大西洋漂移流,这股洋流冲刷着欧洲西北的海岸,并在它经过挪威海岸时成为挪威洋流,进入北冰洋。还有一支洋流沿格陵兰西海岸向北流动,之后成为拉布拉多洋流沿加拿大东海岸向南流动,在纽芬兰附近与海湾洋流汇合。这样,冷暖海水之间的相互作用就产生了频繁发生的大雾。

南大西洋中的南赤道洋流在接近南美洲大陆时向南偏转成为巴西洋流,顺着南美洲的东海岸一路向南流到南极圈。在南极圈,洋流汇入西风漂移流(也被称为南极绕极涛动洋流)中,西风飘移流在南极附近自西向东流动,但其中还带有一条支流沿非洲西海岸向北流动,被称为本哥拉洋流。西风漂移流是唯一一条环流世界的洋流,之所以能做到这一点是因为中间没有陆地块中断它的进程,这也就意味着没有什么能阻挡风的进程。海洋波浪的高度与风力以及风行进的里程成正比,南部海洋的风力和风行进的里程都比别处大。因此,在南部海洋你会遭遇最为猛烈的海风和最为巨大的海浪。(参见"极地沙漠"部分)

在太平洋上,黑潮和亲潮洋流沿日本海岸和亚洲大陆海岸向北流动,加利福尼亚洋流沿北美洲西海岸向南流动。在太平洋南部,东澳大利亚洋流沿澳大利亚东海岸一路流入西风漂移流,秘鲁(或洪堡)洋流沿南美洲西海岸向北流动。

还有一些洋流到达了与主要洋流很接近的地方,但流动方向却与主要洋流方向相反。赤道逆流在纬度5°到10°之间自西向东流到赤道附近,这样它就是在南北赤道洋流之间流动。另外一条洋流在北纬1.5°到南纬1.5°之间、热带太平洋表面下自西向东流动,这条洋流在20世纪50年代被海洋学家堂森德·克伦威尔发现,因此被命名为克伦威尔洋流。从南极大陆吹来的东风也驱动了一条洋流,被称为南极极地洋流,自东向西在海岸附近流动。

北大西洋深水流

风是驱动洋流的主要力量,但却不是唯一的力量。在北大西洋北冰洋海冰角附近,高密度海水在南部沉降到密度较低的海水下面,形成了北大西洋深水流,在大西洋洋底附近一路流向南极。

盐度和温度这两个因素合在一起增加了海冰附近的海水密度,使海水下沉成为大西洋深水流。普通的盐就是氯化钠(NaCl),其中的钠原子携带一个正电极(写为Na^+),氯原子携带一个负电极(Cl^-)。如图36所示,当盐在水中溶解时,它的钠原子和氯原子彼此分离,钠原子被吸附到水分子中氧原子(O^-)的一端上,氯原子就被吸附到氢原子(H^+)的一端上。

水结冰时,水分子之间更加紧密,钠原子和氯原子被排斥在外,因此冰就是由淡水构成。被排斥在外的盐(仍然作为独立的钠原子和氯原子)进入到还未结冻的水中,由于这时水含有更多的盐,这样盐溶液的密度也就随之增加。同时,冰角附近的水非常寒冷,但却没达到冰点,海水在32℉(0℃)时达到最大密度,而这一温度正是这些冰冷海水的温度。

沉降的水成为北大西洋深水流,这些水在海表被温度较高、向北流动的海水补充上来,这一原理解释了北大西洋漂移流以及整个大西洋环流的形成原因。科学家认为北大西洋深水流形成过程中发生的变化产生了海洋环流中的变化,它应是造成过去重大气候变化的主要因素。如果北大西洋漂移流的形成在未来几年中再次发生变化,那就会对气候产生巨大影响(参见"气候变化会带来更多的干旱吗?"

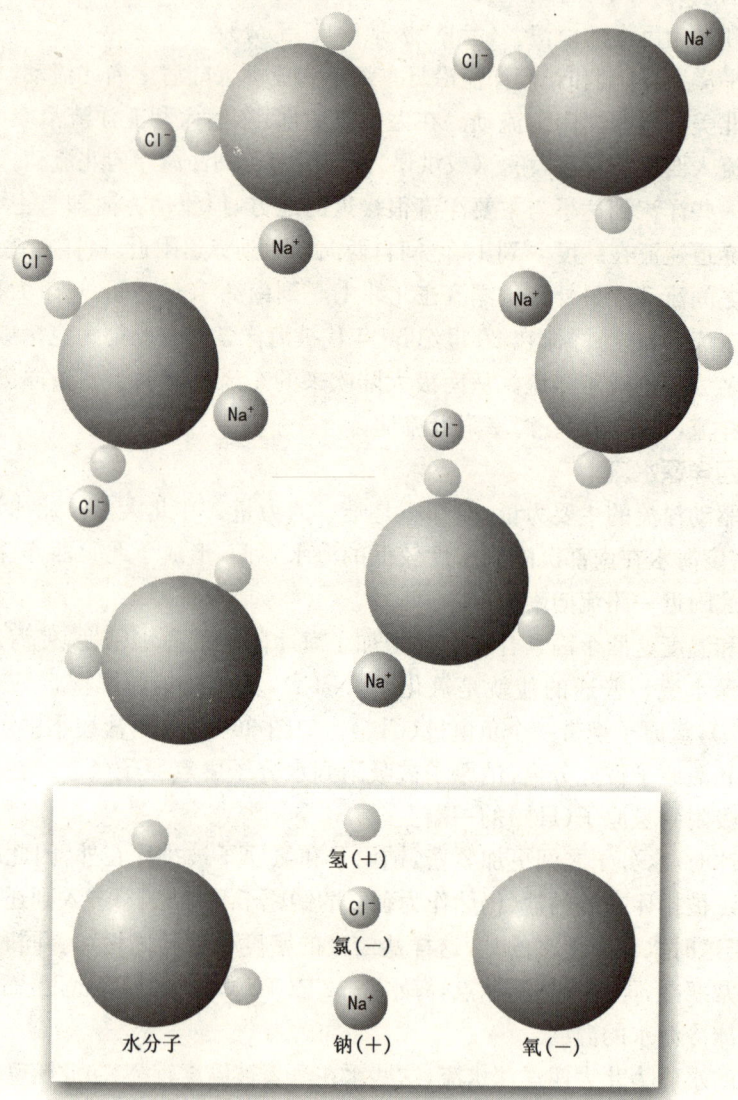

图36 溶液中的普通盐

钠原子与氯原子分离,钠原子被吸附到水分子中氧原子一端,氯原子则被吸附到氢原子一端。

部分)。

当北大西洋漂移流到达南海时,南极海底水流也加入其中,后者的形成方式与前者几乎相同。这两股洋流汇合在一起,一路穿越太平洋和印度洋,最终又返回大西洋。图 37 表明了这两股洋流的路线。

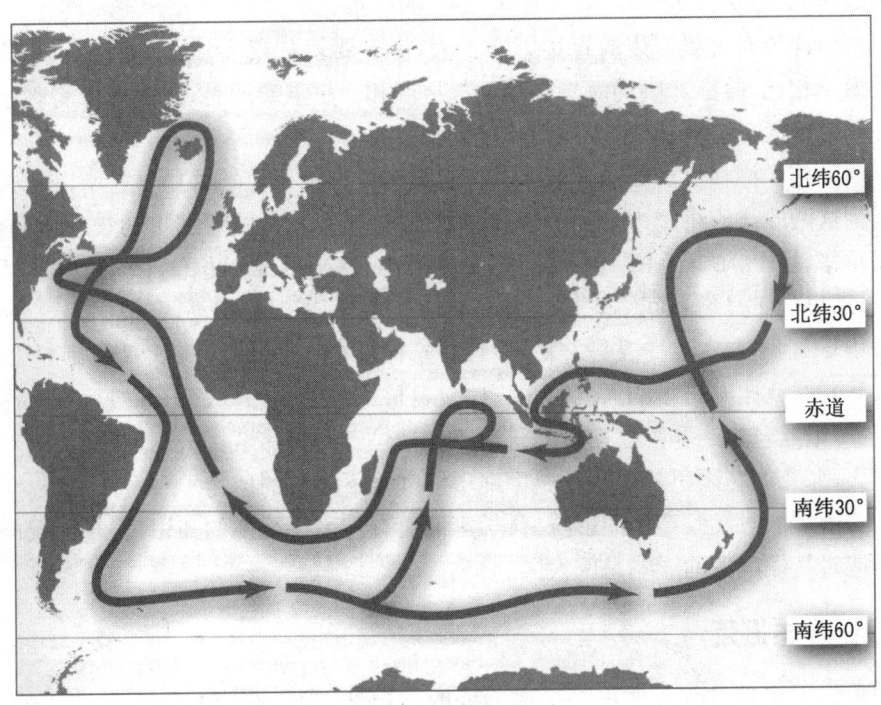

图 37　海洋大运输
这一洋流体系将高温海水带离赤道,将低温海水带向赤道

边境洋流

大体说来,海洋环流将暖水带到大陆的东海岸,将冷水带到西海岸。流向与大陆海岸相平行的洋流被称为*边境洋流*。由于海洋环流圈环流方式的作用,经过大陆东海岸附近的边境洋流携带暖水离开赤道,而经过西海岸附近的洋流则将冷水带向赤道。

西海岸边境洋流(位于海洋的西部)温度较高,而东海岸边境洋流(位于海洋的东部)温度则较低,但这并不是两者之间唯一的差别。西海岸洋流深而狭窄,流速很快。例如,海湾洋流每秒钟运送 194 万立方英尺(5 500 万立方米)的海水,黑潮每秒钟运送 22.95 亿立方英尺(6 500 万立方米)的海水,而巴西洋流每秒钟则运送 3.53 亿立方英尺(1 000 万立方米)的海水。东海岸边境洋流通常是浅而宽阔,流速缓慢。加纳利洋流位于北大西洋的东部,与位于西部的海湾洋流遥相呼应,它每秒钟运送 5.65 亿立方英尺(160 万立方米)的海水。

边境洋流对气候产生的直接影响不大,但重要性却很大。这是因为与寒流冲刷的海岸相比,暖流冲刷的海岸冬季天气更温和。更重要的是,洋流体系将暖水带入高纬度地区,这样就在整个热传递过程中发挥了作用。

西大西洋漂移流和挪威洋流则是总体规律中的一个例外情况,之所以这么说是因为这两股洋流将暖水带到了欧洲西北部,这极大地影响着那里的气候。例如,在温哥华,1 月份的日间平均气温为 41°F(5℃);法国的瑟堡也位于同纬度的西海岸上,那里的 1 月份日间平均气温为 47°F(8℃)。两地温差很小,但根据记录显示,温哥华 1 月份的最低气温是 2°F(−17℃),而瑟堡 1 月份的最低气温则是 21°F(−6℃),这就比温哥华的天气温暖一些。普鲁维位于北纬 57.77°苏格兰西海岸的位置上,虽然普鲁维和阿拉斯加的科迪亚克岛位于同一纬度,但普鲁维的天气却非常宜人,那儿的花园里甚至还种典型地中海气候下生长的植物。

关于洋流对气候产生的影响,科学家们还有许多要掌握的知识,但毫无疑问的是洋流对气候产生的影响是巨大的。

气候循环与振荡

我们很容易将气候看作是一成不变的。当然,我们有凉爽的夏天,也有炎热的夏天;有温和一些的冬天,也有寒冷难熬的冬天。但在最近这几十年里,这些现象却彼此相消。在时间上追溯到 100 年或 100 年以前,我们会发现一切情况都与现在不同——但天气却是个例外。然而,现在我们了解到即使是天气也在变化。

科学家们警告我们说人类排放到空气中的气体可能会改变气候。这引起了广泛的警惕,但这种警惕部分上是建立在这样一个观点的基础之上——气候变化是不寻常的,并且一定会变得越来越差。这种观点其实是错误的,气候在过去已经发生过多次变化。100 年前,也就是 21 世纪初的时候,出现的依然是持续时间漫长而温度极低的一段期间,这段期间被称为*小冰川期*。1 000 年前,也就是 10 世纪早期,人们生活在相对来说比较温暖的时期,当时,北欧定居者在冰岛和格陵兰正在建立殖民地,但他们享有的温暖时光很快就结束了。

不同的世纪里发生了不同的气候变化。像冰河世纪的到来与结束这样的变化就发生在几万年前甚至几十万年前。

生活在这些时代中的人们也许没太意识到变化在发生。与人一生的时间相比,变化发生得实在太慢了。但不管怎样,气温在寒冷或温暖的期间里都在来回地波动。即使是冰河世纪天气也时常会大发慈悲,变得暖一些;尽管名字叫做小冰川期,但在这一时期里也会出现许多温暖的夏天。我们只有通过研究长期积累下来的记录,才能找出平均气温与长期平均气温有偏差的一段时期。生活在中世纪温暖时期或生活在小冰川期的人们不可能知道对他们来说很熟悉的天气实际上是非同寻常的,而且还会有所变化:在中世纪,英国还能将葡萄酒出口到法国;在小冰川期,泰晤士河上的冰却已经冻得结结实实,冬季的集市就在冰上举办,而集市上全都用火在冰上烤肉。对于这些人来说,年景有好也有坏,但从总体上看天气在前几年里和接下来的几年里基本保持相同。

有些人有可能会说过去的天气与现在有很大的不同,但这样的报道却是误导人的,因为这些报道建立在人们头脑记忆的基础上。我们会记住在一个统一背景下显得很突出的事件,因此,我们会记住很久以前非常炎热的夏天和极度寒冷的冬天,但却忘记了我们还有更多天气很普通的年份。由于我们忘记了实际上不容易记住的条件,因此我们就很容易误认为炎热的夏天和寒冷的冬天要比它们实际出现的次数更频繁。

循环出现的干旱及太平洋鳟鱼

然而,有些天气类型会很明显地每隔一段时间有规律地循环出现,比如,北美大平原上每隔20年到22年发生一次干旱,至少从19世纪早期开始就是这样。

在20世纪70年代侵袭萨赫勒地区的干旱就吸引了人们对它的广泛关注,并且还引起人们的恐慌,担心撒哈拉沙漠正沿着南部边界扩张。这些恐慌是建立在这样一个想法的基础之上——人们认为这次干旱是独一无二的,但在过去曾发生过类似的几次干旱并引发饥荒。当热带汇流区(参见补充信息栏:热带汇流区与赤道槽)在夏季停留在比正常的位置偏南时,萨赫勒地区就会出现干旱。热带汇流区随季节移动,同时还带来热带降雨。热带汇流区在8月中旬到达其最北端的位置,这时正是萨赫勒地区雨季高峰期,但如果热带汇流区留在南端,降雨就无法到来。如果热带汇流区移动到比正常情况下偏北的地方，萨赫勒的降雨就会增加。2000年夏天，热带汇流区在非洲东部上空比平时的位置偏南，结果，埃塞俄比亚和索马里的天气就很干燥。

补充信息栏

热带汇流区与赤道槽

从南北半球吹来的信风吹向赤道，气流相对而行，在赤道附近相遇，汇流在一起，信风的汇合是热带汇流，热带汇流发生的地区叫做热带汇流区。因为热带汇流区会在来自于南北半球的空气间形成分界线，所以有时热带汇流区也叫热带锋面，然而它与极地和热带空气间的中纬度地区锋面相比，严格地说它还不是锋面。

平均来说热带汇流区在海洋上比在大陆上形成得快。信风的汇流因风力不同，汇流过程中形成大气扰动，然后向西行进。热带汇流区很少发生在赤道无风带（参见"洋流和海洋表面温度"中的"信风和赤道无风带"）。

热带汇流区的位置一年当中都在变化。卫星图像上显示的云团带可清楚地反映热带汇流区的位置。图38显示的是热带汇流区在2月份和8月份的大

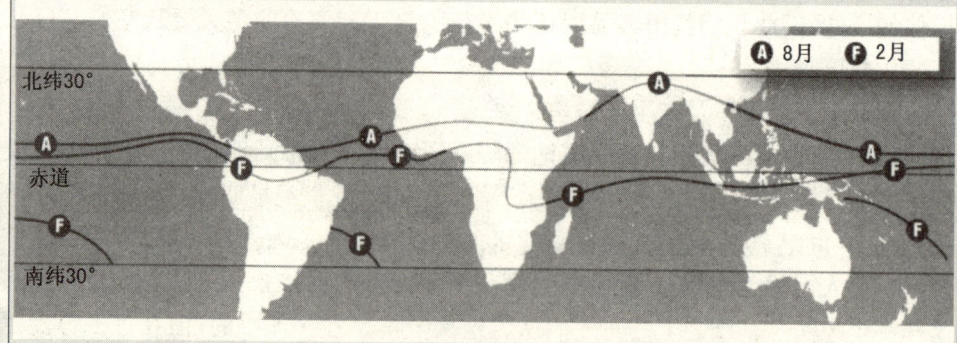

图38 热带汇流区
地图显示了2月份和8月份热带汇流区和赤道低压槽的大致位置。

致位置,可以看出热带汇流区在赤道北部比赤道南部发生的频率多,并且很少正好发生在赤道上。

然而,热带汇流区会正好发生在表面温度最高的热赤道。海平面气温的任何变化都可能造成热带汇流区位置的改变。海平面温度达到最高,也会快速产生对流,同时形成对流云和大雨。

汇流和对流都会造成空气上升,这样就减轻了海平面的气压,并在上空产生高压区,图39显示了这一变化过程。地面低气压被称作赤道低压槽,低压槽与热带汇流区的位置不一样,它与距离赤道最远的热带汇流区有一小段距离。

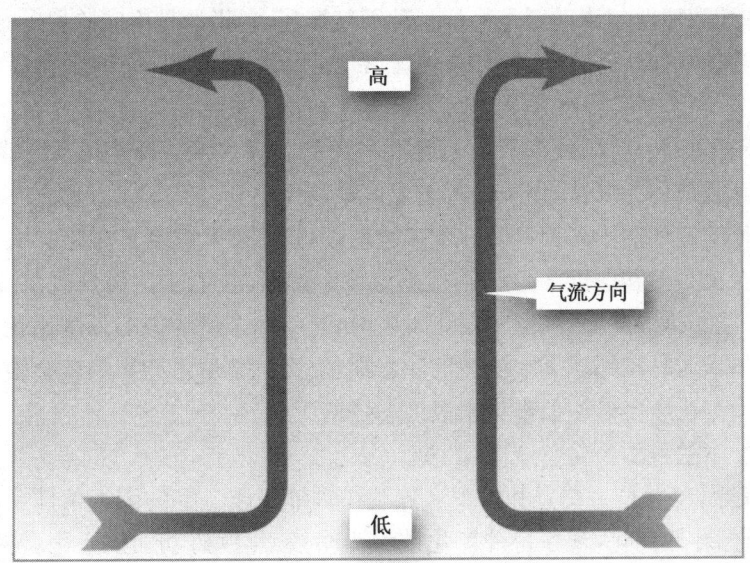

图39 汇流
空气汇流到一起,然后上升,造成海洋表面低气压和对流层上方高气压。

这就是与厄尔尼诺-南方涛动天气现象(参见"厄尔尼诺与拉尼娜"部分)有关的一种天气循环,厄尔尼诺-南方涛动每隔5到7年发生一次,人们认为该现象是引起另一种天气循环的主要原因,而这一天气循环又影响太平洋的气候。从1896

年到 1914 年,北美洲西北部海岸地区的天气从整体上看比较湿润、凉爽,在这期间也出现过相对温暖干燥的年份,但湿润凉爽的年份大大超过前者。这一期间过后,从 1915 年到 1946 年就是温暖、干燥的气候,这期间曾出现了几次长于 1 年的干旱。从 1947 年到 1975 年再次出现了凉爽、湿润的气候,而从 1976 年到 1994 年则又是温暖而干燥的气候。当太平洋西部在这一循环中经历了一阶段,阿拉斯加就经历了另外一个阶段,这样一个阶段中温暖而干燥的天气就伴随着另一个阶段中凉爽而湿润的天气,这四段时期分别持续了 18 年、31 年、28 年和 18 年的时间。

使科学家们对这一现象产生关注的原因是它与鳟鱼群之间一种微妙的联系。不知因为什么原因,鳟鱼数量在凉爽、湿润的年份里增长,而在温暖、干燥的年份里就会减少。

太平洋戴加德尔涛动则是另外一种天气循环,它指的是冷暖阶段的彼此交替,在太平洋流域的海洋-大气系统中持续出现几十年的时间,影响着那里的低空大气层。

但还有另外一个气候循环影响着太平洋的温暖地区。该地区位于西部、印度尼西亚四周,被称为**暖池**,那里的海表温度最高可达 95°F(35℃)。暖池中的温度在接近 20 年的循环期中来回升降。大多数时候,这些变化仅会产生不太大的气候影响,改变西太平洋和印度洋上空空气的湿度。然而,在厄尔尼诺出现的年份里,暖池的状态就变得很重要,在厄尔尼诺发生时,热带西太平洋中的海水比正常时候要凉一些,如果这时正巧遇上暖池中的冷水期,那么厄尔尼诺的影响就会被扩大许多倍,给澳大利亚和美国中西部带来极度恶劣的天气。

梅登-焦兰涛动

1971 年,罗兰德·梅登和保罗·焦兰在热带海洋上空的天气条件中又发现了另外一个循环性变化,现在这种变化被称为梅登-焦兰涛动。该变化会持续 30 天到 60 天的时间,它还是导致全年热带天气变化的主要天气涛动现象——我们不能忘了赤道气候中并没有界限分明的四季。

梅登-焦兰涛动沿赤道以每小时 11 英里(每秒钟 5 米)的速度向东运动,其影响在印度洋和西太平洋最为显著。梅登-焦兰涛动涉及到风、云、降雨和海表温度的变化。随着涛动的到来,信风逆温(参见"亚热带沙漠"部分中的补充信息栏:逆温)在温度低于其他地方的海表上空势力加强,使对流受到压制,减少了云量和降雨量。同时,信风势力加强,晴朗天空使太阳照射不断增加。而不断增加的太阳照射又使海表升温，并且与势力较强的信风共同作用使蒸发量增加。当梅登-焦兰涛动继续在天空中移动，位于高温的海面上时，风力就会减弱，从而产生强有力的对流、巨大的云团和倾盆大雨。

北大西洋涛动

除了厄尔尼诺-拉尼娜两个天气现象的此起彼伏，最显著的天气循环变化当属被称为北大西洋涛动的天气现象。人们曾经一度认为它仅仅会影响欧洲西北部的气候，但现在我们知道北大西洋涛动几乎影响着所有的北半球气象区域。一些科学家将其称为北半球环形模式（该名称中的 annular 表示"环形的"意思）——但北大西洋涛动仍然是使用最广泛的名称。

北大西洋涛动涉及到的是地表气压部分中出现的变化，以冰岛为中心的四周围有一片气压恒低的地区，而在亚热带地区、以亚速尔为中心的四周围则有一片气压恒高的地区。图40表明了这两个气压系统的位置。

北大西洋涛动影响了这些地区的气压，我们可以用一个指数来衡量北大西洋涛动。北大西洋涛动指数将平均状况设为零值，然后再将出现的特殊情况加以记录，当气压高于亚速尔的平均高压值、低于冰岛的平均低压值时指数为正值，这就增加了两地之间的气压差值。当气候差异低于平均值时，指数则为负值。

大气（北半球）绕低气压中心做逆时针运动，绕高气压中心做顺时针运动，因此，如图40所示，冰岛地气压和亚速尔高气压合在一起共同在中纬度上空产生西风，西风携带着天气系统与之同行，高气压和低气压之间的差值越大，风就越为猛烈，天气系统移动得也就越快。当北大西洋涛动指数为正值时，在冬季会有更多的风暴穿过海洋而且风暴本身也更猛烈些。风暴路径比指数为零值或负值时的路径要偏北。由于欧洲西部的涛动指数为正值，因此那里的冬季温和，美国东部的冬季也是温和而湿润。当北大西洋涛动指数为负值时，冬季风暴出现的就会少一些，风暴强度也会弱一些。地中海地区的冬季湿润，西欧的冬季寒冷而干燥，但格陵兰的冬季却很温和。美国东部出现更多的冷空气，因此那里的降雪量也就增加了。

19世纪后半期，这一天气循环现象每隔10年就会从正值涛动到负值，但最低负值比最高正值的幅度更大，因此整体的效果就是负值多于正值。20世纪时它开始发生变化，从1900年到1925年左右，指数大多时候为正值，从20世纪30年代到20世纪70年代主要为负值，从那以后就变回正值了。

涛动产生的影响非常重要。指数为正值而且数值较高时，欧洲和美国东部的

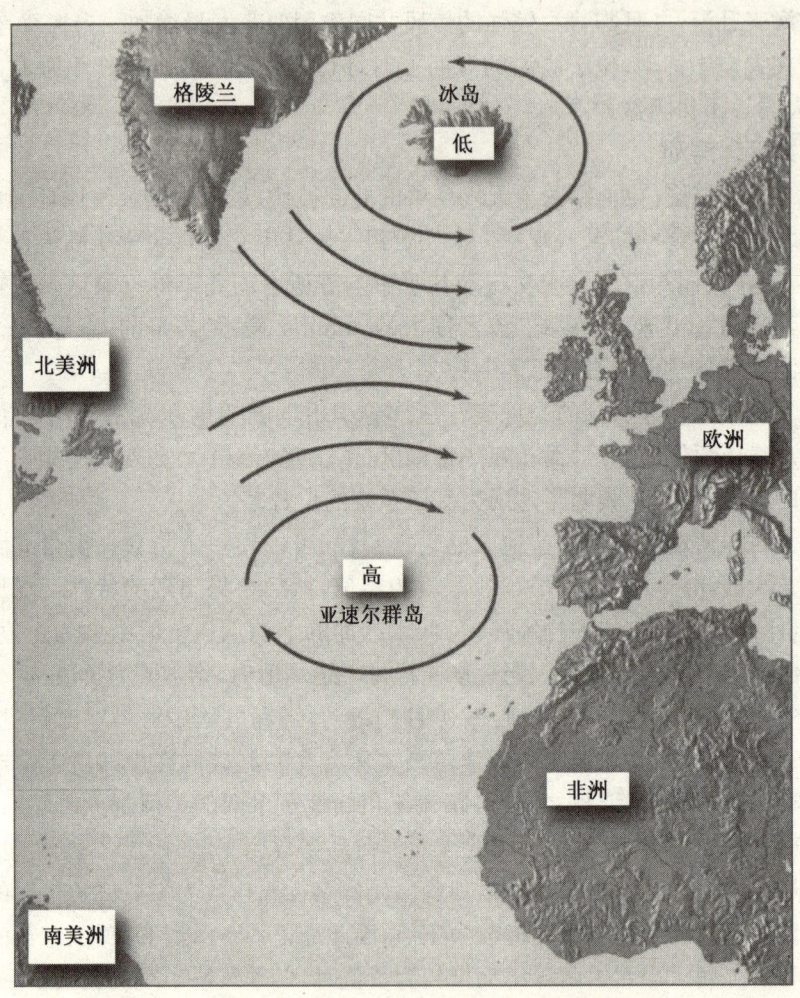

图40 北大西洋涛动 天气系统受气压差异的驱动

冬季平均气温会升高9°F(5℃)，这足以解释20世纪80年代和90年代出现的暖冬现象。北大西洋涛动正值指数还可以解释北冰洋海冰厚度变薄的现象，当指数为正值时，北大西洋上空的平均风速就会增加，风在西经20°附近自西方吹来，在西经10°附近则从西南方向吹来。风产生的影响就是加快了北大西洋漂移流的移动速度，水在海冰下移动得更快速，并且由于水运动速度加快，当水进入到高纬度时就没有充足的时间降低温度，因此海水温度比以往更高一些。相对较温暖、移动快速的洋流在下方使北冰洋的海冰融化，从而减少了冰的厚度。

由于完全自然的原因气候在不断地改变，气候循环与涛动的位置在几十年的期间里有所移动，有时是缓慢地在移动，使温暖而湿润的天气与干燥而湿润的天气彼此交替出现。这些不断重复出现的变化就会带来干旱，随着天气循环的发展，干旱结束了，但所有重复出现的天气类型可以告诉我们这样一条信息——干旱迟早还是会再度归来。

厄尔尼诺现象与拉尼娜现象

每隔2到7年，世界上一些地区的气候会不规律性的受到大气循环变化以及在某一洋流中相关变化的影响。这些天气现象的影响偶尔非常巨大，可以清晰的表明天气系统与海洋引发的热传递之间关联有多大。通常来说，这点很难能看得到。天气系统就像是某些不知名的汽车引擎零部件一样，只有当问题出现时，我们才会意识到它的存在。当然，现在没有任何问题出现，天气变化是完全正常的。

尽管几个世纪以来，人们已经注意到天气变化的影响并将其加以记录，但仅仅从几十年前开始，科学家们才发现天气变化的原因。人们已经了解到与天气变化影响相关联的洋流变化，但直到20世纪70年代，人们还一直认为这一变化实在是微不足道，也许除了对当地来说比较重要以外便没有其他任何意义。后来，在1976年，人们将这一变化与发生在1972年和1973年之间的灾难联系在一起，这些灾难包括干旱、饥荒以及全世界首屈一指的渔场倒闭。从此以后，对天气变化进行科学调查的步伐加快，并且又掌握了与此相关的知识。而其中的一个发现就是天气变化的影响范围比人们认为的要小。

人们认为对这一特殊天气变化的报道首次出现在1541年，但有证据表明该现象在过去的5 000年里每隔一段时间就会出现一次。显然，这不是什么新现象，近期，该现象在1925年、1941年、1957年、1965年、1972年和1997—1998年大规模地出现，1992年和1995年也有对它的记录，但更详细的研究表明有一次从1990年开始，一直持续到1995年年中。

沃克环流和南方涛动

尽管这么多年以来一直忽略了这种天气现象，但在1923年吉尔伯特·沃克(1868—1958)首次发现了理解这一现象的线索。沃克是一位英国气象学家，自

1904年以来一直担任印度气象服务部门的主管。他对亚洲季风的起因很感兴趣。如果季风比平时势力弱,或者季风压根不出现的话,庄稼就颗粒无收了。因此,亚洲季风对于次大陆地区来说很重要。1877年和1899年季风没有出现,在印度就引发了严重的饥荒。政府请沃克调查是否能够尽早预见季风会不会出现,可以让政府准备紧急食物供应进行分配。沃克发现的结果是赤道无风带附近自西向东移动的气流使东信风的势力得到平衡。该结果被称为沃克环流,沃克还发现季风受到气压分布和南北半球热带、亚热带风的极大影响。(但仍不可能准确预测会不会出现季风。)

沃克正是从这里开始做出了最重大的发现。有些年份里,出于某种科学家们仍然无法理解的原因,印度尼西亚和印度洋东部上空的气压要比平时低,而东部岛和太平洋东南部上空气压却比平时高。在其他年份里,气压状况恰好与此完全相反,印度尼西亚上空气压比平时高,而东部岛上空气压却比平时低。这种不断变化的气压分布形式一直持续着,每隔2到7年就会达到顶点,沃克将这种间歇性变化称为南方涛动。

印度尼西亚上空的低气压给该地带来大雨,这与上升的空气有关系。在太平洋的另一侧、南美洲西海岸附近的地方,空气却在沉降。这种气压形式使季风势力加强,而季风又驱动着自东向西、与赤道平行的赤道洋流。海洋表面很温暖,经常会达到海水的最高温度值——85℉(29℃)左右。在太阳能数量一定的条件下,由于在这一温度下蒸发率较高,因此,海表温度无法再升到比它还高的温度上。蒸发通过从海表中将潜热带走而使海表冷却(参见"降水、蒸发、升华、凝化和冰雪消融"部分中的补充信息栏)。当温度达到85℉(29℃)左右的时候,蒸发性冷却使从太阳中获得的热量积累得到补充。

洋流与急流

赤道洋流在地球表面流动,将暖水从南美洲带到印度尼西亚,流走的水被秘鲁(洪堡)洋流取代,秘鲁洋流向西在南美洲海岸附近流动。它是冷水流,当它进入到热带地区时,它的水温接近68℉(20℃)甚至更低,有时低至61℉(16℃),较低的水温使它成为热带地区最寒冷的海水,秘鲁海岸一直延伸到太平洋中,使秘鲁洋流向西偏转,最终,秘鲁洋流汇入赤道洋流中。

当秘鲁洋流向北流动时,埃克曼螺线(参见"西海岸沙漠"部分)将它推离海岸,这就在海床附近产生了众多的急流。海底的水带来营养物质,这些营养物质来自海床的沉淀物中,可以让海中植物生长旺盛。反过来,这些海中植物还可以用来喂养大量的鱼群,而鱼又可以成为大批海鸟的食物。

从经济角度上看,寒冷的急流至关重要。秘鲁拥有世界上最大的捕鱼业,它的捕鱼业主要以太平洋鳀鱼为基础。海鸟的排泄物形成肥料,在过去被用来开采和出口。

然而,并不是所有的结果都对人们有益,从东向西穿过热带太平洋的空气温度下降,在到达海岸以前就失去了大部分水分,于是,在智利和秘鲁海岸产生了非常干燥的气候条件。秘鲁利马的年均降雨量仅为1.6英寸(41毫米),而且大部分降雨出现在冬季(从5月份到9月份)。运用有效降水的公式(参见"亚热带沙漠"部分)$r \div t = 0.2$,可以得出一个结论:该地区属于极其干燥的沙漠气候。

信风和暖池

太阳使海水表面升温,暖水在冷水之上形成海表层。通常,赤道洋流将温暖的表层水带离南美洲,之后水在印度尼西亚四周的暖池(参见"气候循环与涛动"部分)中聚集起来。这样,印度尼西亚附近的暖水层很深,而南美洲西海岸附近的暖水层就很浅。正是浅浅的暖水层才使得富含营养物质的低温海底水急流上升到达海表附近。

然而,在南方涛动出现的期间里,这种形式却发生变化。印度尼西亚上空的气压升高,而东部岛和太平洋东南部上空的气压却减少。气压差值的减少削弱了信风的驱动动力源,信风势力微弱,偶尔完全停息甚至掉转方向。信风势力的减弱减小了驱动赤道洋流的力量,因此赤道洋流的势力也开始减弱,这就减小了暖水向西移动的速度。印度尼西亚附近的暖水层变浅,暖水开始在南美洲附近聚集。比如说,从1972年的6月到12月,秘鲁海岸附近的海表温度比平时高出6°F—7°F(3℃—4℃),结果就是温暖的表层水自己形成了一个小洋流。

厄尔尼诺

几个世纪以前,厄尔尼诺洋流在当地就已经为人所知了。通常,它在夏季中期开始形成,这时在南半球正值圣诞节期间。因此当地人就将其称作厄尔尼诺,在当地语言中表示"圣婴"的意思。就像襁褓中的耶稣一样,它至少在某种程度上给人们带来一些好运。穿过海洋的空气在接近海岸时不再变冷、变干,相反,来自温暖海表层的水分蒸发到空气中,作为降雨降落到干旱的沿海地带。位于秘鲁北部的一个地方从1981年11月到1982年6月总计降水量为1英寸(25毫米),而从

1982年12月到1983年6月总计降水量则为156英寸(3 960毫米)。这就是厄尔尼诺带来的后果，尽管它会引起水灾和泥石流，但从整体上看，它还是会给农民带来一个丰收的好年景。

但不幸的是并非每个人都能从中获益。当暖水深度增加时,秘鲁洋流的寒冷急流就受到压力,富含营养物质的水无法再到达海表层,因此海中植物就会饿死。随着海中植物数量的减少,以此为食物的鱼类也得挨饿或者转移到远处食物丰富一些的水域中,这样,捕鱼量就会骤减,渔民们因为没有捕捞到鱼而享受圣诞假期,但这却是一次一直持续到下一年的漫长假期。1970年,秘鲁渔民的捕鱼量接近1 400万吨,但在1973年发生了一次强烈的厄尔尼诺现象之后,他们的捕鱼量仅有240万吨了。实际上,捕鱼业已经瘫痪,给以此为生的当地渔民带来巨大灾难。在接下来的几年里,捕鱼量缓慢恢复,并且从那以后,人们学习了一些储存措施,好让捕鱼业可以持续发展。过了很久,鱼的数量才开始增长,但如果再出现厄尔尼诺现象的话,鱼的储备量依然不堪一击。1982年出现一次厄尔尼诺现象,虽然这次影响不太大,但在1983年,鱼量就减少了很多。

如果我们认识到了厄尔尼诺和南方涛动之间的联系,我们就会习惯性地将这两个名称放在一起,这是因为提到其中的一个名字显然意味着实际指的是两者。现在,这一现象被人们称作厄尔尼诺-南方涛动。在太平洋地区它是最为著名和最为突出的天气现象,但人们认为在热带大西洋地区也会出现厄尔尼诺,只不过势力不那么强大,但却影响着西非的天气状况。

当然,南方涛动也会出现相反的情况。有时,常规气压分布会有所加强,信风刮得就会猛烈一些,印度尼西亚附近的暖池深度增加,而南美洲附近的水域就会降温。科学家们则给这种现象起了一个更好听的名字,叫拉尼娜。

尽管厄尔尼诺-南方涛动对秘鲁渔民产生严重的影响,但它带来的影响远远不只是在东热带太平洋地区,它持续的时间也远远不像已经发生过的那样仅有几年的时间。厄尔尼诺-南方涛动在海洋循环中产生的紊乱释放出罗斯贝波,该名称以卡尔·古斯塔夫·罗斯贝(1898—1957)命名,这位气象学家是一个瑞典人,加入美国国籍,他在大气中发现了这种罗斯贝波。罗斯贝波移动缓慢,时速大约为每小时1/10英里(0.16公里),波长很长,从一个波峰到另一个波峰可达几千英里。在1982—1983年厄尔尼诺现象发生10年以后,与该现象有关联的罗斯贝波穿越太平洋,改变了黑潮洋流的路径,将太平洋西北部的海表温度提高了大约2°F(1℃),

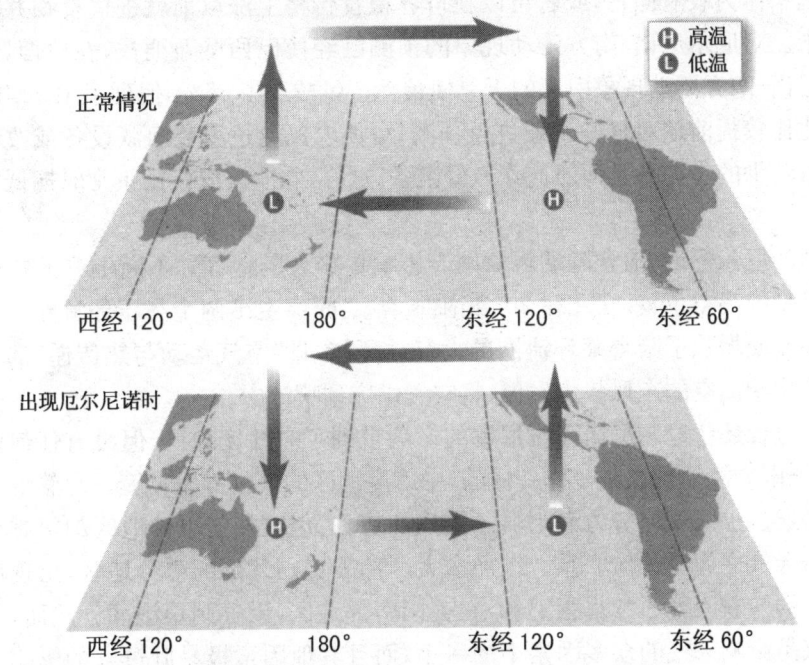

图41 厄尔尼诺-南方涛动循环 气压分布逆转使暖水向东移动

这一温度升高值几乎相当于热带地区的原始升温。人们认为它影响了北美洲的气候,科学家预期其影响还要再持续至少10年的时间。

厄尔尼诺与天气

不太严重的厄尔尼诺-南方涛动现象对热带以外的地区几乎毫无影响,它们在印度尼西亚、巴布亚新几内亚、澳大利亚东部、南美洲的东北部、非洲好望角、东非和马达加斯加以及印度次大陆的北部上空产生干燥的天气条件,而热带太平洋的中部和东部地区、加利福尼亚和美国东南部的部分地区、阿根廷东部、中非、印度南部和斯里兰卡上空的天气条件则会湿润一些。

人们还发现在厄尔尼诺-南方涛动天气现象和津巴布韦的玉米产量之间有着密切的联系。玉米是津巴布韦最重要的粮食作物,其产量主要取决于1月到3月之间的降雨量。人们通常不希望看到干旱,因为它会带来极低的粮食产量。但既然厄尔尼诺-南方涛动现象的优势是可以进行预测的,那么就可以对农民发布预警,政府可以对可能出现的粮食减产做出预计,比如,以前丰收时剩余的食物就可以存放起来作为政府储备，或者可以在世界粮食价格上涨以前就进口食物并将其贮存起来。对厄尔尼诺-南方涛动现象的预测已经使巴西受益匪浅，在巴西，1987年厄尔尼诺-南方涛动现象引起的干旱使粮食产量减少了85%，但到了1992年，人们已经能比较提前地对这一现象进行预测，可使农民通过安装灌溉设备或改为种植需水量较少的作物种类而对此作做好准备，这样，农业收成仅比正常时期低了一点点。

剧烈的厄尔尼诺-南方涛动现象则会影响更广大的地区。不断上升的空气在赤道无风带的高空位置、在北纬20°和南纬20°之间产生出两个高压环流圈。这两个高压环流圈增强了哈得莱环流圈的大气循环（参见"空气运动与热传递"部分）。它们还使位于高空的东风势力发展，将空气供应到喷流中。

这一过程还将厄尔尼诺和拉尼娜的影响带到了中纬度地区，但没有任何两次厄尔尼诺-南方涛动现象是一模一样的，中纬度地区的气候异常多变。尽管厄尔尼诺确实是通过加强喷流势力而削弱了飓风的势力，但在热带以外地区却很难证实该现象与天气之间有任何联系。在加拿大西部和美国北部的部分地区，出现厄尔尼诺现象的冬季天气通常都很温和，在美国南部地区，天气则很湿润。然而，厄尔尼诺仅仅是影响天气的众多因素中的一个，而且其他因素极易胜过它的影响。因此，预测厄尔尼诺-南方涛动现象并不像预测与其有联系或没有联系的天气现象那样简单。

南方涛动指数（也被称为*厄尔尼诺指数*）是用澳大利亚达尔文的月平均气压除以塔西提岛月平均气压而计算出来的数值。通常，结果为正值（大于1），但在厄尔尼诺现象发生期间，结果却明显为负值（小于1）。还有另外一个指数，被称为跨尼诺指数，该指数是以赤道太平洋地区的海表温度变化为基础，这些指数均是用来辨别或帮助预测厄尔尼诺-南方涛动现象，也是用来对各个厄尔尼诺-南方涛动现象进行比较。

对厄尔尼诺-南方涛动现象的预测

自1985年以来，科学家们一直在研发如何对即将到来的厄尔尼诺-南方涛动进行预测的技术。由于科学家们掌握了越来越多的关于热带海洋和大气行为的知识，还由于卫星监测使科学家们对海表温度出现的微小变化能做出警惕，因而对该现象的预测正在变成一种可能。例如，在2001年的下半年，梅登-焦兰涛动（参见"气候循环与涛动"部分）使天气条件出现了持续30天到60天的剧烈波动，这就是在向科学家们提出警告,处于温暖期的厄尔尼诺现象有可能在酝酿形成。观察到的条件表明天气逐渐变暖可能会继续进行,它在 2002 年年中之前不会产生重大变化,但一次厄尔尼诺现象有可能在 2002 年年末开始。对厄尔尼诺-南方涛动的预测将是一个重大成就,会对居住在热带地区的人们带来实在的利益。

但迄今为止还没有证据可以表明如果气候在接下来的几年里变暖的话,厄尔尼诺-南方涛动现象发生的频率或强度是否会有所增加,事实上,更有可能的是这种现象的强度会减弱,发生频率也会减少。有关远古时期天气条件的证据可以表明厄尔尼诺现象大多是在气候寒冷的时候出现,在冰河世纪,厄尔尼诺是一种永远存在的天气现象。厄尔尼诺在温暖时期发生的频率会变少,然而,自从 20 世纪早期以来,虽然正值全球气候变暖,但这一现象却变得更频繁了,因此,厄尔尼诺与温度之间的联系可能很小。

喷流与风暴路径

在空气上升的地方,地表的大气压力就会减小,空气沉降的地方,地表大气压力就会增加。这些垂直空气运动产生不断移动变化的高气压和低气压形式。但如果将全世界作为一个整体来看的话,大规模的大气循环产生了一些特殊地区,这些地区的气压通常比其他地方高一些或低一些。

在赤道附近,空气上升到哈得莱环流圈系统中,地表气压较低。这股空气沉降到亚热带地区,产生了高气压。在极地上空沉降的空气在当地和中纬度地区产生高气压,在这些地方,热带环流圈和极地环流圈驱动着第三个环流圈(被称为费雷尔环流圈),空气通常处于上升状态,气压较低。图 42 表明了整个环流形式。当然,这种气压分布仅是平均状况,气压经常在不同地方而有所差异。

盛行风

空气的垂直运动和气压分布还产生了*盛行风*的形式,盛行风指的是比其他风向出现频率更多的风向。尽管东信风非常固定,但盛行风也是一种平均状况。在地平面附近,风经常因为遇到小山、高大的建筑物而偏移方向,但在大多数地方,风从某一方向吹来的频率要高于其他方向,这就意味着如果你在很长的一段时间里,有规律地每隔一段时间就测量一下风向,就会得知你家附近最常见的风向或主流风向。

从整体上看,全世界的风都是在彼此消长。不论从东刮来还是从西刮来,风力

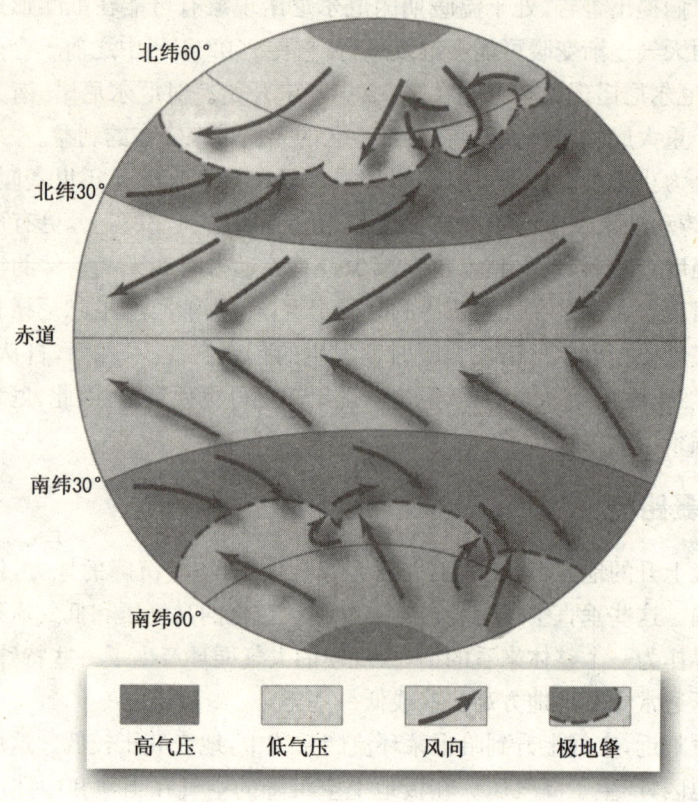

图42 风和气压的分布图

气压和风形成不同的纬度地带,低气压带与西风联系在一起,高气压带则与东风联系在一起。

都是一样的,我们也没有必要对风进行测量来证明这个事实。风实际就是移动的空气,既然空气是移动的,那么它就具有*动能*——运动的能量。当风在地表上或海表上吹拂时,摩擦力将风速减慢,实际上就是一部分动能从移动的空气中转换到与之接触的地表或海表上。换句话说,风吹拂地面就像是在尽力推动地面一样,在大面积地区上,这股力量非常巨大,可想而知,风吹拂着高山就像是在对高山施加压力一样。西风如果持续足够长的时间,由于风向与地球自转方向一致,可能使地球更快地绕自转轴旋转,那么东风就可能减缓地球自转速度。因此,如果风从一个方向吹来的力量大于另一个方向的力量,那么地球旋转的速度要么加快要么就会减慢。

偶尔这种现象也会发生,但影响却转瞬即逝。例如,1990年1月份曾发生过一次这样的现象,风猛烈地刮过亚洲和太平洋地区,使地球自转速度减少,从而使一天(地球自转一周)的时间长了1/2 000秒。这仅是一个微小的差别,但如果它持续上几千年的时间,就会日积月累,从而使地球自转速度出现极大的减缓。其他的因素也会随时轻微地使地球自转速度增加或减少,但由于空气运动的存在,自转速度不会出现持续性的变化,长期看来,东风和西风之间的力量还是平衡的。它们也会得到气压系统对其不断进行的补充,如果没有更多的能量随时补充到它们中去,摩擦力很快就会使风速减慢直至完全静止。

地转风

摩擦使与地表直接接触的空气层移动速度减慢,这层空气移动的速度就比它上面的空气层慢,这在两层空气之间产生摩擦,使上层空气速度减慢,反过来又使它上层的空气移动速度减慢。摩擦力的影响一直延伸到一定高度,高度的具体数值与接触表面的性质有关,比如,在坑洼不平的地表上,摩擦力的影响范围就高于海表上的影响范围。但这一高度很少会超出1 700英尺(518米)。位于接触表面和这一最大高度之间的空气构成了*行星边界层*。

在行星边界层以上完全不存在地面的地方,风完全不受摩擦力的影响,因此这里的风力通常很大。由于摩擦力的影响完全消失,风向还随着边界层高度的不断增加而有所变化。在边界层以上,风向与等压线平行,等压线是地图上将气压相同的点连接起来的线,人们将这种风称为*地转风*。地转风的起因是产生风的不同力量之间达到了平衡。

空气要从高气压的中心移向低气压的中心。空气移动时的力量大小取决于两个中心的气压差值的大小。你可以将气压差值想象成一个坡形表面,实际上它被称作*气压梯度*,气压梯度在地图上表现为等压线之间的距离,梯度越大,空气流动速度就越快,这个道理就像是一个滚下山坡的皮球一样,推动空气移动的力量被称为*气压梯度力*。

然而,空气一旦开始移动,就处于科里奥利效应(参见补充信息栏)的影响下,科里奥利效应使空气在北半球向右偏离赤道,在南半球向左偏离赤道,并且在与气压梯度力方向呈直角推动空气运动。这两股力量彼此对抗,当空气流动方向与气压梯度平行而不是穿越气压梯度,并且空气运动速度与梯度成正比时,两股力量达到平衡。这就产生了地转风。由于在摩擦减缓风速时,科里奥利效应(与风速成正比)被减弱,因此,行星边界层中的风不是地转风。气压梯度力在两股力量中势力略胜一筹,因此风向就会穿过等压线,风与等压线的夹角在陆地上约为45°,由于海表上摩擦力较小,因此在海上的夹角为30°。

等压面与等高面

你在爬山的时候会发现有些地方的梯度要比其他地方陡,与等高线成直角的一条线也会改变方向,气压也以同样的方式随高度不同而产生变化,这就是为什么你有时会看到高空云比下层云移动得快(气压梯度骤升)或与下层云的运动方向不同。

人们经常将等压线与普通地图上的等高线混为一谈,但这种做法却是错误的。如果你将某一条等高线上的所有陆地去掉,结果就会出现一个均匀的平面,显然,平面上到处都位于同一高度。如果你也将某一条等压线上的所有陆地去掉,那么结果是表面在各处都处于同样的气压下,但不会全部都位于同样的高度上。下图可以表明这一点,左侧的小山在500英尺等高线上被切开,露出一个平面,该平面上所有的地方都位于同一高度。在右侧,露出来的表面处于不同的气压下,这被称为**压力表面**,压力表面在地图上表现为与等高线相似的等压线,但正像你看到的那样,等压线随地面高度的减少而出现倾斜坡。

1 000毫巴与500毫巴之间的空气层和500毫巴与300毫巴之间的空气层在图43右侧的厚度要大于左侧。这表明位于某一气压上的空气层并不具有同样的厚度,另外,500毫巴到300毫巴之间的空气层在图右侧增厚的比在左侧增厚的多,因此其气压面的坡度就更陡一些。厚度上的差异是由于气压在周围冷暖空气团中随高度增加而减少造成的。

空气受热体积膨胀,因此两个气压面之间的空气层厚度与其温度成正比。在图43中,右侧的空气比左侧的空气温暖,冷空气的体积比暖空气的体积小,冷空气被更多地压缩了,结果就是冷空气中气压随高度增加而减少的速度比在暖空气中速度快。

现在请想象一条线从左到右水平穿过这样的一个大气层,你会看到气压随着这条线发生变化,比如,在左侧400毫巴处一条与地表平行的直线如果放到右侧则会位于500毫巴处。这种气压差值就产生了风,并且由于温度和空气层厚度之间

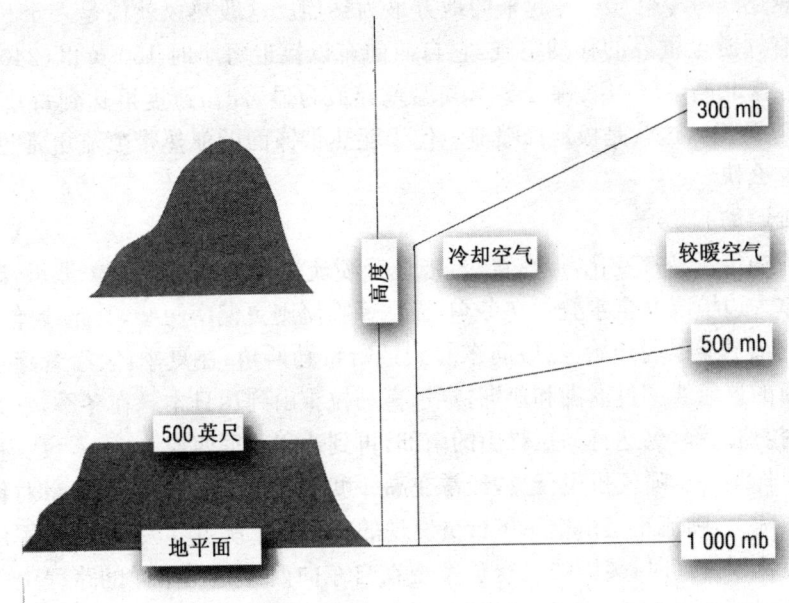

图 43　等高线与等压线
左侧部分显示的是等高面，右侧的三个面则是等压面。

的关系使风产生，这种风就被称为*热成风*。只要两个邻近的空气团在同一高度时具有不同的温度，就会产生热成风，而且风力与两个空气团的温度差值成正比。在北半球，热成风吹动时，较冷空气位于其左侧，在南半球较冷空气则位于其右侧。

锋面和喷流

大气总体循环在地球上的不同地带产生了极大的温度差异。在哈得莱环流圈中从赤道移走的空气开始沉降时，这股空气与从中纬度流向赤道的沉降空气相邻。这个区域就是极大的温度差异产生强热成风的地方，另外一个区域是从极地流走的冷空气与从热带流走的暖空气相遇的地方。温度差异极大的空气层之间的低纬度边界线被称为*热带锋*，高纬度边界线则被称为*极地锋*。它们是热风最为强烈的两个区域，在位于 3 万英尺（9 000 米）高度的赤道无风带（低空气层的上边界），热风尤为强烈，原因是这里正是气温差异或气压梯度值最大的地方。

在极地锋上，由于暖空气形成了一片厚度更大的空气层，因此，赤道无风带所处的高度在暖空气一侧要大于在冷空气一侧的高度。暖空气与冷空气稍有重叠，热风在暖空气将冷空气包裹起来的地方最为猛烈。这股热风就像是一个长试管，里面装有周游全世界的移动空气，它自西向东以接近每小时150英里（240公里）的速度在南北两半球内吹拂。冬季气温差异最为显著时，速度可达到每小时300英里（480英里），这就是极地锋喷流。位于亚热带锋面的亚热带喷流更常见，但速度没有这么快。

四处游动的喷流

喷流的位置经常变化，但在夏季，极地锋喷流通常位于整个南美洲里，路线几乎与加拿大边境线完全重叠。在冬季，极地锋喷流则更偏南一些，其路线差不多是从下加利福尼亚顶端开始，然后向东北到达哈特勒斯角；在夏季，它沿着穿过地中海和里海的这条线穿过欧洲和亚洲，穿过喜马拉雅山到达日本。在冬季，它则穿过北非、阿拉伯北部，到达喜马拉雅山的南部，再到达印度尼西亚。

如果你是一位喷气机飞行员，经常在高纬度飞行，喷流的位置和力量对你就很重要。实际上，喷流正是由空军飞行员发现的。在第二次世界大战中，当军用飞机飞行高度比以往高时，美国的飞行员发现在自东向西穿越太平洋的路程中飞行时间有时可以缩减很多，而在返程时却又增加了很多时间。德国的飞行员报告在地中海地区上空也存在一个类似的现象。为此寻求解释的气象学家做出结论说在高空一定存在一条狭窄的盛行风带，类似于喷气机引擎中喷气管中排出的尾气。这样，气象学家就将它称为喷流。

我们很难理解为什么我们有些人呆在地面上，会对他们头顶上几英里处的风甚至是盛行风忧心忡忡。实际上，喷流对天气产生非常强大的影响。气象锋和低气压容易在喷流下方形成，并随之移动。这些现象经常带来降雨，甚至还能带来暴风雨，有时暴风雨还很猛烈。在美国，暴风雨最经常出现的路径或多或少都是与上方的喷流平行。

然而，喷流并不是一成不变的。喷流会扭曲变形，但根据严格定义的规则来看，喷流经常是一起消失。当喷流消失时，天气系统就固定在一个地方。我们会经历一段时间的湿润天气或一段时间的晴朗天气，我们也可能会经历一次干旱。

阻塞高压

在南北两半球的中纬度位置，盛行风自西向东吹拂，同时携带着天气系统结伴而行，这种天气现象被称为纬度气流。正是这种纬度流给我们带来了"常见的"天气,但固定的天气规律会时不时地被打破。空气不仅主要自西向东运动,还与赤道保持平行向南向北运动,由于它沿着经度线运动,因此被称为*经向气流*。由于经向气流将空气携带进较高纬度或较低纬度地区,因此它会带来异常或不合节气的天气现象。比如说,如果你生活在北纬40°,你可能突然遭遇一两天以前还处于北纬60°的冷空气,或者突然遭遇从北纬20°向北行进而来的暖空气。遇到这两种怪天气的人们要么冻的发抖,同时抱怨天气寒冷,要么就脱掉外套忍受热浪的袭来,这时,他们会说天气在一年中的这个时间有些反常。

空气运动也有可能在一片广大区域上空完全停止,天气就像被什么东西卡住了一样,一连几个星期甚至偶尔一连几个月天气状况保持不变,这种天气条件被称为*阻塞现象*。如果出现的恰巧是晴朗而干燥的天气,而这种天气状况持续时间又延长了的话,那就有可能引起干旱。

欧洲热浪与干旱

从法国西部一直到瑞典的欧洲西北部自1975年5月一直到1976年夏季季末就经历了一次这样的干旱。1976年6月和7月,英国上空的温度每天都达到了90°F(32°C)以上,在电视天气预报节目中播出的整个英国卫星云图上,无论在哪个地方,都看不到一片云,整个国家在卫星云图上呈现出来的模样俨然是一幅地图。在这个时期,全英国的任何一个地方都是万里无云的天空,这是百年不遇的。而且,自1976年以来,就没有哪次阻塞高压持续过这么长时间。然而,不幸的是,晴朗的天气却引起缺水,1975年的降雨量一直都低于平均水平,因此当1976年的阻塞高压开始出现时,水库的水位已经很低了。

1972年7月,芬兰的天气也同样地被"卡"住不动了,当时,居住在北极圈的人们竟然遇到了90°F(32°C)的高温。这种天气现象还是1972年在非洲撒赫尔引起干旱的一个原因,这与出现的厄尔尼诺-南方涛动天气现象(参见"厄尔尼诺与拉尼娜"部分)有关系,但它还牵涉到同样被"卡住"的天气。落基山脉东部美洲平原上出现的干旱在20世纪30年代产生尘暴(参见"尘暴"部分),这一现象在19世纪80年代、20世纪前10年、20世纪50年代以及20世纪90年代都出现过,它们都是由阻塞气压引起的。

气象锋与罗斯贝波

气象锋携带着位于其上部的极地锋喷流,划分出极地空气和热带空气的边界线。冷空气在极地上空沉降,并在低空位置从极地流走。温暖的热带空气在亚热带地区沉降,大多数都向赤道流回,但有些空气却在低空位置从赤道流走。极地锋就是移向赤道的极地空气与从赤道移走的热带空气相遇的地方(参见"空气运动与热传递"部分的补充信息栏:大气总体循环)。极地锋随季节移动,在夏季位于距赤道较远的地方,在冬季则离赤道较近。

位于锋面上朝向极地一侧的空气——其实就是天气——温度低于与赤道最近一侧上的空气,在这两侧上,空气都在与极地平行的方向上流动。这种空气流动属于纬向上的运动——也就是与纬度线相平行。但当我们在地图上画下纬向流时,表示纬向流的线条却不太直。中纬度空气在全世界中并不是十分精确地向东运动,山脉使它偏转方向,在天气形式中产生波动,这样,空气流动的路径就略微有所波动。

这些波动是瑞典出生的美国籍气象学家卡尔·古斯塔夫·罗斯贝在1940年发现的,因此它们就被称为罗斯贝波。它们的波长值很大,一个波峰和下一个波峰之间的距离约为4 000英里(6 400公里),并且,它们还影响着整个极地锋。如果空气流动方向与产生波动的地表特征毫无关系,那么波动形式就会非常稳定。在地表附近,宽度达1 200英里(1 900公里)的大型涡旋沿极地锋产生了相对的高气压和低气压,气象锋(参见补充信息栏:气象锋)也就随之形成。罗斯贝波产生的所有天气系统都向东移动(在南北两个半球上),牵引它们移动的力量就是喷流产生的高空气压差值,这些天气系统带给我们的就是我们预报出来的当时应该出现的天气。

指数循环

然而,当极地锋在春季从赤道移走时,罗斯贝波就变得不太稳定了。当空气流移到高纬度时,科里奥里效应的力量就有所增强,因此空气流动方向出现偏转。由于罗斯贝波的影响,空气流动的方向已经是一条曲线路径,因此空气就具备了涡度值(参见补充信息栏:涡度与角动量)。科里奥利效应强度的增加就相当于行星涡度值的增加,并且,为了保持一个不变的绝对涡度值,空气流动的相对涡度值就有所减少,这使移动的空气又向赤道转回,从而减少了行星涡度值,而增加了相对涡度值,最后,相对涡度值又使空气从赤道处离开。

在持续3到8星期的一段时间里,罗斯贝波的波动起伏变得越来越大,直到大多数的气流都成为经向气流而不是纬向气流。图46"指数循环"阐释了这一点。在图A中,波动较小,空气总体是纬向流动,在图B中,随着波动变大,空气越来越趋于经向流动。在图C中,空气主要是经向流动。然后,在图D中,波动分解为环流圈,在环流圈中,空气在一系列圆圈中流动,其中,在这些波动周围还存在一些更大的波动。在这一阶段,纬向流动的气流已经完全消失,环流圈停止移动而固定在这里,而且还可以继续这样保持一段时间。气象学家计算对纬向气流的范围大小进行计算,所得数值被称为*纬向指数*。因此,如图中所示,纬向指数的变化循环就被称为*指数循环*。

补充信息栏

气 象 锋

在第一次世界大战中,一组气象学家在挪威人维尔海姆·皮叶克尼斯的带领下发现了气团的存在。相邻气团的平均温度不同,密度也就不同,所以它们不易混合。皮叶克尼使用了当时每日见诸报端的一个词,把两个气团的交界面称作锋。

气团在陆地和海洋表面移动,它们之间的锋也随之移动。人们根据与锋前空气相比较的锋后空气的温度来为锋命名。锋在前进途中,如果后面的空气比前面的空气温度高,就是暖锋,相反则是冷锋。

锋从地球表面一直延伸到对流层顶,即底层大气(对流层)和高层大气(平流层)之间的边界层。锋是倾斜上升的,像一只碗的斜面,但坡度很小。暖锋的坡度为1°或更小,冷锋大约2°。这就是说,当你在高空中开始看到标志着暖锋来临的卷云时,暖锋与地面相接触的点实际上在约350—715英里(570—1 150公里)以外;你在高空中看到冷锋到来的迹象时,它的实际距离大约有185英里(300公里)。

冷锋在地表的移动速度通常比暖锋快,所以常常会将暖空气切断,导致其沿着冷锋上升。如果暖空气已经处于上升状态,则会沿着将其与冷空气分离的锋面加速上升。这叫做上滑锋,经常伴随着浓云、大雨或雪。如果暖空气处于下沉状态,前进中的冷空气就会使其上升的幅度减小。这叫做下滑锋,往往只会带来低空云、小雨、毛毛雨或小雪。图44是这些锋面系统的断面图,但其中的锋面坡度被极大地扩大了。

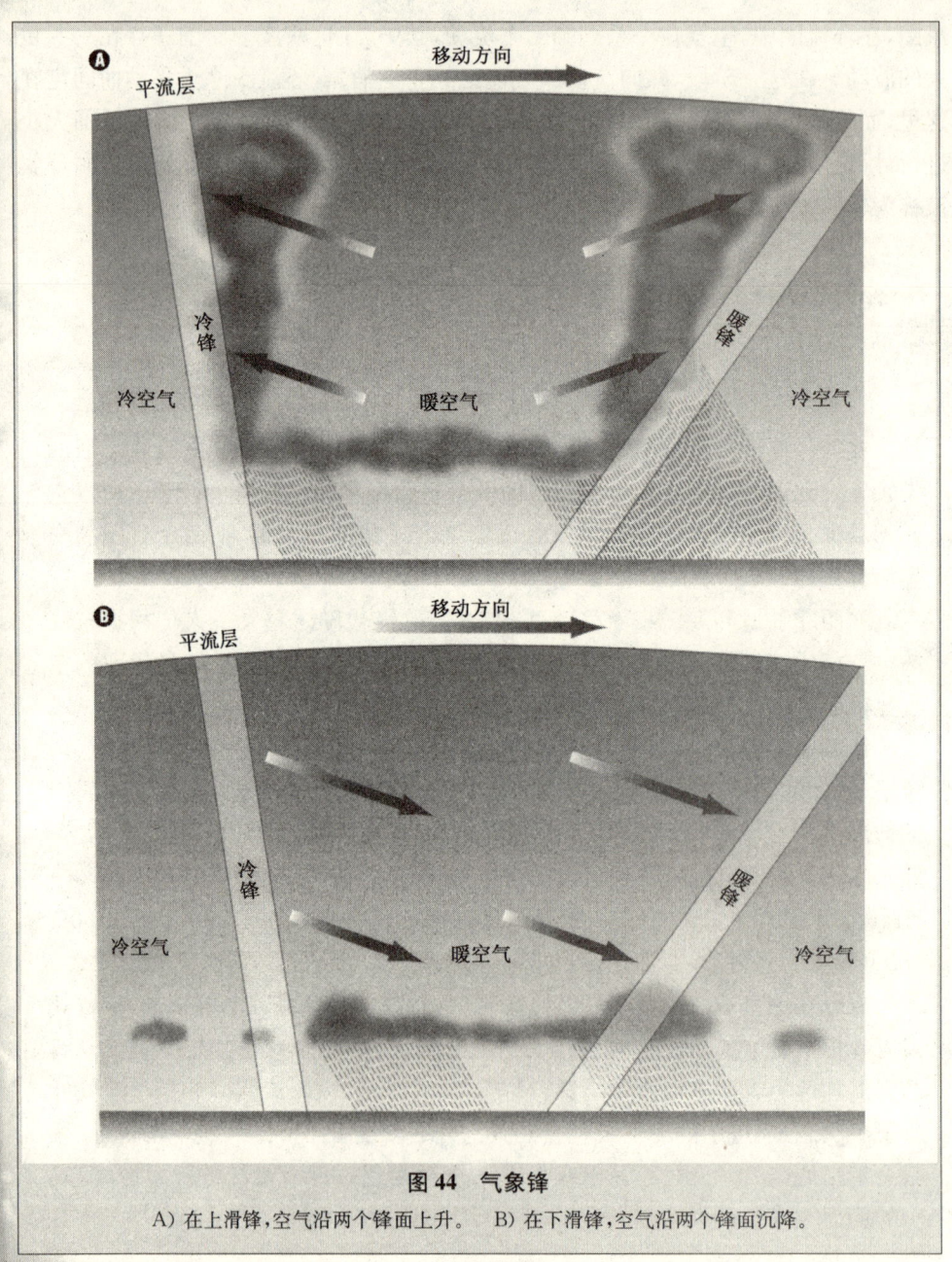

图44 气象锋
A) 在上滑锋,空气沿两个锋面上升。 B) 在下滑锋,空气沿两个锋面沉降。

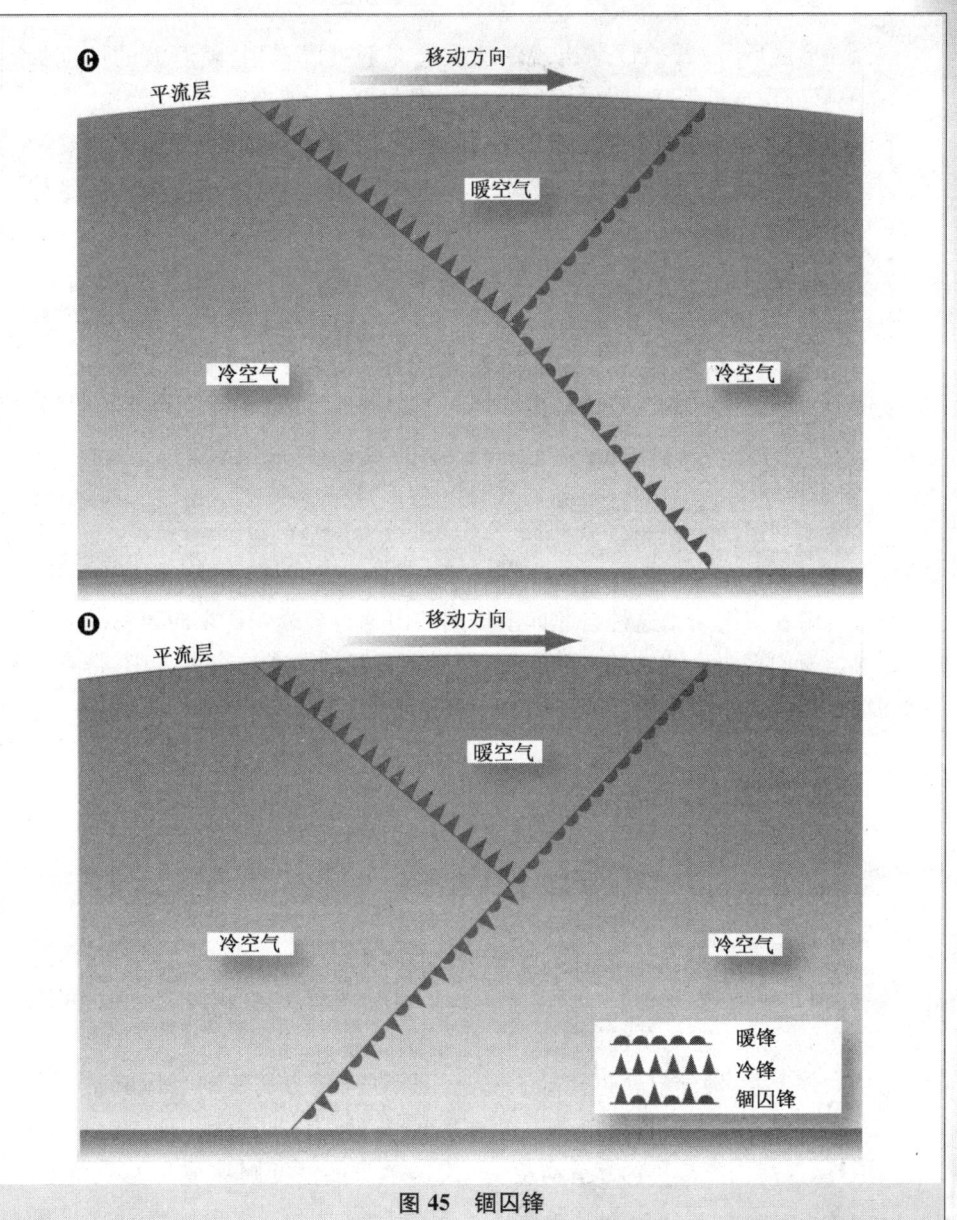

图 45 锢囚锋

C) 冷锢囚锋 锢囚锋后面的空气比前面的空气温度低。 D) 暖锢囚锋 锢囚锋后面的空气比前面的空气温度高。在两种情况里,锢囚锋任何一侧上的空气都比从表面上升起的暖空气温度低。

锋面形成后，波开始逐渐出现。从天气图上可以看到，随着波的坡度加大，在波峰处形成低压区，叫做锋面低压或温带气旋，带来潮湿的天气。在波峰下面，暖空气两侧是冷空气。因为冷锋比暖锋移动速度快，使暖空气沿着两侧的锋面上升，直至所有暖空气都离开地面。锢囚锋由此形成。我们把这种情况称为锢囚。

锋面被锢囚后，暖空气不再接触地面，锢囚锋两面的温度都比暖空气低。锢囚锋也分冷暖，但并不是根据空气的实际温度，而是根据锋前锋后的温度比较。冷锢囚锋，锋前比锋后的温度高；暖锢囚锋，则锋前比锋后的温度低。但冷暖锢囚锋的温度都低于被抬升离开地面的暖空气。图45所示为其断面图。暖空气被抬升后，常常会形成云，带来降水。最后，冷暖空气温度一致，相互混合，锋面系统不复存在。然而，随后往往又会形成一个类似的系统。所以，锋面低压很少是单独存在的。

像洛基山和安第斯山这种自北向南排列的山脉也会改变自东向西移动的天气系统。科学家们无法理解这其中的原因，但毋庸置疑的是在这个世界中，带有这种山脉的地区出现高压阻塞的频率一定高于其他地区。

补充信息栏

涡度与角动量

与地球表面相关的任何一种液体运动都趋于围绕一个垂直轴转动，这个轴被称为涡度。人们将逆时针方向（参见上述内容）的涡度规定为正值，将顺时针方向的涡度规定为负值。

从大体上看，地球自转也使除了赤道以外任何地方的流动液体具备了涡度值。这一涡度相当于科里奥利效应的大小，并且在北半球为正值，在南半球为负值，这样的涡度被称为*行星涡度*，而液体本身的涡度则被称为*相对涡度*，这两种涡度合在一起被称为*绝对涡度*。对于任何具有涡度的空气或液体来说，绝对涡度趋于保持不变，也就是说，如果涡度的一个组成部分增加，那么其它的组成部分就会成比例地减少。

物体绕轴旋转的速度被称为*角动量*,其计算方式是角动量在一定时间限度内转过的度数或弧度。弧度是衡量圆形的单位,同圆半径(r)等长的一段圆周弧正对的圆心角角度为弧度1°,圆周长表示为$2\pi r$,圆周长正对的角为$2\pi r/r = 2\pi$弧度(半径通过圆心),这样,$360° = 2\pi$弧度;1弧度 $= 57.296°$。让我们拿地球为例,地球在24小时中转过360°,这就是它的角动量。

物体也有角动量,通过将物体的角速度(v)、物体的质量(m)以及物体的转动半径(r)相乘可以得出物体的角动量,物体的转动半径就是从物体转动轴到物体距离转动轴最远点之间的距离。对于一个具备特定质量的物体来说,角速度、转动半径以及角动量都是常量,也就是说,$m \times v \times r = $ 一个常量。忽略使所有运动减缓的摩擦力这个因素,这一常量一直会保持不变:从理论上说,角动量是可以被保持不变的。这就意味着如果一个变量改变,其他的变量也必须发生变化来做出补偿,这样角动量这一常量才可以保持不变。比如,如果半径减少,质量又保持不变的话,那么角速度就会增加。

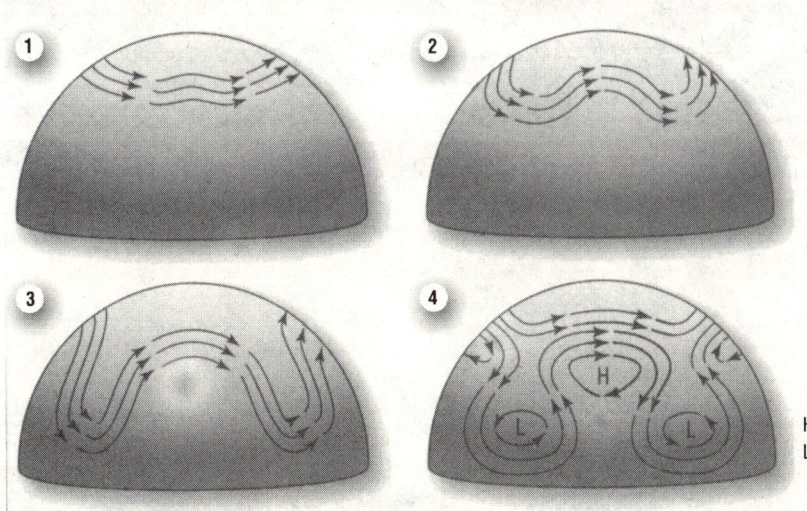

H: 高气压
L: 低气压

图46 指数循环

危险的天气 干旱

天气系统继续东移，但环流圈却保持静止不动，那么行进中的天气系统就会围绕环流圈运动，这被称为阻塞。一旦环流圈牢牢固定住，它们就会长时间保持在同一位置上。极地锋喷流这时候已经一分为二，这两部分的中间是波动剧烈的分支气流和静止不动的环流圈。如图47所示，高压地区停留在北部，低压地区则停留在南部，高压和低压区中均带有包括喷流在内的主要气流围绕高压区和低压区运动，并同时携带地表的天气系统。**阻塞反气旋**或**阻塞高压**指的就是上述静止不动的高压区，天气系统围绕着它不断掉转移动的方向，图47的第二幅图表明的是西大西洋上空出现阻塞反气旋时喷流转向的幅度，有时喷流甚至可以偏离正常轨迹多达纬度20°—30°。

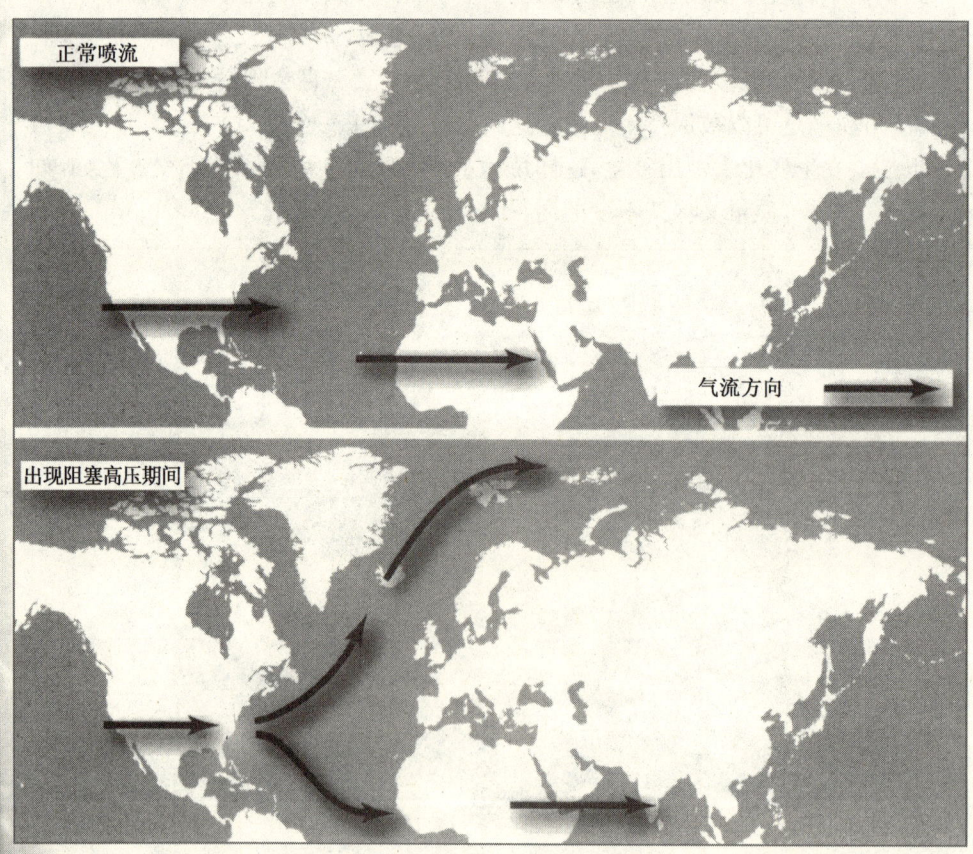

图47　阻塞高压对喷流的影响

当波动变得较明显时,由于在喷流附近也就是极地锋附近,冷空气居于一侧,热空气居于另一侧,因此,极地空气经过长途跋涉被携带向南方,而热带空气则被携带到北方。这样,一些地区的温度就会比正常时低很多,其他一些地区的温度则会高一些,降雨也会出现变化。携带沉降空气的高压带来晴朗而干燥的天气,使夏季很温暖,冬季则会很寒冷。由于冬季的蒸发率相对较低,因此干旱不太可能在冬季出现,但冬季出现的阻塞高压却会带来干燥的天气。如果在下一年的夏季接着出现时间更长的阻塞高压,就像 1975 年和 1976 年在欧洲出现的情况那样,干旱可能就无法避免了。与赤道更为接近的*阻塞气旋*或*阻塞低压*通常会带来漫长的湿润天气。

重要的位置

阻塞反气旋的位置非常重要。根据记录显示,在 1975 年和 1976 年,以欧洲西北部为中心的阻塞反气旋带来了自 1727 年以来最严重的干旱。英国正位于反气旋下方,干旱将全国的土壤含水量降到了 1968 年以来的最低值(这是伦敦皇家植物园的测量结果,该植物园建立于 17 世纪晚期)。这次的阻塞反气旋使到来的低气压向大西洋以北偏转 5°到 10°,这样低气压就没有到达英国。然而,在偏东的位置上,那里的夏季却凉风习习。俄罗斯上空主要刮北风,气温比正常值足足低了 7°F(4℃)。

另外,1954 年,斯堪的纳维亚和东欧上空的阻塞反气旋给这些地区带来了一个温暖、干燥的夏季,而给英国却带来了一个凉爽、湿润的夏季。撒哈拉地区上空的亚热带反气旋向北运动产生了大西洋低压阻塞,萨赫勒干旱(参见"萨赫勒地区")很大因素上是由这一大西洋低压阻塞造成。

阻塞天气似乎会连续出现几年,然后就消失几年,它与导致厄尔尼诺-南部涛动天气现象的南方涛动(参见"厄尔尼诺与拉尼娜"部分)周期性变化非常相似,但南方涛动的天气振荡较不规律。当阻塞现象出现时非常容易辨别,甚至非常容易提前一段时间对它进行预测,但不会提前长达几年的时间进行可靠预测。而大平原上出现的干旱似乎每隔 20 到 30 年就会回来一次。英国中部温度记录中出现的变化也是这样,该记录一直可追溯到 1659 年,还有世界上其他地区的温度变化也有这种规律。在欧洲上空,阻塞高压似乎在每个世纪的 30 年代和 80 年代都比在其他年代更常见,极度寒冷的冬季在 40 年代和 60 年代出现的可能性则更大些。总有一天,科学家们会成功地战胜这些复杂的天气循环规律。如果他们做到了这一点,就能对带来干旱的阻塞高压做出及时的预警,好让农民和水利部门做出充分准备。

水 与 生 命

沙漠里的生活

当你步入沙漠中,映入眼帘的是无穷无尽的岩石、尘土和沙砾,除此之外一无所有,整片地方似乎根本没有生命的迹象存在。"desert"(沙漠)一词来源于拉丁语 desertus,意思是"被遗弃的",在这样的地方,没有水,任何生物也无法存活。大部分沙漠中都没有水,从这个意义上看,沙漠真是一片被遗弃的土地。

大多数植物和动物在极高的温度下也不能存活多久,光合作用是植物产生碳水化合物的过程,碳水化合物可以为它们提供存活和生长所需的能量。与所有有机生物一样,植物也会呼吸。呼吸指的是碳水化合物被分解从而释放能量的过程,因此,植物必须努力使光合作用和呼吸的速度达到平衡。在温度大约为 100°F(38℃)以上时,植物呼吸的速度快于光合作用的速度,这就意味着碳水化合物在植物体内组织中分解的速度快于碳水化合物更新的速度,这样,植物就会饿死。强光的出现则会让这一问题更加严重,而沙漠中的植物又经常暴露在很大的光照强度下。在大多数光照水平下,照射植物的光越强,光合作用的速度就越快,但在极为强烈的光照水平下,光合作用的速度会减慢,这种现象被称为曝光过度。

高温还会破坏植物酶,酶指的是调节大多数有机生物化学构成的蛋白质。如果酶不再活跃甚至被破坏,有机物的化学构成就会被严重破坏。

渗透与爆发性热寂

水通常快速地蒸发到炎热、干燥的空气中,体液的流失就会产生脱水现象。脱水现象对于植物和动物来说是最快速和最明显的危险,并且,它下面还掩盖着一个更险恶的陷阱。许多有机体利用水分的蒸发保持低温状态,我们人类流汗时就是在利用这一点。这样做确实有效,但水分必须要得到补充,否则,水分流失会导致缺水现象。如此看来,有机体必须在过热和缺水之间做出选择。

活细胞外包裹着一层*选择性可渗透薄膜*。选择性可渗透薄膜可以在特定条件下让水分子从中穿过。如果这样的一片薄膜将两种溶液隔开，而其中的一种溶液浓度高于另一种，那么溶剂分子就会通过薄膜，将溶质（被溶解的物质）留在其中。

人类和动植物体内的溶剂就是水。当身体流失的水分多于吸收的水分时，在包围体内细胞的液体中，被溶解物质浓度增加，水就会从细胞中流出，从低浓度溶剂流入高浓度溶剂，这一过程被称为渗透，图48可表明这一过程。水继续穿过薄膜，直到两侧的溶液达到相同浓度，渗透产生的影响就是使细胞中的水分流干，直到细胞无法再正常工作，甚至死亡。

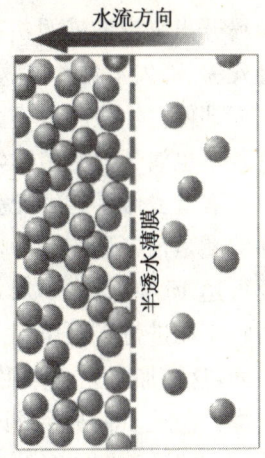

图48　渗透

在这样的条件下，植物就会枯萎，最终死亡。而哺乳动物包括人类在内的反应却不同，水从血液中被抽调过来使体细胞内外的浓度大小保持相等，这就可以让细胞能再存活一阵，但却使血液变稠，最终，血液变得过于浓稠，无法再以足够快的速度流动将体内热量运送给皮肤，而热量只有通过皮肤才可以散发出去。这样，体温就会快速上升，缺水者就会分不清方向、头脑混乱、听力丧失并失去疼痛感，在心跳加速后不久就会死去。有时，这种现象被称为*爆发性热衰*，它可以让我们了解缺水现象的危险性有多大。

借滴水求生存

面对着这么可怕的一系列困难，大多数有机体避免在沙漠中生长就不足为奇了。然而，对于任何能忍受恶劣条件的植物或动物来说，沙漠却具有一些重要的优势。沙漠毫不拥挤，因此有充足的地方让动物找到栖身之所或筑巢之地，缺乏竞争就意味着营养物质丰富得足以让植物触手可及。抓住机会并不容易，但有些动植物却想方设法去适应或至少在某种程度上去适应沙漠的环境，这样，沙漠就绝对不像看上去那么贫瘠了。

躲避沙漠或忍受沙漠是面对恶劣条件的植物可使用的两种策略。许多植物选择了躲避，我们在沙漠中可以看到一些植物，但却似乎奄奄一息。其他的植物在大部分时间里都以种子的形式存在，深深埋在土壤里。一些沙漠植物的种子可以埋藏多年，而一旦被雨水滋润，就还会发芽生长。地面不会长时间保持湿润，而植物却必须在水分消失前生长、开花、结出新的种子来。降雨过后,明显毫无生气的沙漠会短暂地呈现出一片绿色盎然、鲜花盛开的景象。生长在非洲沙漠中的草类植物黄细心一直保持着最长的生长时间纪录。据说,这种植物发芽、成熟,再由昆虫传粉开出鲜艳饱满的花一直到结出种子来要经历8到10天的时间,之后,植物就会死去、消失不见。以这种方式快速出现又快速消失的植物被称为短命植物,而且它们即使在生根时也不会花费太长的时间。与加利福尼亚罂粟同种的北美洲植物花菱草也属于此类植物,但它开的却是极小的黄色花朵,而不是大朵花。

看上去似乎已经死去的植物也可能在等待降雨。生长在北美洲沙漠中的奥寇梯罗就是很典型的一种,它几乎总是一根细细的、不分枝丫的茎在风中摇曳,其高度可达15英尺(4.5米)。它也长有叶子,但根部却是绿色的并含有叶绿素,这表明它正在进行光合作用。出现降雨时,根部就会被掩盖在不太大但却浓密的叶子下面,这增加了光合作用的有效范围,可以让植物生长得更快。雨停时,空气变得干燥,叶子立即枯萎、凋落,每片新发的嫩芽都在茎部顶端生长,并开有红色的花朵。它的同种植物布油姆树与它非常相似,但它却是由单茎构成,而且茎生长得较厚实,呈锥形状,很像一个倒置的胡萝卜。它的高度可达60英尺(18米),长有几个枝丫,并绽放黄色花朵。枝丫刚开始时向上生长,但由于枝丫生长过长,因此经常会在自身重量的压力下向两旁生长,形状很奇特。

蓄水

布油姆树在它胡萝卜形状的茎部中会储备水分,可以做到这一点的植物被称为肉质植物,其中最著名的一种就是仙人掌。虽然仙人掌现在在全世界各处都可以生长,并且在许多荒野中都扎下根来,但它原来却是生长在美洲的一种植物。非洲、亚洲和澳洲沙漠中也生长着一些类似的植物,属于大戟目植物,其中的一些与仙人掌酷似。

肉质植物几乎没有叶子,许多种类甚至根本就不长叶子。相反,它们长有绿茎,光合作用就在这里进行,厚而多肉的茎部将水分贮存起来。所有的植物都长有小孔,被称为气孔。通过气孔,植物与大气进行气体交换,这是很必要的,植物进行光合作用需要二氧化碳,植物的呼吸可以提供一些二氧化碳,但在大多数时候这还远远不够。植物呼吸时也可以利用一些作为光合作用副产品而产生的氧气,但不需要用到所有的氧气,多余的部分就必须想办法排掉。

气孔是很必要的,但穿过气孔的却不仅仅是二氧化碳和氧气。水蒸气也会通过气孔,并且当气孔张开时,植物就是在失去水分。对于生长在湿润土壤中的植物来说,这不是什么大问题,因为流失的水分可以从湿润的土壤中得到补充,但对于生长在干燥沙漠土壤中的植物来说,就可能会引发严重的结果。如果植物表面的温度升到周围空气的气温以上时,情况就会变得更加严重,气孔张开时,植物的蒸发率急剧上升。

沙漠植物以多种方式来解决这一问题。一些仙人掌类植物长有"肋骨",气孔就长在肋骨的"间隙"中,这样,它们就可避免受阳光直射,保持较低的温度。其他植物在清早张开气孔,之后不久,当空气升温时,气孔就会紧闭。还有其他一些植物长有非常小的叶片,叶片外覆盖着一层光滑的"蜡膜",可减少蒸发量。

北美洲沙漠中最常见的植物——拉瑞阿灌木就基本采用这种方法。这种植物除了长有小而光滑的叶片外,还被覆盖在一层绒毛下面。这些绒毛可以反射光线,使植物保持低温状态。气孔深深埋藏在叶子中间,在极干燥的条件下,所有的叶片都会凋落,以保留水分。这种植物还可以将水贮存在它的纤维组织中,非洲的相思树就与此类植物非常类似,它在极高的温度下依然能够有效地发挥作用。在99℉(37℃)时,它的光合作用处于最佳状态,而相比之下,大多数生长在温和气候中的植物在64℉(18℃)时,光合作用才会发挥到顶点。

仙人掌、大戟科植物和相思树通常多刺,这是植物的一种自我保护。将水贮存在纤维组织中的植物无论如何也不能失掉水分,而且,动物们深谙如果它们折断植物的话,植物体内就有水分可供其享用。

采集露水

荆棘、针刺和绒毛还发挥其他的一些作用。夜间,露水在它们上面凝结,这就给植物提供了一些可以吸收的水分。百岁叶是所有植物中最奇特的一种,它生长在非洲西南部的纳米布沙漠中,主要靠从空气中采集水分生存。这种植物仅长有两片叶子,叶片卷曲并且被风吹成几条,一直生长到茎的底部。即使这样,叶片表面积总计不过约为25平方码(21平方米)。叶片能够从来自大西洋南部、一直延伸至内陆50英里(80公里)处的海上大雾中采集露珠和水分。

百岁叶的所有过程都进行得慢条斯理。当它的种子发芽时,子叶一直长5年之后,真正的叶子才会出现,在这期间,它的直根一直会长到60英尺(18米)深的地方。植物本身的寿命为2 000年。

还有一些动物也从纳米布上空的大雾中获取水分。黎明时分,拟步甲(拟步行科动物)抬起身子站在沙丘顶上,夜间,甲虫的温度已经降了下来。这时,水珠就在它们的身体上凝结,顺着嘴巴滴落下来。

要是水量更少怎么办?

不管食物有多干,所有的动物都从食物中多少获取一些水分。这并不是食物中含有的水分,而是呼吸作用的副产品。当碳水化合物发生氧化并释放能量时(这也正是呼吸的定义),水就是其中的一个产物。一般公式为:碳水化合物＋氧气——→二氧化碳＋水＋能量。这里的水同二氧化碳被一起从体内释放,这就解释了为什么你在寒冷的镜子或窗玻璃上哈气时会有水蒸气凝结在上面。

生活在沙漠中的动物一点水分也不能浪费,并且它们还进化出一些极富创造力的方式来节约水分。一些像袋鼠这样的动物在大多数时候都呆在地下,这也是它们储备食物的地方。当袋鼠呼吸时,它们储备下来的干枯植物从它们的呼吸中吸收水分,这样,无论袋鼠在什么时候进食,都会让干枯的食物再度恢复原状。袋鼠从来都不需要饮水,而且所有的沙漠动物都必须能够在滴水不进的状态下生存很久的一段时间。许多小动物的鼻子都可以在呼吸完成之前让呼出的气体温度降低,这样气体中的水分就会凝结,并被吸收。大多数沙漠动物还能排出浓度很高的尿液,其中的水分在尿液排出之前就已经被利用了。脊椎爬行动物和蝎子的皮肤几乎是不透水的,这样水分就无法通过从皮肤渗透出去的方式流失掉。当然,一提到沙漠,我们立即会联想到骆驼这种动物,骆驼对恶劣环境的适应能力极强(参见补充信息栏:沙漠之舟)。

补充信息栏

沙漠之舟

单峰骆驼在所有沙漠动物中最为著名。现在,卡车承担着从前骆驼车队的大部分货物运输任务,但在过去的时光里,骆驼却是提供这唯一的长途运输途径,并且正是由于骆驼运送货物的能力才使它获得了"沙漠之舟"的美名。

骆驼可以穿过撒哈拉的沙丘,而四足却不会陷进松散的沙子中,它可以忍受沙漠午后的炎热,也可以长时间不吃不喝。在冬季,一些骆驼根本就不喝水,以前据说曾经有一头骆驼在夏季里连续17天滴水未进却还活着。骆驼是怎样做到这一点的？

首先，骆驼的脚掌很宽。这样的脚掌就使脚掌的重量分散到较大的表面积上，可以使骆驼穿过松散的沙地（或雪地），不会陷进去。骆驼为有蹄哺乳动物，但它的蹄子与牛羊的蹄子不同，脚趾上覆盖着厚厚的一层皮毛，骆驼行走时就踩在这层皮毛上。

骆驼的后腿也很独特。后腿在股骨顶部与骨盆相连，而不是像其他有蹄动物那样，由一直延伸到膝部的肌肉相连。这种结构使骆驼可以在躺下时将四条腿全部置于身体下面、隐藏起来。骆驼胸部和膝部厚厚的一层硬毛使它在躺下时身体完全与炎热的沙漠表面隔绝。

骆驼在不工作时基本都在休息。它们紧密地躺在一起，这样他们就可以彼此遮荫纳凉，并且它们还朝向太阳躺下。这样做可以减少他们直接暴露在太阳射线下的身体表面积，当太阳在天空中移动位置时，骆驼也随之转向，这样，他们就可以继续面对着太阳。

骆驼的皮毛很厚。厚厚的皮毛吸收太阳的热量，并将空气层固定在骆驼表皮附近。如果骆驼身体流汗来保持低温，那么流出的汗水就会蒸发到这层空气中，使皮毛下面的空气降温。骆驼的皮毛为它提供了很好的绝热方式，而且，骆驼皮毛下面没有脂肪层这一事实又使它很容易将热量散发出去。其他动物使用脂肪层来储存食物，而骆驼则在驼峰中储存食物。驼峰位于骆驼的北部，直接暴露在太阳的照射之下，它可以吸收热量，而不用将热量转移到身体的其他部位。骆驼的驼峰可以使它躲避炎热。

然而，骆驼不太出汗，目的是为了保存水分。骆驼只有在体温升到40.5℃（105℉）以上时才会开始出汗，由于在夜间骆驼的身体可以有充足的时间降温，因此，要让骆驼的体温升到这么高的温度上需要几个小时的时间。无论在冬季还是在夏季，如果水源充足，骆驼体温的变化幅度只有2.2℃（4℉）。

骆驼的消耗系统非常有效，可以让它依靠蛋白质含量很少的食物也能生存。骆驼之所以能够做到这一点，是因为它在体内循环食物，结果骆驼的尿液浓度很高。这样做既节约了食物，又减少了动物通过尿液流失的水分。在夏季，骆驼每年要消耗 1.14 立升(1/4 加仑)的水,它通过将驼峰脂肪中所含的氢进行氧化来获得身体所需的一些水分,一个驼峰中的脂肪含量相当于 25 立升(6.5 加仑)左右的水。

骆驼船队的沙漠之旅通常在冬季和春季进行,而不是在炎热的夏季。在一年中的这一时间,骆驼在两三个星期中可以行走 480 公里(300 英里),并且在行走时不用喝水。骆驼身体中的水分减少时,会使体内的血量保持恒定,相反,骆驼会通过唾液、痰液和其他体液流失水分,这可以阻止骆驼血液变稠,而血液变稠则会迅速导致人类死亡和其他沙漠中缺水动物的死亡。体液流失使骆驼长得越来越瘦,一段时间以后,骆驼变得非常瘦弱,看起来就像生了重病一样,但它可以在体液流失的重量相当于体重的 25% 时仍然能够生存。一旦骆驼找到水,它就会在 10 分钟内饮下 103 立升(27 加仑)的水,骆驼饮水时,体液就重新得到补给,恢复到正常水平。

骆驼那傲慢的神情也是对沙漠环境的适应。它长有长长的睫毛,为眼睛遮挡尘土。当骆驼直立看人时,它必须要低头才行,因为它的头部位置比人的头部位置高,并且,睫毛会遮住一部分眼睛,使它看起来非常傲慢。

在炎热的夏季,当你赤脚走过沙地时,沙土会灼伤你的双脚。这是由于沙子本身温度就很高,紧邻沙子的空气也会立即升温。正是由于接触到沙子才让你双脚灼伤,但由于你的脚踝周围都是暖空气,因此脚踝的温度也较高,但你头部周围的空气温度就低得多。地平线处的温度最高,在地平线以上或以下几英尺的地方,空气的温度就低很多。身高 8 英尺(2.4 米)的骆驼体温比地平线处的温度低 60°F(33°C),即使在不远的距离以外,温度也会低很多。因此,一些蜥蜴会爬到灌木丛中,因为那里的气温低一些,而其他的一些动物——比如说壁虎——则会抬起一只脚站立,时不时地再抬起另一只脚轮流替换。

地下的生命形式

许多小动物都在一天中最热的时候栖息在地表下 5 英尺(1.5 米)处,那里的温度比地表温度低 80°F(44°C)。当沙漠上空耀眼夺目的骄阳照射最猛烈时,地下就是一个不错的栖身之所。

在松软沙地中不断挖洞的动物具备相当娴熟的技巧,一些蜥蜴和蛇就在地表以下不远处爬动,纳米布沙漠中的格兰特沙鼠也是这样。这种鼠类没有眼睛也没有外耳,但尽管有着这样的外部缺陷,它在地下世界中仍然能够成功地捕获同样在那里避暑的昆虫或蜥蜴。许多掘洞动物长有大大的脚掌,帮助它们挖洞。石龙子尽管腿很短;有些甚至根本没有腿,但它们也能以其他的方式想方设法生存下去。它们在穿过沙地时,像鱼一样将短短的腿紧贴在身体两侧,身长 8 英寸(20 厘米)、生长在沙特阿拉伯沙漠中的一种石龙子还被人们称为"沙鱼"。

一些掘洞动物的头部首先扎进沙子中,许多长有三角形头部的蜥蜴都是以这种方式消失的无影无踪。其他的动物则使用一种侧行方式,将沙子推到两边,形成了一个壕沟,它们会一直往壕沟里钻,直到松散的沙土倒下来将它们覆盖。

躺着等猎物

动物一旦到达地表以下,就会消失得无影无踪。这使掘洞成为躲避敌人的一种极好的方法,同时也是等待猎物甚至是搜索猎物时藏身的一种好方法。响尾蛇和角蝰蛇就是以这种方式捕获猎物的沙漠蛇类,它们的身体又短又厚,能够伸平肋骨呈扁平状。它们还身披鳞甲,可以使其在松软沙地中行走时牢牢抓住地面,双角还保护着突出的双眼。这些蛇在地表下穿梭而行,仅将双眼露在地面上。西亚的沙蟒正是由于它独特的行走方式而为人所知,这种行走方式在松软地面上非常有效。如果将它们放置在坚硬的地面上,它们的行走方式就和其他的蛇类一样。但如果你将大多数的蛇放在松软的沙地上,它们就只能侧向爬行。

聚敛进化

生活在两个相隔几千英里的地区里、毫不相关的植物和动物却经常非常类似,这被称为聚敛进化,当对某个问题相同的解决方法出现一次以上时,就会出现聚敛进化。

极端的环境提供许多这样的样例,而其中最显著的要算沙漠了。美洲的仙人掌就与非洲和亚洲的相思树很相像。例如,美洲拉瑞阿灌木看上去就非常像非洲的一种大戟类植物;而在动物中,相似之处就更鲜明了。美洲侧行响尾蛇、北非以及中东的角蝰蛇、蛇蜥和名为巨蟒的南非蟒蛇就都采取侧行的方式。

70 余种美洲袋鼠的生活方式和外表都与撒哈拉沙漠及阿拉伯沙漠中的跳鼠非常类似,在北美洲沙漠中,你可能会看到大耳狐,这是一种小巧的动物,却长有极大的双耳,穿过耳软骨的血管将热量从体内带走,因此巨大的双耳也可以使动物保持低温状态。在撒哈拉地区,郭狐就是另外一种长有大耳朵的狐狸。

如果要将这些动物一一写出的话，名单就会列得很长。沙漠中的生活非常艰苦，而且，动物和植物只有少数的几种方式帮助它们保持低温状态、储备水分，毫无疑问，在彼此相距遥远的地方，一定会进化出一些解决恶劣环境的相同办法来。

极地生活

沙漠这种地方的温度经常是要么达到极高点，要么就降到极低点。我们通常认为沙漠很炎热，但环绕南极和北极的干旱陆地却极其寒冷。在位于格陵兰北部的图勒，夏季平均气温为 40℉（4.4℃），但冬季平均气温却是 1.5℉（-17℃）。图勒位于沿海地区，正处于海平面的高度上；在冰层中部上空、海拔约为 1 万英尺（3 050 米）的地方，冬季平均气温为-27℉（-33℃），夏季则是 12.8℉（-10.7℃）。

格陵兰冰层上的冬季并没达到全世界最寒冷的温度，甚至在北半球也算不上是最寒冷的温度。要体验极度寒冷，你要去西伯利亚的上扬斯克才行，那里的年平均气温是 1.1℉（-17.2℃），但一年中最冷的月份——1 月的平均气温低至-58.5℉（-50.3℃），据记录显示，最低气温曾达到-89℉（-67℃）。斯纳格位于加拿大育空地区，那里的冬天是北美洲最寒冷的冬天，1947 年 2 月，气温降到了-81℉（-63℃）。

南极就更寒冷了。1983 年 7 月 21 日，俄罗斯东方空间站的温度达到了-126.6℉（-89.2℃）。夏季，东方空间站的温度平均可上升到-25.7℉（-32.1℃）。

永久冻土中的植物

植物无法在冰面上生长，但在露出地面的地方却可以长有一些植物。在极地沙漠中或极地沙漠边缘上竭力生长的植物形成了一种*冻原*（tundra）植物类形，tundra 为俄语单词，源自芬兰语 tunturia，意思是一片不长树木的平原。冻原地形主要为平坦地区，偶尔有一些不太高的小山。大片地区上的光秃岩石将植物群落分隔开，植物只能零散分布，大多数的植物高度仅有 20 厘米（8 英寸）。冻原植物在许多方面都与其他沙漠中的植物类似，图 49 表明北美洲冻原植物的生长范围。北美洲的这部分地区与格陵兰冰层地区都是由极地沙漠构成。

在南极圈和北极圈内，以及西伯利亚最南端的一些地区中，地面在一年中的大部分时候都是结冻状态，这种现象被称为*永冻*。这就意味着在地表下会有一个地层，存留在该地层土壤颗粒之间的水在全年中几乎都是结冻的，并且永远也不会解冻。永冻层像岩石一样坚固，并且不可渗水，水无法从中滴流过去。这对植物生长产生了重要后果。

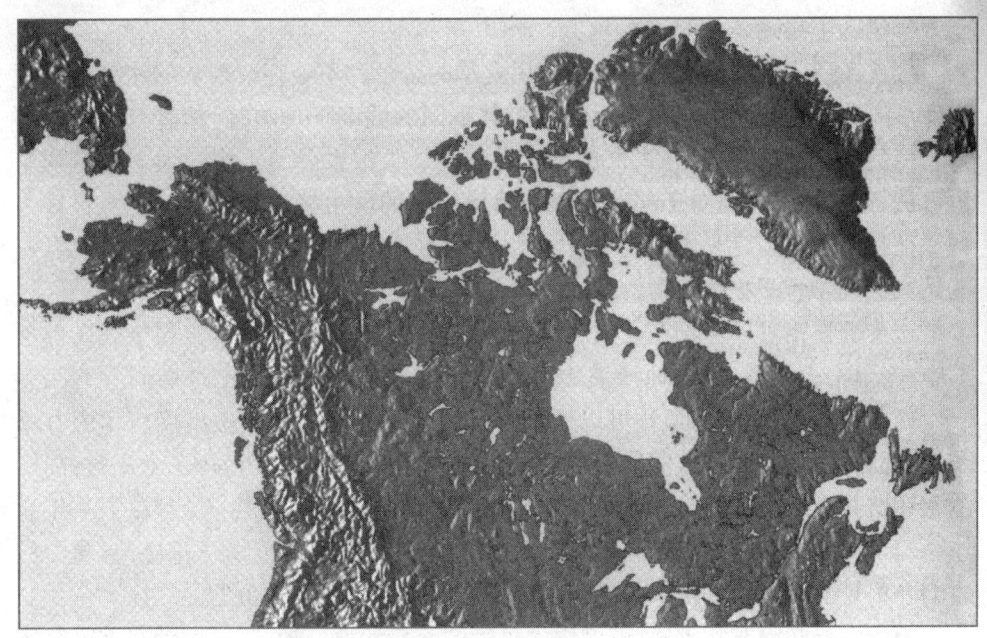

图 49 北美洲的冻原

阴影地区表示北美洲冻原植物的生长范围。北美洲的这部分地区与覆盖格陵兰的中心冰层地区都是由极地沙漠构成。

植物根部无法穿过永冻层,这里就没有深根植物存在。由于树木必须将根部深植于土壤之中,尽管一些在温暖潮湿气候中生长的植物能够在永冻层上生存下来,但它必须紧贴地面生长,因此,没有哪棵真正意义上的大树可以在永冻层地区中生长。这种在永冻层上生长的植物包括一些矮小的桦木,北极柳以及矮杜松,这些植物的高度没有超过 3 英尺(1 米)的。还有一些形成植物垫的矮生灌木丛,像北极白石南,熊果(arctostaphylos uva-ursi)以及山仙女木(dryas octopetala)。

这些植物的根部位于永冻层以上的土壤层中,这层土壤形成了活化层。活化层的深度可达 10 英尺(3 米),但有些地方的深度要少很多,活化层在春季和夏季的一段时间内会解冻,从而释放出一些水来,但这会产生一定的问题。排水系统位于下面的永冻层中,活化层中的水无路可走,水就在低处的空洞位置积聚,那里的土壤就会吸饱水分。植物无法忍受吸饱水分的土壤,只好生长在排水通畅的高处地面。所以,在极地的广大地区上,唯一能够生存的植物只有苔藓和地衣。

快速的生命循环

生长在活化层的植物必须充分利用夏季的热量和不会存留很久的水分。尽管极地沙漠和炎热沙漠中的植物生活在极其不同的温度下,但它们却有着共同的需要,并且它们也以相似的方式来满足这种需要。吸饱水分的土壤对大多数植物来说可能不是件好事,但对于那些在水中繁殖幼虫的昆虫来说却非常适合。很多人都知道在北极夏季总有成群成片有害昆虫,但并不是所有的昆虫都靠食血为生,有些昆虫还可以为开花的植物授粉。

这些植物相对于生长在炎热沙漠中的植物来说具备一个优势。尽管在南部沙漠中,降雨很难预测,但极地沙漠中植物生长的条件在每年都出现在同一时间里——春季和夏季。因此,植物可以通过对日照时间长短的变化做出反应而为春季和夏季的来临做好准备。例如,在秋季,白昼从 18 个小时缩减为 15 个小时,高山酸木在这时会结出花蕾,花蕾在整个冬季保持休眠状态不再生长,但在下一年春季,一旦白昼时间开始变长,花蕾就要绽放了。在其他种类植物开花之前,高山酸木会在很短的时间里将饥饿的昆虫吸引到当时唯一绽开的花朵上。

植物生长必须非常迅速,就像雨水过后的南部沙漠一样,冻原一到夏季就会立即鲜花绽放。冰雪消失后的四天时间里,紫虎耳草和金凤花就会开花。许多花朵颜色非常鲜艳,有些花朵在日间还可以转换方向,这样就会保持一直向阳的状态,使花朵更为娇艳,也使花朵温度升高,而高温正可以吸引昆虫飞来。

鲜艳的颜色可以将昆虫吸引到紧贴地面生长的花朵上,这是对低温的一种适应。即使在夏季,由于风会加快植物叶片上水分的蒸发率,因此生长得较高的植物也会在不断吹拂的风中快速地流失热量,植物就会出现脱水现象。

南极的植物

上文描述的是北极的植物生命,而不是南极大陆的植物生命。南极没有冻原,气候极为寒冷、干燥。

苔藓和地衣是南极"干谷"中唯一生长的植物,"干谷"是一片没被冰雪覆盖的地区,面积总计约为 2 200 平方英里(5 600 平方公里)。南极大陆上自然生长的植物只有两个种类:南极漆姑草和南极发草,deschampsia Antarctica 是一种没有统一名称的茸毛草类。这两种植物都在海平面附近沿南极半岛生长,位于南纬 68°的南极点附近。尽管它们都不开花,但却能够进行营养繁殖,不结种子。除了这两种植物以外,曾经到过这里的人们还将一些植物引进到这片半岛上。

北极的动物

尽管夏季有许多黑蝇、蚊子和咬人的蚊蚋，但苍蝇却是冻原上数量最多的昆虫。苍蝇在春季孵卵，夏季大多数时间里都是幼虫，以地面上的腐烂植物为食，之后几天就长为成虫，进行交配和产卵。在水中繁殖的有害昆虫为水生鸟类提供食物，像绒鸭、雪鹅以及冻原天鹅。小天鹅就是以苍蝇为食的鸟类之一，而雪鸦则是该陆地上以苍蝇为食的其他无脊椎类动物之一。

很少有鸟类全年在北极居住，在冬季，大多数鸟类都没有食物可吃，因此，它们都在夏季飞来，利用昆虫大量出现的一段短暂时间。许多鸟类在离开冬季巢窝之前都会配对，这样就会立即开始抚育幼鸟。在单亲抚养幼鸟的种类中，不负责抚养幼鸟的另一方就在后代完全长大以前离开，有时，甚至在孵化鸟蛋之前就离开。有些夏季飞来的鸟类仅停留一个月或更短的时间。

雪鹰和雷鸟是为数不多的在冻原上度过冬季的两种鸟类。这两种鸟都长有浓密的黑色羽毛用来保持体温，并可以将自己掩护起来。雷鸟以浆果和柳树芽为食，因此，只有在出现这两种植物的地方才会看到它；雪鹰则以野鼠和旅鼠为食。小啮齿类动物的数量不定，因此在这些动物数量稀少的年份里，雪鹰就会再向南移动。

对寒冷的适应

小哺乳类动物为了避免寒冷，有一些会在冬季冬眠——尽管冬眠与普通睡眠极为不同（参见补充信息栏：冬眠）。其他的动物则在大雪下度过冬天，野鼠和旅鼠就以这种方式生存，这也是一种非常成功的生存策略。

补充信息栏

冬 眠

一些小哺乳动物在冬季食物稀少时冬眠。然而，冬眠并不很常见，只有身材小的动物才能冬眠，最大的冬眠动物是土拨鼠，重量平均为 5 公斤（11 英磅）。像熊这样的其他一些动物会多在洞穴中栖身，在这里度过整个冬季。熊在大多数时间里都在睡觉，但这并不是真正的冬眠。

> 动物通过选择能够遮风挡雨的地方开始准备冬眠,在这种地方,动物可以为自己筑窝。之后,动物要么大量吃食,要么就收集食物,在过冬的窝巢附近贮存起来。那些在身体内储存食物的动物体内含有特殊的荷尔蒙,可以将食物转化成厚厚的脂肪层。
>
> 随着食物开始变得稀少,动物便开始进入自己的窝巢中,以通常的睡姿躺下,进入梦乡。皮肤中的血管开始紧缩,心跳缓慢到每分钟仅有几次,体温也开始下降,大多数动物体温会降到 40°F(4.5℃)左右。这就极大地减少了身体所需的能量,并且,动物的呼吸减慢到每分钟仅几次。血液成分发生改变阻止缓慢流动的血液凝结成块,但动物的神经系统继续发挥功能。如果动物的体温下降到一定程度以下,它就开始浑身颤抖,这样做可使身体升温,但也会消耗能量,这些能量是通过将动物体内贮存的脂肪氧化获得的。身体颤抖使动物苏醒,这时,动物需要吃些储存起来的冬季食物,然后才可以再次酣然入睡。
>
> 在春季,不断升高的温度使动物醒过来。动物的心跳加速,而且速度增加得很快,正面身体开始剧烈颤抖,这部分身体是最初变暖的部分。动物呼吸的频率也在加快,皮肤中的血管开始膨胀,很快,动物就完全醒了过来。在四个小时左右以后,动物的体温就从 40°F(4.5℃)上升到动物的正常体温 95°F(35℃)。

一方面,在大雪的遮蔽下,它们可以不让其他动物看到,尽管黄鼬和白鼬能在地面下尾随其后,但在雪中掘洞的小动物却极其容易被狐狸和其他觅食的肉食动物看到。另外,动物还可以在大雪下躲避大风的侵袭,因为凛冽的寒风很快就可将小动物冻死,而厚厚的积雪却为它们提供了一个隔温层。

白鼬在大雪下极为安全,它们在雪中挖隧道、筑巢。他们还可以自由出没寻找仍然留在地面上的种子和植物的其他部分。白鼬从冬季来临一直到冰雪融化的时候都在产仔。春季,白鼬开始出洞,幼仔也长大了,可以自己觅食。像熊这种庞大动物也将冬季大部分时间在雪地中挖成的洞穴中度过。

小动物因为身体过小而无法长有过多的皮毛,因此就没有厚厚的"外套"可穿。像北极狐和北极熊这样庞大的动物则长有很厚的皮毛。它们还长有不太大的外耳,外耳较薄,血管与表皮很近,可以使血管中的血液散热。这就是为什么我们在寒冷的天气中要将耳朵覆盖起来。不太大的耳朵热量流失的会少一些，这是对寒冷气候的一种适应。

但狐狸、熊和北极鸟的脚掌却不一定不能保持温暖状态，如果脚部温暖，在冰雪上行走就会让冰雪融化，这样走路就会很困难。很快，冰雪就会再次解冻，实际上就会把动物立即冻在上面。因此，与地面接触的脚掌部分温度必须很低，不会让表面融化，也就是说，脚掌温度应为冰点或冰点以下。

血液从心脏流向脚趾，血液到达脚趾时会将热量流失到外面的空气中。寒冷的血液就会流回心脏，除非身体能够燃烧足够的能量使血液再次变暖，否则身体内部器官的温度——核心温度——就会下降，最终降到一个威胁生命的温度上。然而，由于食物稀少，动物无法仅通过燃烧食物产生热量而控制自己的核心温度，动物需要一个好办法来解决这一问题，当然，它们确实有这样的一个好办法，这就是北极哺乳动物和鸟类都有一个二极网，这是一个仿生学名称，意思是"功能良好的网络"。

这片网络由许多小血管构成，位置靠近脚部与躯干相连的地方。这些血管中既有来自心脏、通向身体其他部位的，也有从身体其他部位通向心脏的，并且这些血管彼此距离很近。当血液在血管中流动时，低温血液使温度较高的血液降温，而温度较高的血液又使低温血液升温。向脚趾流动的血液由于使从脚趾流出的血液升温，自身就开始冷却，这就使脚趾保持低温状态。同时，从脚趾流出的血液得到升温，帮助阻止核心温度降低，这种系统被称为逆流交换。你是否曾经想过企鹅为什么能够四处走动却没被冻结在地面上？这就是因为它们具有一种非常有效的"网络"。

海上生活

极地沙漠中的生活大部分都是在海上进行，企鹅在陆地繁殖，但却在海上喂养。实际上，只有企鹅、南部管鼻䳭、雪燕和海豹这几种大型动物在南极陆地上繁殖。除了这些动物以外，南极大陆上只有100余种无脊椎动物，其中大多数都是海豹或鸟类的寄生虫。

企鹅以鱼、乌鱼、墨鱼和磷虾为食。磷虾外表与虾类似，但两者之间只有微小的联系。磷虾的种类共有85种，最常见的一种是苏帕巴磷虾，只有2英寸（5厘米）长，它生活在北极中、南极的海岸附近和冰架缘以下，在这些地方，磷虾形成覆盖几平方英里的大规模群体，经常待在深度达15英尺（4.5米）的地方，它还是海豹、鲸鱼和一些鱼类、企鹅的食物。一只蓝鲸每天大概消耗4吨磷虾,鲑鱼在北极的水域中以其他磷虾种类为食。现在,捕鱼船队可以捕获磷虾。

北极熊、貂熊和狼是北极主要的食肉动物。貂熊为黄鼬科,以浆果和被其他食肉动物杀死的动物腐肉为食,冬季猎捕驯鹿。狼也猎捕驯鹿和麝牛,麝牛是一种身体巨大的动物,身长约7英尺(2米),长有又长又厚的防水皮毛。它们还长有又大又重的角,可以作为防御的武器。当麝牛的生命受到威胁时,它们会站成一圈,全部面向外侧站立,将小牛留在圈内。除非麝牛与牛群脱离,否则狼几乎没有什么机会杀死其中的任何一头。北极熊不仅是陆地动物,它还在水中捕获猎物。

南极没有生活在陆地上的食肉动物,在南极,与北极熊和狼相似的动物就是海蚴、奥尔迦或食人鲸。海蚴就像是一个威力巨大的猎人,身长约10英尺(3米),身体狭长并长有斑点,与豹类似,还长有长长的脖颈。海蚴行动敏捷并极富技巧,以鱼、乌鱼、磷虾和其他海豹为食。但在它所有的食物中,企鹅占了大概四分之一的数量。奥尔迦则捕获海豹为食。

沙漠中的居民

你可能会认为没人愿意选择在沙漠中生活。在沙漠里,他们吃什么?他们怎样才能找到足够的水喝?当然,现在,有人生活在沙漠中,但那是因为现在那里有了公路、铁路和飞机场,可供卡车、火车和飞机将食物和其他生活必需品运送过来,并且还有水管输送日常用水。现代的沙漠居民不用在沙漠中亲自种地,完全可以在干燥的气候中寻找乐趣。另外,那些公路、铁路和飞机场可以让人们出行便利,只要他们愿意,随时都可以离开沙漠。

干旱是带来艰苦条件的灾难,尽管如此,人们一直以来都在沙漠中生存,而且是他们自己做出的选择。2.5万年前,就有人生活在亚里桑纳(美国的一个州),这以后过了很久,北美洲的许多地方才有人居住。奥莱比是亚里桑纳北部的一个村庄,现在是土著人居留地的非正式首府,自从公元1150年以来,这个地方就一直有人居住,使它成为美国最古老的生活居住地——而它正位于沙漠中。

随着底格里斯河和幼发拉底河之间的沙漠地区修建城市,西方文明开始产生,这片沙漠地区在当时被称为美索不达米亚,现在位于伊拉克和埃及境内,沿东撒哈拉地区的尼罗河河岸一带。当时之所以可能在沙漠中生活是因为提供水源的河流能够通过灌溉渠引入到耕种的田地中。最重要的一个居住中心就位于土耳其和亚洲西南部的干燥陆地中。

农民生活聚居地必须在农田附近，这就意味着农民必须修建永久居留地，而有时正是这些居留地后来发展成为城市。然而，即使没有农业，沙漠生活也可以继续，有些人居住在沙漠中长达几个世纪，但却没有修建城市，甚至没有修建永久居留地。除了最不友好的沙漠以外，其余的所有沙漠都可以有人居住。

对于那些了解环境、了解如何在诸如撒哈拉、阿拉伯和美洲沙漠这些热带和亚热带炎热沙漠中以及像戈壁滩这样的内陆低温沙漠中寻找和开发资源的人们来说，他们完全有可能在这些地方中生存。北部的极地沙漠也有人居住，只有南极中的大片沙漠空无人烟（除了访问此地的科学家和游客以外），而这里无人居住是因为地理位置偏远，而不是因为气候恶劣。没有哪个从南美洲、非洲或澳大利亚来的移民能找到一条路，穿越狂野的南部海洋，并活着找到建立在南极海岸周围丰富生命形式基础上的文明。在南极，除了格陵兰和爱斯基摩。没有哪个地方能有人居住。

沙漠中的农民

北美洲的土著人都是农民，就像他们的祖先安纳萨奇人一样。所有安纳萨奇人的后裔和安纳萨奇人本身都被称为印第安人村落，之所以用这个名称是因为他们都修建城镇，西班牙语中 pueblo 这个词正表示这个意思。

最初，印第安人修建圆形的地下坑穴储存食物，后来，他们用石浆把石砖垒起来，给储物坑周围垒上墙，并在上面盖上屋顶。那时，人们就开始在这样的建筑中生活，并不时地从一个地方搬到另一地方，将贮藏起来的风干食物留到他们以后回来的时候再用。随着耕种技术的改进，印第安人发现它们有可能永久停留在一个地方，这时候，他们就开始在地面上沿悬崖边和悬崖下修建房屋，他们建造的房屋都分为几层，每一层都比下面的一层缩进去一些，这样每一层都以台阶的形式建成。地面上第一层的房屋没有房门也没有窗户，只有顺着天花板上的一个洞中放置的梯子才能爬进屋子里。这种布局使居住非常安全，侵入者只有通过向第一层房屋中架起一个梯子才能进入，然而，防御者轻而易举就能将梯子推倒。到13世纪接近尾声的时候，修建在悬崖附近的房屋才被人们舍弃，原因也许是在这个时候出现了一次严重的干旱，也许是居住在每个城镇中的许多部落之间出现纷争。这些房屋被高达5层的建筑取代，新建筑的设计与原来的房屋非常相似，但却远离悬崖两侧。土坯砖成为当时主要的建筑材料，土坯砖用湿黏土制成，先在模具中定型,再放到太阳下晒干。

玉米是当时人们的主要食物。这种玉米的味道并不像现代玉米那样甜软,玉米粒很坚硬,被磨成面粉,可以制成面包和汤。人们还种植种类不同的几种豆类、葫芦和南瓜,他们还狩捕猎物。当时的饮食均衡而且营养丰富,但所有的一切都取决于对水的精心使用。在有些地方,人们还研制了灌溉系统,在其他地方则很有技巧地利用地下水。

农业是建立在规律性日常活动基础上的一种活动,特定任务必须在每年的同一时间完成,印第安农民发展出与耕种相关的各种仪式,分别在规定的时间里进行。

撒哈拉沙漠的北部也有农民,大多数柏柏尔人都会种植庄稼。柏柏尔人的祖先在古代被称为纽米迪人,他们生活在迦太基附近,迦太基城紧邻现在的突尼斯城。在罗马人征服迦太基人并摧毁他们的城市以后,该地区就被称为柏柏里(Barbary),Barbary 这个词来源于希腊词,是"外国"的意思。柏柏尔人就是柏柏里的居民,他们主要生活在阿尔及利亚的阿特拉斯山和摩洛哥的里弗山中,尽管大多数的柏柏尔聚居地都靠种地生存,但一些聚居地却在冬季里在低地种田,而在草原上度过夏季,看守羊群。这种做法称为季节移牧。其他的柏柏尔人则是放牧者,这些人不种地,靠放牧牛羊和骆驼为生。

游牧民族

放牧者居住在动物皮制成的帐篷里,在北非高地草原度过夏季的农民也使用帐篷,但为了增加保护性,他们还在四周修建土墙。

游牧者居住在帐篷中,原因显而易见:帐篷可以打成行李,由动物——通常由骆驼一路驮到一个新的地点,在那里,帐篷很快就可以搭建起来,并且制作和维修帐篷都用现成的材料。一些游牧民族居住在撒哈拉沙漠、阿拉伯和亚洲西部的沙漠中,其中最著名的是土莱格、弗拉尼和贝杜因游牧民族。

土莱格游牧者有时被称为"蓝色民族",原因是这些人身穿蓝色长袍和头戴蓝色小帽,这些人用染成红色的动物皮或有时用塑料布制作帐篷。他们的祖先是北非的农民,在 12 世纪由于贝杜因阿拉伯人入侵而被驱逐出自己的家园。在沙漠中,土莱格人学会如何通过养牛和进行贸易生存下来,他们成为沙漠中的货运者,用骆驼商队运送货物。土莱格人将沙漠视为自己的财产,并向通过沙漠的非土莱格商队征收"税款",通过抢劫旅行者使这笔收入额增加。

现在，土莱格游牧民族大多分布在撒哈拉的西部地区和沿沙漠南端的草地上。目前，卡车沿沙漠公路运送货物，几乎没有必要再使用骆驼商队，他们饲养的牛在20世纪70年代出现的干旱中大量死去，这些变化使土莱格游牧者变得一贫如洗，许多人搬到了难民营中，其他人则成为农民或者定居在城市中。许多年轻人加入他们当时所在国家的军队当了兵。

弗拉尼人也过着游牧者的生活，将牛群从一个草原迁移到下一个草原上，并用奶产品来交换他们所需的货物。这些人居住在整个撒哈拉的西部地区，但他们的生活方式也在变化，许多弗拉尼人已经定居在城市中或开始从事农业。

北非、近东和中东地区有10%的人口都是贝杜因人，这些人是所有沙漠居民中人数最多、分布最广的人群，因此也就成为最典型的沙漠居民。他们的名称来源于阿拉伯语"bedu"，意思是"沙漠居住者"。他们身穿拂地长袍，骑马和骆驼，居住在沙丘之间。

他们使用较矮的黑色长方形帐篷，制作帐篷的布条顺着一排杆子垂落下来，这种景象在无数影片中都出现过。这些帐篷从外表看很普通，但内部却非常精致，装饰性的悬挂物将整个帐篷分为两部分。一部分给妇女和小孩居住，并用来储物和招待女客人，这部分中还有做饭用的火炉。另一部分则有一个取暖用的火炉，给男人居住并招待男客人。

贝杜因人都是放牧者。他们放养骆驼、绵羊和山羊。在苏丹和阿拉伯南部至今还有放养牛群的贝杜因人。一个部落的社会地位——即大规模的家庭群体——部分上取决于他们饲养的动物，放牧骆驼者最受人尊敬。

戈壁滩中的居民

戈壁滩沙漠的一些地区中也有农场，但那里的降雨不固定，因此无法每年都有好收成。大多数的农民都是中国移民的后裔，真正的沙漠居民是蒙古人，尽管他们中有许多人现在生活在城镇中，但他们的传统一直是过着游牧生活。蒙古人不但不种田，而且，他们一直都轻视蔬菜并拒绝食用蔬菜。他们的饮食主要由肉类和牛奶构成，一些食物由面粉制成，他们用肉类和奶产品交换农民手中的面粉。他们喝茶，茶叶也是通过商品交换得来，也喝由发酵马奶制成的饮料。他们还将牛奶制成奶豆腐干和奶酪来食用。

典型的蒙古房屋被称为"蒙古包"，形状为圆形，用木杆作为支架，上面覆盖动物皮或布料，但大多数都覆盖着毛毡。蒙古包的中央是一个火炉，烟囱一直延伸到房顶最高点的洞中。装饰物包括一些颜色鲜艳的毯子,每个蒙古包中居住着一个家庭,几个家庭形成了放牧群体合作照料牲口。蒙古人饲养骆驼和马,还饲养绵羊、山羊和牛。由于绵羊在白天吃食,在夜晚排便,因此绵羊的粪便可以用作煮饭和取暖的燃料。每天早上,绵羊被领到草原上,晚上再带回到营地——部分原因是保护他们不被狼吃掉——这样粪便就很容易收集。一些牛群中还包括牦牛,骆驼为双峰大夏种。这些动物被用作驮兽,但也可用来产奶,身上的长毛可以纺织制成衣物和毯子。

对于单独一个家庭来说,饲养这么多种类的动物几乎是不可能的,原因是每个动物种类都有自己的要求,这些要求又极其不同。因此,各种动物被单独喂养,各个家庭就由哪家负责饲养哪种牲畜或家禽达成一致意见。放牧受到严格控制,当附近地区中的资源耗尽时,牧民就会收起帐篷,搬到一个新的地点。当冬季来临时,不可能活下来的动物就被屠宰,将它们的肉风干并储存起来以备没有粮食的时候食用。然后各个家庭就搬到冬季居住地,那里有遮蔽物和食物,供剩下来的牲畜使用。

因纽特人、爱斯基摩人和阿鲁特人

因纽特(Inuit)表示"人民"的意思,加拿大北部和格林兰的当地居民喜欢用这个名称称呼他们。那些居住在阿拉斯加的人们则喜欢被称作"爱斯基摩人",该名称可能起源于美洲印第安语。*阿鲁特*为俄语词,用来称呼阿拉斯加南部阿鲁特岛居民,但这些居民更愿意被称作安加南人。因纽特人、爱斯基摩人和阿鲁特人之间有着千丝万缕的联系,但阿鲁特人和爱斯基摩人使用的两种语言之间的关系就如同俄语和英语之间一样差异极大。

现今,阿鲁特人的生活方式几乎完全消失,但最初,这些人都在海上工作。他们居住在沿海村庄里,靠捕获鱼类、海鸟、海豹、海獭、海狮、鲸鱼为生,偶尔也会捕获海象或者打捞贝类。阿鲁特人也猎捕熊和驯鹿这样的陆地动物。尽管动物可以满足他们大部分的日常生活需求,但阿鲁特岛和阿拉斯加南部海岸上长有的植物数量要多于北部地区,阿鲁特人就使用草编制成袋子和篮子。

尽管一些因纽特人经常在冬季里在海冰上打猎并居住在雪屋中,但大多人都居住在固定的生活区中,靠打鱼或捕获海豹为生。在春季和夏季,每个人都搬到不同的猎场里,一些人猎捕北极露脊鲸,其他人则向内陆地区行进。以前他们使用狗拉雪橇做交通工具,现在则使用雪上摩托车寻找熊和驯鹿。猎捕的动物通常可以为因纽特人提供所有的原材料,他们用骨头制作工具、房屋和船只框架,用动物皮毛制作衣服、帐篷,用动物脂肪作燃料用来照明和煮饭。现在,因纽特人也能制作金属工具、雪上摩托车、汽艇、猎枪,还有一些出售日常供应品的商店。

沙漠中的生活总是非常艰苦,但经过许多代人在那里生活以后,真正的沙漠居民已经掌握了如何增强安全措施,将生活的不适降低到最低点。比如说,捕获一头驯鹿或一头熊就意味着能获得大量的食物和原材料,要是捕到北极露脊鲸的话,那就会有更多的收获。只要在当时环境下肉类可以迅速结冻,保存上几年的时间,仅仅一次成功的狩猎就可以长时间为一个家庭提供食物和生活必需品。游牧牧民们将他们的牲畜和家禽从一片草原赶到另一片草原上,他们对沙漠了如指掌,他们并不是在毫无目的地闲逛,而是向有放牧权的目的地行进。

然而,随着时代变迁,古老的生活方式在迅速消失。政府鼓励先前的游牧者定居在村庄里,这样,他们就可以享有较好的医疗保健,他们的孩子也可以上学。这种转变有时会中断,导致社会问题的出现,但这却是不可避免的。当生产技术以狗拉雪橇、弓箭和手掷鱼叉为基础时,打猎是可以持续下去的,但雪上摩托车、汽艇、鱼叉枪和猎枪却会快速地让动物死光,而猎人却依靠动物才能生活。

再往南一些的地方,沙漠中间还穿插着一些国家的边疆,绿洲村庄正发展为城市,卡车从遥远的农场赶到这里为市场提供动物产品,要在这过放牧者的生活变得越来越难。同时,每个人现在都可以接触到收音机、电视、报纸和杂志,这一切都描绘出一种比传统生活更舒适、更安全的生活方式,为年轻人提供受教育、工作、旅游的机会,还为他们提供在沙漠中找不到的冒险机会。当年轻人离开沙漠拥抱现代世界时,其祖先拥有的古老世界就在逐渐消失退去。

植物为什么需要水

如果让植物持续一段时间缺水,植物就会枯萎,叶片低垂,除非是木生植物,茎部坚硬可以支撑枝叶,否则最终整株植物就会栽倒。所有的植物必须有水,并且所需水量还非常大。例如,一棵银桦树总共长有约 25 万片叶子,在生长时,每天都将总计约 359 升(630 品脱)的水从土壤中运送到大气中;豌豆每增长 1 克的重量就要使用 0.8 升水(40 品脱每盎司);水在活着的细胞中占 80% 的重量,在人类身体中则占 60% 的重量。即使面对一个最重要的或最令人畏惧的人物,你也可以认为这个人的 60% 只不过是水而已。

植物从土壤中获得水分。水通过植物的根部进入,在茎和叶中流动,从两种小孔中蒸发,这两种小孔分别为叶片中的*气孔*和茎部的*皮孔*。通过这些小孔流失的水分被称为*蒸腾流*,但实际上,我们不可能将蒸腾流或其他种类的蒸发分开测量,因此这两种蒸发就放在一起加以测量,被称为*蒸发蒸腾*。

无论在什么地区,水从小孔中蒸发的速度比在湖水这样裸露的水表面上快得多,这其中的原因是位于小孔或湖面边缘的水分子向两侧扩散,并从那里蒸发,但表面直径越小,与整个面积成正比的边长就越长,因此,更多的水分子就能够扩散出去。这是一个几何问题,图 50 阐释了这个道理。

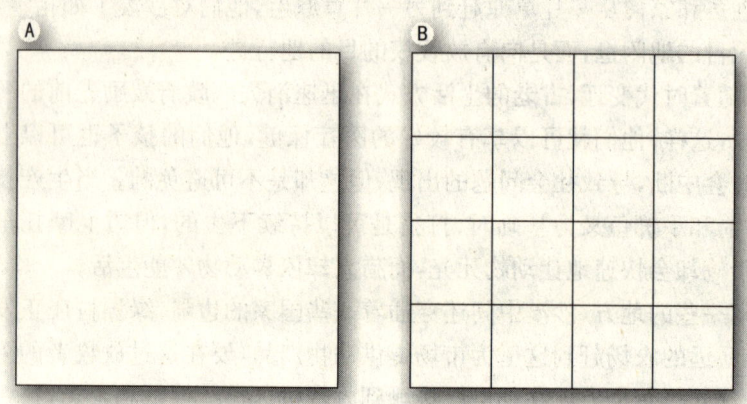

图 50　表面积与边长

A 和 B 的表面积相同,但由于 A 的表面敞开,就像一个湖面那样,而 B 却被分成 16 个小块面积。这样,B 中的边长总和就是 A 边长总和的 2.5 倍。

水气压与饱和

蒸发使水分子从液体形式的水里运动到空气中,成为水蒸气。与液体表面紧邻的大气层中的蒸汽分子对液体表面施加压力。这种水气压随着施加压力的分子数量增多而增长,直到水气压达到饱和水气压。尽管饱和水气压这种情况通常被描述为空气达到饱和(参见"亚热带沙漠"部分的补充信息栏:湿度),但在这时,空气的相对湿度达到 100%,水蒸气达到饱和。到了这一时刻,进入空气中的水分子数量多于返回液体表面的水分子数量。但当达到饱和水气压时,离开液体和返回液体的分子数量相同,蒸发也就不再进行。

植物表面的蒸腾速度取决于植物组织内部的水气压与外部空气中水气压之间的差值。这在某种程度上取决于气温，原因是相同数量水蒸气施加的压力与温度成反比，也就是说，温度增加，相对湿度减小。

在植物的叶片里，充满空气的地方通常在饱和水气压和相对湿度达到100%时含有水蒸气。设想叶片内部和外部的温度都是50°F（10℃），而外部空气的相对湿度为60%，此时，叶片内部的水气压（相对湿度＝100%）则为12.3毫巴，叶片外部的水气压为7.4毫巴，内外部的水气压差值是12.3－7.4＝4.9毫巴。在外部空气具有等量水分时，如果温度增加到80°F（27℃），叶片内部的水气压就会是35.7毫巴（相对湿度仍为100%），外部水气压仍然保持7.4毫巴不变（相对湿度为21%），这样气压差值就增加到28.3毫巴。即使空气受热变得更加潮湿，相对湿度仍保持在60%，但水气压差值却仍在增加。在80°F（27℃）时，叶片内部的水气压是35.7毫巴，外部水气压为21.4毫巴，此时的气压差值为14.3毫巴。

白天，叶片受阳光照射，而叶子恰好需要阳光进行光合作用。叶片对光线的吸收也使其温度升高，光线越强，叶片温度升高得就越多。深色叶片比浅色叶片吸收更多的光线，如果深色叶片连续几个小时处于强光直射下，叶片表面以下的温度比叶片外部的空气温度还要高很多。叶片内部的水蒸气仍处于饱和水气压状态下，但随着温度升高，水气压也会升高，因此，叶片内部和外部水气压的差值也就随之增加。只要有强光就可以增加植物流失水分的速度。

正是这种水气压差值控制着水分蒸发的速度。外部空气越温暖、越干燥，植物通过张开的小孔流失水分的速度就越快。如果空气的相对湿度增加，植物流失水分的速度就会慢一些。但在干旱期间，空气相对湿度会降到极低点。即使在温和的气候中，土壤里水分充足，但在夏日正午时分，当蒸腾速度超过植物根部吸收水分的速度时，植物也经常会枯萎。（缺水并不是造成枯萎的原因，因此仅给植物浇水不会治愈这种类型的枯萎。）

植物体内的水

植物将水用于机械作用和化学作用上，从机械角度来说，水支撑着植物的叶片和其他柔软的组织。在较大的植物里，比如在大树中，氢键将液体水分子连接成分子团，结合非常紧密，足以使水流从根部一直向上冲到树冠。蒸腾作用驱动水向上流动，当水从叶片上蒸发时，更多的水被抽调上来补充流失的水分。

当植物细胞拥有所需的全部水分时，就会充分膨胀，细胞中的物质就会压在细胞壁上,这使细胞变得非常坚实。如果细胞流失水分的话,细胞壁就会变得松弛,整个结构就不再那么坚实。这时植物就会枯萎,除非植物可以再补充其他的水分来代替流失的部分,否则植物最终就会死亡。

从化学角度来说,植物像所有活有机物一样,用水运送它们所需的化合物。水是一种非常好的溶剂,这就意味着众多种类的物质都会在水中溶解,分子会在液体中均匀扩散。水(溶剂)与被溶解的物质(溶质)在一起被人们称为*溶液*。植物和动物体内所有的液体都是各种溶质溶解在水中的溶液。

对干燥气候条件的适应

一些植物不断进化来忍受干燥的天气条件,这些植物被称为*旱生植物*(xerophytes,在希腊语中,xeros 的意思是干燥的,phuton 的意思是植物),它们都生长在沙漠中。许多旱生植物只在叶片背面长有气孔,叶片背面通常很荫凉,或者气孔长在叶片的小坑或小沟里,可以躲避干燥的风。一些植物在非常干燥的天气里叶子会脱落,或者叶子的面积会缩小。比如说,仙人掌的叶子就是它们身上的刺,它们使用绿茎进行光合作用。

仙人掌在膨胀的叶子和茎部储存水分。这是对降雨稀少、但一旦降雨雨量就很大的这种环境做出的一种常规适应。许多大戟目植物都是以这种方式存水,使用这种方式的植物被称为肉质植物(参见"沙漠中的生活"部分)。

植物还进化出几种不同的方式获取二氧化碳,用来通过光合作用产生糖分。在炎热晴朗的气候中和在沙漠里,这些方式使某些植物比其他植物生长得更加旺盛(参见补充信息栏:C3、C4 与 CAM 植物)。

生长在湿润气候中的植物并不具备所有这些适应能力,可能只具备其中的几种。例如,许多长青类植物长有厚厚的、表面覆盖蜡膜的暗绿色叶片,暗色增加了植物对光线的吸收量,对光合作用有利。而厚厚的叶片又增加了它们的贮水量,叶片外表长有的蜡膜则降低了水分从叶片表面蒸发的速度。具球果树的叶片缩小到很小的尺寸或缩小成针形叶来减少蒸腾量,许多阔叶树木在冬季叶子会凋落,停止光合作用和蒸腾作用。像冬青这样的阔叶常青树木在温暖湿润的气候中生长的最好,落叶木(在冬季叶子凋落)和具果木生长在较凉爽的气候中,在冬季,水经常结冻,而植物只能吸收液体形式的水,所以水结冻成冰的冬季就相当于没有降雨的干旱季节。

补充信息栏

C3、C4与CAM植物

所有的绿色植物都利用空气中的二氧化碳和地面上的水合成糖分,这一过程被称为*光合作用*,但从二氧化碳中得到碳的方式有三种,使用这三种方式的植物被分别称为*C3,C4和CAM植物*。

许多普通植物,包括大豆、水稻、小麦、圆白菜和土豆在内都是C3植物,这就意味着进入植物细胞内的二氧化碳变成甘油醛-3-磷酸酯(GP),该化合物中的每一个分子都包含3个碳原子。C3植物主要生长在温带地区,它们必须敞开气孔才能获得所需的二氧化碳,但这也使水分从植物体内蒸发出去。因此,在炎热干燥的天气里,C3植物要停止光合作用,否则就会有枯萎的危险。它们也会吸收一些二氧化碳,这是因为二氧化碳反应的催化酶2-磷酸核酮羧化酶也可以与氧结合。在炎热晴朗的天气里,进行光合作用的细胞附近存在着二氧化碳,其中的大多数都被光合作用吸收,因此空气中充满了二氧化碳,磷酸核酮羧化酶开始与氧结合。这被称为光和呼吸,它可以减少光合作用的效率,但却不会像普通呼吸作用那样释放能量。

C4植物在炎热而干燥的气候中生命力更旺盛,甘蔗和玉米属于C4植物。C4植物并不是使用磷酸核酮羧化酶使二氧化碳与2-磷酸核酮糖形成GP,而是使用一种不同的催化酶磷酸烯醇丙酮酸盐酯(PEP)。这种酶可催化二氧化碳和PEP之间进行反应,产生草酰乙酸,这种化合物中的每个分子都包含四个碳原子。PEP不会与氧结合,因此,C4植物也就不会因为光和呼吸作用而损失能量,光合作用即使在二氧化碳含量很低的情况下也能继续进行。草酰乙酸在专门的叶子细胞中形成,它会不断积聚起来,直到它的碳原子得以使用,这就意味着C4植物即使在气孔关闭时也可以进行光合作用,这样就减少了流失的水分。

仙人掌和菠萝属于CAM植物这一种类。CAM植物仅在夜间敞开气孔,使用进入到细胞内的二氧化碳合成几种有机酸类。这些酸类都储存在细胞的空隙间,在白天,这些植物会释放它们的碳原子进行光合作用,但根本不需要

> 敞开气孔。CAM 植物能够在干燥的地方生长,原因是它们在使用水时极为节约,但它们生长的非常缓慢,这是因为它们进行的光合作用效率很低。
>
> CAM 植物在沙漠中生长良好,但 C4 植物在水分充足的地方则比 CAM 植物生长的旺盛。C4 植物在温暖晴朗的气候中生长状态最佳,这里通常有些水分可供使用,但在干燥季节或偶尔出现的干旱期间,水分供应通常会受到限制。C3 植物在温带地区的生长状况好于 C4 和 CAM 植物。

可预测的干燥季节或寒冷冬季都不会对植物构成任何困难。由于这些天气状况可以进行预测,植物对此做出适应就易如反掌。只有在恶劣天气不期而至的时候,植物(和动物)才会遭受损失,而干旱却总是不期而至。干旱是持续一段期间的干燥状况,通常发生在一年中本应降雨但实际上降雨却没有出现的时间里。

干旱的后果

当地面由于蒸发而变干时,流失掉的是水分,而不是溶解在水中的化合物。地表蒸发将水从地下穿过土壤颗粒之间的微小空间抽调过来(参见"地下水"部分)。当土壤中的水分蒸发时,溶解于水中的化合物留了下来,在没蒸发的水中积聚。浓度的增加使植物根部吸收液体变得更加困难,植物开始因此而枯萎(参见补充信息栏:渗透)。

进入植物体内的水分变少,但植物的蒸腾率却没有立即减缓。植物可以打开气孔也可以关闭气孔,它们会根据自己的生物钟做出调整。通常植物在白天将气孔敞开,在夜晚就将其关闭。即使处在一片漆黑或恒亮条件中的植物也会根据这一规律敞开或关闭气孔,即使是最适合在湿润气候中生长的植物也长有许多气孔。许多植物每 1 平方厘米的叶片面积上会长有接近 3.1 万个气孔(20 万个每平方英寸)。一些植物长有的气孔还要多。生长在南欧的西班牙橡树每 1 平方厘米的叶片上长有 12 万个气孔(77.5 万个每平方英寸)。

当植物由于蒸腾作用而流失的水分多于其通过根部吸收的水分时,植物就要经受缺水压力。如果这一现象突然发生,气孔周围的细胞就可能失去它们的坚实度,这时气孔不会闭合,反而会张开得更大。如果缺水压力发展得缓慢一些,气孔就会闭合,但它们却不会无限制的闭合,否则会伤害植物。水分正是通过这些小孔蒸发出去,但同时植物也正是通过这些小孔吸收二氧化碳,进行光合作用,并排出光合作用的副产品——氧气。干旱来临时,植物可以通过将自己封闭起来而生存下去,但在这种条件下植物却无法生长,如果干旱持续下去,植物最终会死亡。

补充信息栏

渗 透

某些薄膜是半透水薄膜,也就是说,一些分子可以从中穿过,但其他分子却不行。许多生物薄膜都属于这种类型,但在工业上也可以生产出这样的产品。

如果半透水波膜将两种作用力不同的溶液分隔,那么就会产生一种压力穿过薄膜,迫使溶剂分子(溶液表面的分子,比如说水,其中可以溶解一些溶质)从作用力较小的溶液流向作用力较强的溶液,直到两种溶液作用力达到相等。这种压力被称为*渗透压力*,渗透就是分子在渗透压力作用下穿过薄膜的过程。最常见的溶液就是物质溶解在水中的溶液,因此,最常见的就是水做穿透薄膜的运动。

细胞体内包裹着半透水波膜,还含有一些溶解在水中的物质。如果细胞外溶液的浓度高于细胞内浓度,水就会从细胞中流出,如果细胞内溶液浓度高,水就会流入细胞内。

农作物需要大量的水分,种植1吨小麦需要1.5吨左右的水,种植1吨的棉花则需要1万吨的水。即使在雨量看似丰富的气候里,由于有些月份里地表蒸发的水量大于降雨量,因此许多庄稼也会因为额外的浇灌而生长得更加旺盛。

即使天气只比正常时略微干燥一点,植物生长就会变得缓慢,农作物产量也会减少。在出现严重的干旱时,适应湿润气候的植物就无法生存。除了在一些地区里人们能够进口所需的食物,否则一旦储备粮被吃光,干旱之后接踵而至的就是饥荒。

大地中的水

地下水

　　华盛顿地区年均降雨量为40英寸(1 016毫米),雨水均匀分布,没有单独的哪个月比其他月份更湿润或更干燥些。例如,4月份的平均降雨量是3.3英寸(84毫米)。这些雨水的深度足以达到3.3英寸(84毫米),华盛顿全年降下的雨水深度则可以达到40英寸(1 016毫米)。当给出的降水量数字为多少毫米或多少英寸时,只是在表示一种度量尺度,它指的是覆盖地表的雨水深度。除了在极其特殊的情况下,大雨使河水泛滥,冲垮堤坝,淹没周围的地区,否则,雨水和融化的雪水不会停留在地表上。因此,你不必涉水穿过华盛顿,因为雨水一降落下来就会立即消失。

　　大多数的雨雪都包含从海上蒸发的水分,还有一小部分是从潮湿地面和湖泊上蒸发的水分,由植物体内散发出来。(参见"植物为什么需要水?"部分)雨水降落后,河流就会将水带回海洋。显然,河流带回海洋的水量不会超过降雨量和降雪量,但如果这种现象一旦出现,大多数本来是干燥陆地的地方就会淹没在一片汪洋之下了。"水量预算"必须达到平衡才行。

雨水跑到哪里去了?

　　当你看到一条河流时,你不会很明显地看到河流携带的水是如何聚集起来的。你通常都看不见水流入其中的过程,即使在下大雨的时候也无法看到。雨水降落,河水流动,尽管这两个现象之间彼此联系,但我们的眼睛却看不到这种联系,植物如何获得所需的水分也不是非常显而易见的。在天气干旱期间,土壤摸起来非常干燥,用手指将土碾碎时土块会立即变成尘末。尽管这样,植物还继续生长着,这就意味着它们必须在其他地方寻找水资源。

　　在下雨或冰雪融化时,水从我们的视线中消失的方式主要有三种。一些水会蒸发,作为水蒸气立即返回空气中。在炎热干旱的天气里,蒸发使大量的水分转移。一些水则在大地表面流动,顺下坡流走。特别是大雨过后,水最有可能以这种方式流走。下大雨时,大雨点降落的速度很快,重重地敲击着土壤表面,使一些碎屑状的小土壤块散成颗粒,然后再将土壤颗粒牢牢地结合在一起,颗粒之间几乎没有空隙。人们将这种情况称为土壤结块。水无法从土壤表面渗透进去,只好在土壤表面上流过,当水流动时,会将土壤颗粒带走。这就会导致严重的土壤侵蚀(参见"干旱与土壤侵蚀"部分)。

土壤中包含大小不等的颗粒,沙质土壤由尺寸最大的沙粒、较细的淤沙粒和最小的陶土粒构成。沙土粒的直径从 0.5 毫米到 2.0 毫米不等(0.02—0.08 英寸),淤沙粒的直径从 0.002 毫米到 0.05 毫米不等(0.000 08—0.002 英寸),陶土颗粒的直径则小于 0.002 毫米(0.000 08 英寸)。颗粒越小,结合的就越紧凑,那么大雨在土壤表面产生不透水帽的危险性就越大,这种现象在沙质土壤中不太可能出现,在淤沙土壤中可能性会大一些,在陶土质土壤中则很常见了。

划分颗粒使用的尺寸大小很难用肉眼看得到,但如果我们数出每克(每盎司)干土壤中的颗粒数量,那么一类颗粒和另一类之间的区别就较容易理解了。1 克非常干燥的沙土中包含 90 个左右的颗粒(2 250 个每盎司),1 克细沙中包含 72.2 万个左右的颗粒(2 千万个每盎司)。1 克淤沙中包含 580 万个颗粒(1.64 亿个每盎司),1 克陶土中包含 903 亿个左右的颗粒(2.6 万亿个每盎司)。大多数的土壤都是由沙子、淤泥和陶土的混合物构成,每种类型所占的比例决定了土壤的质地,并且下文的标准表可以显示如何用土壤中的颗粒来决定土壤的质地。

水大多是向下流动,然后消失不见。水分在土壤中垂直向下滴流,土壤颗粒越小,之间的空隙就越小,水向下移动的速度就越慢。将水泼洒在沙滩上,由于沙质颗粒之间的空隙很大,水几乎会立即消失。将水泼洒到陶土质土壤上,水渗进地下的速度就慢得多。由于水在陶土表面停留的时间比在沙质土壤表面停留的时间长,这也就意味着更多的水会蒸发掉。

地下水与地下水面

水向下流动穿过土壤,一直到达不透水层。不透水层由坚硬密实的陶土构成,但更多见的是岩石。水在这里无法再继续渗透,就聚集起来。与不透水层最接近的土壤层中,土壤颗粒之间的空隙全部充满水,这层土壤也达到饱和状态。土壤无法再容纳更多的水,因此当水从表面上再往下滴流时,上面的土壤层也相应达到饱

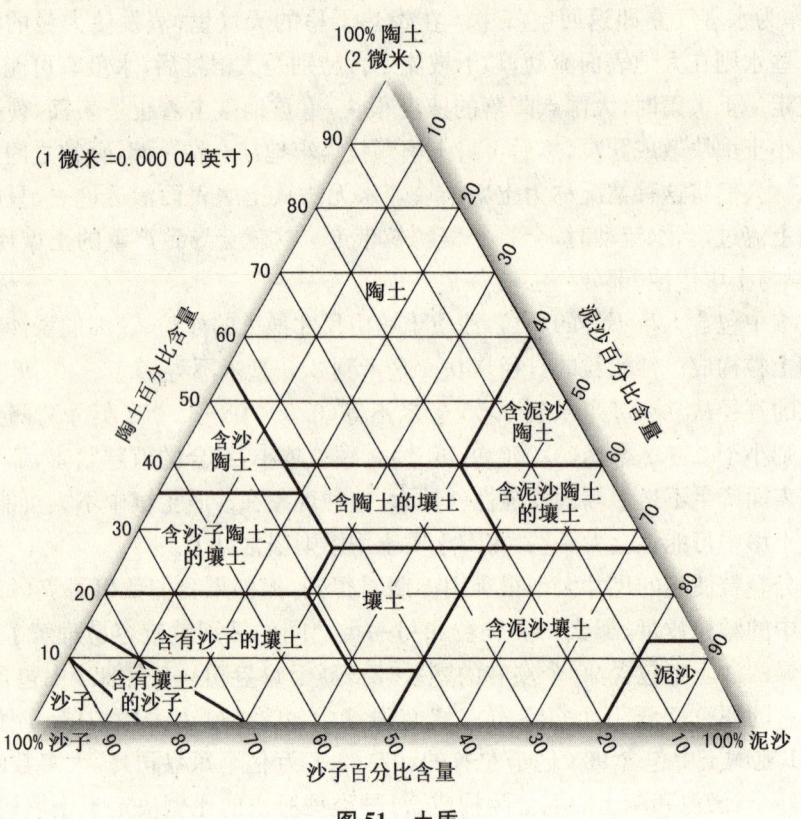

图 51　土质

和。这时出现的结果就是不透水层之上紧挨着一层包含水分的土壤层。该土壤层中的水被称为**地下水**。

地下水具有上表面，上表面就是下面的饱和土壤层和上面的非饱和土壤层之间的界限，地下水的这一上表面被称为**地下水面**。这条界限并不像湖水表面与上面的空气之间的界限那样分明，原因是水不断地从饱和区被抽调到上面的非饱和区中。出现这种现象的土壤层被称为毛管边缘。下图表明了水在地表以下的土壤层中是如何分布的。

毛管边缘的水挣脱地球吸引力做向上运动，这和我们向地面铺放吸水纸将洒在地上的水全部吸干的原理是相同的。这种现象被称为**毛细作用**，而在毛细作用下能够向上流动也是水的一个独特之处。

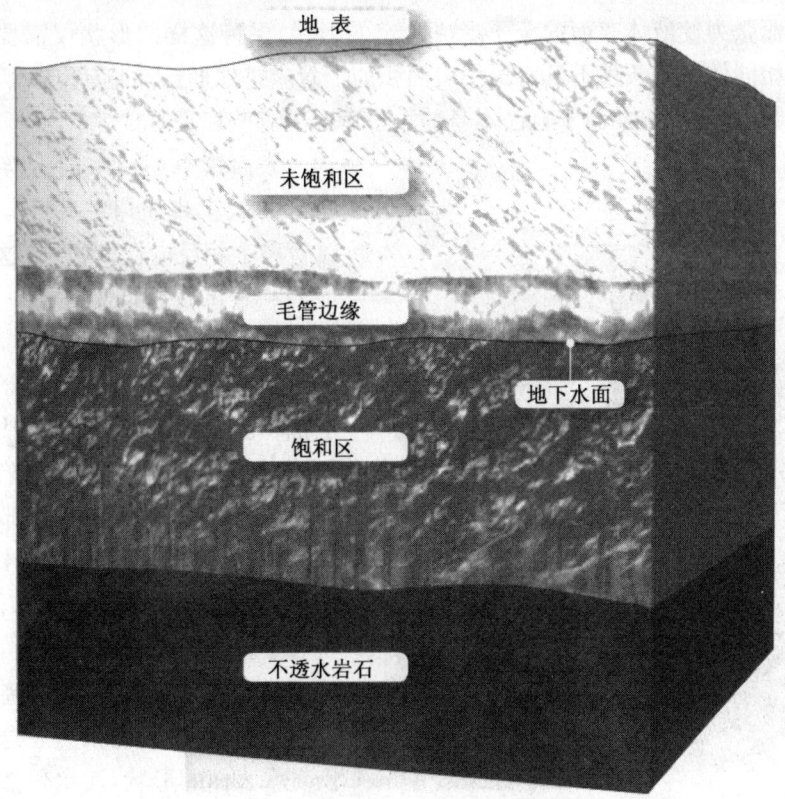

图52 地下水与地下水面

毛细作用与表面张力

水分子具有电极。这就意味着每个水分子的一端上有一个正电极,另一端上有一个负电极。在液体状态下,将一水分子中的氢原子和另一个分子中的氧原子连接在一起的氢键将水分子连接为几个水分子团。除了在液体表面,分子之间的吸引力彼此消长以外,每个分子都受到周围分子的吸引,这样,一个水分子在各个方向上受到相同的拉力。

然而,液体表面没有向上的拉力,所有吸引力的方向都是向上或向两侧,这使水分子牢牢固定在液体表面。这种吸引力被称为表面张力,而且表面张力的力量很大。许多昆虫之所以能在水表面爬行就是因为表面张力足以支撑它们的重量。

表面张力使液体表面的分子形成一定的形状,保持这样的形状仅需要最小的能量。相同体积的条件下具有最小表面积的形状应是球形。油脂(不吸水)表面水滴的形状就是球形,并由于自己本身的重量而多少有些扁平。

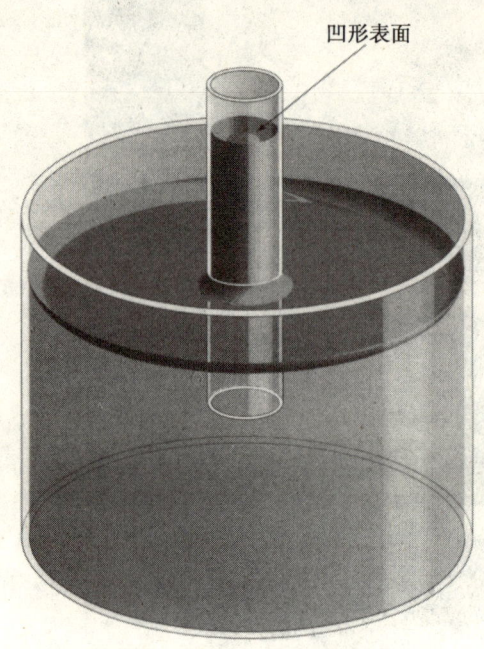

图53 毛细作用与表面张力

表面张力还使水向上穿过非常狭窄的试管或通道。有极分子受到试管壁上相反电极的吸引,这使它们能够顺着试管壁向上运动一段不长的距离,当它们向上运动时,会将通过氢键连接在它们身后的分子也向上拖动。如图53所示,这时水表面呈凹形(表面的中心位置凹陷),然后表面张力将水表面的中心部分向上推动,使表面重新凸起,与球形最为接近。这就使中心位置的水位升高,将分子置于中心点的两侧上,受到试管壁带电分子的吸引。水接着向上沿试管壁流动,表面张力在这时力图恢复水表面的形状,而水仍然在向上升高。当试管中水流重量等于使水流向上运动的推力时,水流向上运动就达到了顶点。

毛细作用只在非常狭窄的管状物中出现,原因是直径宽的管子可以装有大量的水,水刚一开始上升,自身的重量就会超过向上的推力。如果想亲自对毛细作用进行测试,你可以找一个玻璃管,在两端各自打开一个不超过0.04英寸(1毫米)的小口。先确保玻璃管内部是干燥的,将玻璃管垂直拿在手里,把一端插进一碗冷水中(水越冷越好,原因是表面张力随温度升高而增加)。如果你把水染上颜色的话,就可以更清楚地看到水。水会在管中上升约3.5英寸(90毫米),如果玻璃管更狭窄的话,水会升得更高;相反,如果玻璃管宽一些的话,水升高的就会少一些。

土壤毛细作用

土壤颗粒之间的空间彼此连接起来形成长而狭窄的通道,通道宽度足以让毛细作用发生,但这些通道却不是垂直向上爬升。通道的道体扭曲,拐来拐去。有时,它们的方向是垂直的,有时是水平的,而大多数时候则与水平方向或垂直方向成一定角度。当水在这些通道中在毛细作用下向上流动时,由于重力的作用方向为垂直方向,因此,大部分水的重量都被土壤颗粒支撑着。这就使水流动的速度比在垂直放置的直管中快。

设想土壤在大雨或冰雪融化之后被水完全浸透。所有毛细通道中也会充满水分,水从土壤表面蒸发的速度与从湖水表面这样敞开的液体表面上蒸发速度相同。这就减少了水柱的重量,使更多的水能够在毛细作用下从下层抽调到上层补充水量。

我们用于自动给植物浇水的毛细垫就是建立在这个原理的基础之上。垫子的一端浸没在蓄水容器中,其余部分则放在种植植物的土壤或花盆下。土壤中充满水分,随着水从表面蒸发和从植物叶片上蒸腾,水分在不断流失,而更多的水却同时可以通过垫子中的毛细通道从蓄水容器源源不断地补充上来。毛细垫的设计原理就是水在毛细通道中流动的速度快于水分从土壤和植物表面流失到空气中的速度。只要蓄水容器中有水,植物就可以得到所需的所有水分。

在户外,没有毛细垫的帮助,潮湿表面的蒸发速度最终会超过毛细水分使土壤保持饱和状态的速度,这样表面就会变得干燥。一旦一层干燥土壤覆盖在地表上,蒸发就几乎停止了。你只需在干燥地表以下挖不太深的一段距离,就可以看到潮湿的土壤。潮湿土壤所处的深度在某种程度上取决于生长于土壤中植物的数量和种类。植物不停地将水分从土壤运送到空气中,因此,实际上是植物让土壤变干。不长植物的土壤要比长有植物的土壤湿润得多。

植物从地下获得水分,驱动水流在地下水面通过毛细作用不断上升。如果植物根部延伸到毛管边缘,即使上层土壤都变得极其干燥时,植物也会旺盛生长。植物的健康状况如何以及最后是否能生存下来主要取决于地下水面的高度,而地下水面的高度反过来又取决于地下水的数量。在漫长的干旱期间,地下水不够充足,毛细通道里也空空荡荡。当土壤中的水位下降时,浅根植物首先会遭殃,但如果干旱非常严重,即使长有庞大深根根系的植物也会受到伤害。

井水与泉水

岩石层几乎没有水平方向的。在岩石露在地表上的地方,你可以看到它几乎总是呈斜坡形,即使坡度很小。把水泼在上面,水就会顺下坡流动。地下岩石层也是这样,几乎所有的岩石也都是坡形的,这样,在不透水岩石层上积聚起来的水就会沿下坡流动,这就解释出降落在陆地上的雨水和雪水如何最终能够到达河流中,将其带入海洋中。

由于地下水(参见"地下水"部分)在非常密实的沙子、碎土或土壤颗粒中流动,它流动的速度就会非常缓慢。流动速度快慢不一,从最慢的一个世纪流过1英尺(30厘米)到最快的每小时流过1英里(1.6公里),快慢主要取决于水流经的土质如何。与此相比,进入海洋的水分子可能会留在海中长达几千年的时间。

在不透水层以上,地下水流过饱和土壤层。在大多数情况下,地下水面标记出饱和的上限。显然,下面的土壤层位置决定地下水面的位置,原因是这层土壤阻止水继续向深处渗透。因此,地下水面的位置就和地表海拔高度没有任何关系。如果土壤较浅,大雨可能会使地下水面一直上升到地表处,使土壤饱含水分,但如果土壤较深,地下水面就会升高相同的高度,但不会使土壤饱含水分。

泉水之谜

形成地壳表层的岩石运动改变了不透水岩石层的位置和坡度,风和水的侵蚀又使地表形状改变。经过几百万年的时间,带有棱角的高山被磨成平滑的小山,最终小山又因为风吹雨打而消失不见,直到大地夷为一片平地。这一连续的过程被称为*侵蚀旋回*,侵蚀旋回是一种循环,而不是一个单向发展的过程,原因是被侵蚀的物质作为最终形成沉积岩的沉积物积聚起来,后来,地壳运动使沉积岩再次上升到地表以上,成为高山,一旦高山暴露在风雨之下,就又开始受到侵蚀。发生这一过程的时候,降落在地表的水总是向下滴流入地下水中,然后再沿下坡方向流入海洋中。

设想这个过程中插入了地球运动和侵蚀。地下的一些聚变将不透水岩石层拉扯到几乎要断裂的程度上,当岩石断裂时,岩石的一部分做垂直运动,产生出一个断层,使断裂部分一端的位置低于另一端。同时,侵蚀作用将硬度稍软一些的岩石带离下面硬度较高的不透水层,形成一个山坡。水继续顺着不透水层的下坡流动,但这一不透水层此时却出现在地表处或接近地表处。在这种现象发生的地方,地下水就会到达地表,地下水可能渗流到上面包含水分的小面积土壤中,或者在土壤较薄、水流速度稍快的情况下,地下水会从地下滴滴答答地流淌或冒出水泡。无论在哪种情况下,水都会出现在地表上,成为泉水。

如果泉水流淌到地下一个天然空洞中,水就会形成水池或湖泊。这就是沙漠绿洲形成的方式,还为我们提供了证据,可以证实了即使在世界上最干燥的地区,在地下也有水存在(参见"亚热带沙漠"部分)。在一个山坡的高处,泉水通常都是小溪流的源泉,而小溪流最终又会流成大河。

泉水通常都是神秘莫测。人们一直以来都对泉水很敬畏,原因是泉水的成因不明,泉中的水要么就是纯净的可以饮用,要么就是含有溶解在其中、对健康有益的矿盐。尽管大地本身就有营养全面的水或药物的可靠来源,但泉水仅仅因为其成因埋藏在地下而变得非常神秘。并且,水通常都要流经相当远的一段距离之后才会流到泉中。如下面的图 A 所示,在地下水漫长而缓慢的旅程中出现中断时,就会出现泉水。

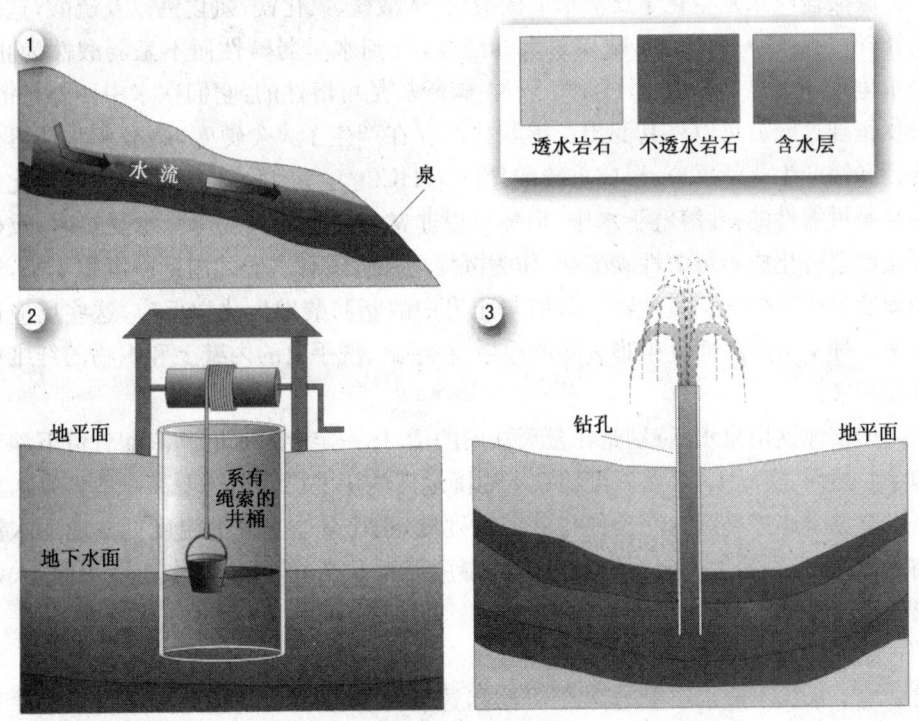

图54 泉水与井水
A) 泉 B) 井 C) 自流井

硬水与软水

水在大自然中任何时候都不会是纯粹的 H_2O，原因是水是一种非常有效的溶剂，许多自然中的物质都会溶解在其中。当水流过地下时，这些物质改变了水的化学成分——或者更确切地说，改变了土壤溶液的化学成分。首先水向下流动，穿过土壤，与它遇到的一些化合物产生化学反应，并将其他的化合物溶解。随着旅程的继续向前，由于进一步的化学反应，这些物质中的大多数都不存在了。如果水流过坚硬的岩石表面，比如说花岗岩，或者流过这种岩石产生的土壤颗粒，比如说沙土，那么，出现的泉水就会非常纯净而且很"软"。如果水流在含有大量像碳酸钙（$CaCO_3$）和碳酸镁（$MgCO_3$）这种碳酸盐的材质表面，或穿流其中的话，一些碳酸盐就会与水中原本存在的碳酸（H_2CO_3）——也就是溶解了的二氧化碳（CO_2）——发生反应，这样的泉水就会很"硬"。

碳酸盐与水发生化学反应形成碳酸钙、碳酸镁、氯化镁、氯化钙以及硫酸，这就消耗掉一些 H_2CO_3，从而减少了水的酸度，直到水呈弱碱性而不是弱酸性为止。硬水呈现弱碱性——其 pH 值大于 7。碳酸盐是可溶性的，它们在水中四处扩散，只要稍加过滤就可以将其滤出。碳酸盐的存在产生了永久硬度，碳酸和水还可以与钙和镁产生化学反应，形成重碳酸盐（$Ca(HCO_3)_2$ 和 $Mg(HCO_3)_2$）。这些化合物都是可溶性的，并溶解于水中，但却可以非常容易地将其去除。水受热时，重碳酸盐就会转化成不可溶性碳酸盐，作为沉淀物在管道和水壶的内壁中沉积下来，这种硬度是*暂时性*的。氯化物和硫酸与肥皂中的脂肪酸发生化学反应，这些反应产生了一种不可溶解而且很难去除的浮垢，在浴缸、洗手盆的内壁上和织物的纤维中沉淀起来。

如果你饮用泉水，特别是在夏天饮用的话，你一定会对水的冰凉彻骨留下深刻印象。然而，实际上，泉水温度比泉水周围地区的年平均气温还要高一些。泉水之所以感觉很冰凉是因为它比你皮肤的温度低，也比夏季空气的温度低。地下水流动非常缓慢，因此地下岩石的热量使其温度略微升高，深井中的水在使用前，大都要先进行冷却。

挖井

地下水从不透水层上的物质中流过，这层物质被称为含水层，如果含水层并不是深不可及的话，我们就可以从中获得淡水。从含水层中抽取淡水最简单的办法就是挖一个井。这也是最古老的方法，如前文中图 54B 所示，挖井的任务并不比挖洞复杂到哪去。由于洞的宽度要足够容下挖井人,因此首先要确定井的最小直径。一些井的直径仅有 3 英尺(91 厘米),但大多数都至少有 4—8 英尺(1.2—2.4 米)宽,一些井则比这还要宽很多。

洞必须挖成直线形,部分原因是要防止侧壁向内突出将洞堵塞,还有是为了防止水污染。显然,洞必须要达到一定的深度,可以深入到地下水面以下的地方。在井的底部,可以在四壁打孔好让水流入,但仅在底部留孔即可。井底部一直到地下水面所在处都会被水充满,这使我们只需从井口的辘轳用绳子顺下一个水桶就可以从挖好的井中打到水。

井的深度也有很大的差别。大多数井深小于 100 英尺(30 米),但一些井挖成 500 英尺(152 米)深。尽管挖井的技术很简单,但却是一个艰苦劳动,并且一旦挖到地下水以下的时候,工作就会变得更加艰苦,有可能还会出现危险。

我们现在没有必要挖这样一个宽洞,原因是随着现代技术发展,我们可以将水从更狭窄的钻孔中用水泵抽到地面上来。钻孔是用钻孔机挖成,直径仅为 4 英寸(10 厘米),有时甚至更小。水泵的工作原理是将插入钻孔中管道上方的空气排空,这时管道中的气压就低于钻孔底部的水压,水就从管道中被推上来。

但不幸的是,以这种方式水只能上升 26 英尺(8 米)。这样一来,这种技术就存在一个严重的缺陷。如果地下水面低于这个数字的话,就必须使用其他方法。宽度大得多的钻孔可以在底部的水中容下一台泵机,这就可以使水上升的高度多不少。如果水仍然到不了地面,就需要在合适的深度上安装更多的泵机,这样就可以在各处分别使水位增加一些。

或者,可以在钻孔中放入一根小一些的管子,通过这根管子,压力可以从地表抽取空气,到达井底部的压缩空气将水从主要钻孔中推上去。使用这种方法,我们就可将井挖到更深的地方。

似乎没有人知道世界上最深的井到底有多深,但在 1999 年,美国空军的工程师挖了一个 1 000 英尺(300 米)深的井,为玻利维亚东南部的阿尔戈多诺居民提供饮用水。澳大利亚的一些井达到 6 000 英尺(1 830 米)深,里面的井水温度非常高,由于地表气压比地下深处的气压低得多,因此,当井水到达地表时已经沸腾了。

自流泉

也许我们也不必使用水泵甚至连水桶都不用。水有可能自动上升到地表,这样的井被称为*自流井*或*溢流井*。前文中的图 54C 中所画的就是这种井。

仅以下方的不透水物质为界限的含水层被称作是*无限制含水层*。水可以自由地从上层滴流到该层中,标志其上限的地下水面可以根据含水层的含水量改变高度。地下当然也有一些*限制性含水层*。这些含水层构成了不透水层,地下水流过其中,上下两个不透水层构成了限制性含水层的界限,限制性含水层中的水是静止不动的。

想象一下,如果含水层的基部弯曲形成一个很深的凹穴会怎样?如果是无限制含水层,地下水会在凹穴中积聚,直到地下水面高出凹穴的距离等于地下水面和凹穴两侧之间的距离。如果地表也向下弯曲,与下面岩石的形状相同,那么地下水面就会高于地表,那样的话,凹陷处就会被水充满,形成一个湖泊。然而,限制性含水层中的水却不会发生此类现象。限制性含水层中的水从一侧流入凹穴中,但水却停留在两个不透水层之间。水面无法上升,因此不断流入的水的重量使水压增加,水压将水向上推到含水层斜坡的另一层上,并使水溢过斜坡的边缘,继续流动,但斜坡中心位置的压力保持不变,而且压力数值很大。

在上面的不透水层中钻一个洞,压力就会迫使水沿管道上升。水上升的高度取决于凹穴的形状,但有时处于地表高度的钻洞顶部会低于凹穴外限制性含水层的顶部。流入的水就会竭力使自己保持在无限制含水层中流动的状态。如果出现了这种情况,水就会穿过限制性含水层的孔眼而不断上升,使上面的土壤达到饱和状态。但实际上,水做不到这一点,原因是钻洞具有一个不透水界限。这就迫使水穿过钻洞上升,在地表处自由流动。这时,井水就会溢出,形成自流井。

自流井的井水继续流动,原因是滴流过含水层的水源源不断地补充上来。一旦水流钻出自流井,就会有非常可靠的井水供应。

如果土壤深度足够的话,在限制性含水层上可以形成第二个含水层。这就是滞水含水层,通常从滞水含水层抽水很容易,原因是它位于较浅的位置上。一个不透水层距离上面的另一个不透水层实在太遥远,以至于两层之间的含水层从来也没被水充满过。尽管含水层为封闭状态,但它却是无限制性含水层。因此,一个无限制含水层完全有可能直接位于另一个无限制含水层的上方。

含水层有很大的蓄水量,但这些水并不是不可耗尽的。如果从含水层中取用水的速度快于使水量重新恢复的降水速度,含水层就会干涸。地下水面在世界上许多地区中都出现下降现象,其原因就是抽取地下水的速度快于重新补充含水层水量的速度。

干旱会造成什么后果

干旱是如何分类的

在夏季,如果英国一连几星期不下雨的话就算是干旱了。权威地说,在英国,干旱就是连续15天不下雨,或者在这期间,每天的降雨量不超过1.25毫米(0.01英寸)。水库水位下降到一定程度以下时,人们就禁止在自家花园中使用水管或草坪洒水器,洗车店也得关闭。在极度干旱的时候,当地用水供应可能在一天的某段时间里暂时停止,有的时候干旱非常严重,以至于当地用水供应全部停止,人们只有在街上的消防水管或者水塔中打水。

美国气象局对干旱下的定义是持续21天或21天以上,降雨量低于该地区往年同期降雨量的30%。当然,有时干旱持续的时间比这还要长,2002年袭击美国大部分地区的那场干旱始于1999年,美国东部的降雨量低于往年水平。在2000年全年,中西部地区的降雨量都低于正常水平,到了夏季季末,相对干燥的天气条件已经在影响这个国家的大部分地区,范围一直延伸到落基山脉以东。并且,美国的平均气温不断上升,1999年—2000年和2001年—2002年这两年的冬季都比往年同期气温高。到了2002年1月,从乔治亚州的南部一直到缅因州的干旱程度也是从中等干旱到严重干旱不等。根据记录显示,在科罗拉多州,从2001年12月到2002年5月是107年中最干旱的一段期间。同时,亚利桑那州在这段时间的干旱程度则排在有史以来的第二位,犹他州排第三位,怀俄明州则排第四位。但这并不等于说在干旱期间根本不下雨,蒙大拿州在2002年6月经历了20年以来最湿润的气候,夏季的大暴雨给人们带来一些宽慰。这减轻了当地的干旱状况,但大雨却一直下个不停。天气预报员们担心这种天气状况可能在某些地区继续恶化。热带风暴或季风有可能会使佛罗里达州或海湾沿岸地区的干旱突然终止,但却会带来一定的负面效应。可是,在这个国家的大部分地区里,只有在冬季降雪量足以在

2003年春季重新补充大量的地下水和河水时,长期的干旱才能结束。

在北非的部分地区,至少两年不下雨才算是干旱。在印度尼西亚的巴厘,六天不下雨就构成一次干旱。在埃及,在对阿斯旺高坝的流量做出硬性规定以前,如果在任何一年中,尼罗河没有冲垮下游和尼罗河三角洲的农田的话,这一年就是干旱年。

以上的这些情况都属于干旱,但它们之间却存在很大的差异,出现的后果也有很大的差异。在英国,干旱的后果通常对于大多数人来说,只是不能给草地浇水、鲜花枯萎、车子变得脏兮兮而已。这听起来无关紧要,但即使是一次英国干旱也会减少工业的供水量,有时会导致工厂倒闭,工人失业,干旱还经常会减少大多数农作物的产量,有时出现大量的减产。在世界其他地区里,干旱还意味着严重的困难甚至饥荒(参见"尘暴"部分)。

显然,给"干旱"下定义并不简单。仅仅说干旱是持续一段时间无雨或者降雨量少于正常水平仍然不够充分,原因是干旱过后接踵而至的可能是保持高降雨量的一段期间。水库中的水量可能非常充足,水位也很高,因此缺少雨水并不会带来水量的短缺,植物在晴朗的阳光下仍然能够旺盛地生长。干旱时,可能在很长的一段时间里都是晴朗天气,每个人包括农民和工业家们都享受这种好天气。或者,也可能在一段期间里降雨量不足以满足植物的需要。这种后果也许不太严重,但不同植物的需求有很大的区别,甘蓝就比仙人掌需要更多的水。

干旱的含义还取决于是什么样的人在使用这一概念。对于农民来说,干旱就是持续一段时间、使农作物产量减少的干燥天气。而一位气象学家则认为干旱是在一段时间内,降雨量少于正常情况,不管这种状况是否产生任何实际结果。对于研究河流和大地中水运动的水利学家来说,干旱就是在一段时间中,水位和河位有所降低。实际上,公开发表的干旱定义一共有150多个,每个定义都与某一种活动或某一科学分支相关联。

气象干旱

气象学家将干旱定义为持续一段时间的非正常干燥天气。这个定义听起来很直白,但实际上却不那么简单。"非正常"是什么意思? 在英国连续两个星期不下雨就不太正常了,在赤道雨林地区就更不正常,但在墨西哥根本不算什么。更令人迷惑不解的问题是,在孟买(印度的一个城市),出现在冬季里的漫长干燥天气完全是正常现象,但在夏季出现的话就很不正常了(参见"季风"部分)。

显然,干燥期必须在一年中某一特定时间对于某一特定地区来说是非正常的,或者在气候总是很干燥的地方,干燥期持续的时间必须比正常的时间长。并且,干燥的天气还要产生一定的影响,特别是它必须要极大地减少地下水水量,从而降低河流和湖泊的水位。

并非所有干旱的程度都是相同。英国气象学家将干旱程度分为*绝对干旱*、*部分干旱*和*干燥期*。绝对干旱是至少连续15天没有降雨,或者每天降雨量不足0.01英寸(0.25毫米)。部分干旱是至少连续29天日平均降雨量不超过0.01英寸(0.25毫米)。干燥期是至少连续15天每天降雨量不足0.04英寸(1毫米)。

1965年,美国气象局的气象学家W·C·帕尔默力图通过设置干旱的分类方式和设置从-4(极度干燥)到+4(极度湿润)的湿润期等级将干旱的程度排序,做法是先测量降水量、温度和土壤中的水分含量,再使用这些数据来计算出干旱程度等级。对这一问题的研究成果就是下表中的帕尔默干旱程度指数(PDSI)。PDSI并不太完善,但却被人们广泛使用,在美国更是如此。

表1 帕尔默干旱程度指数

4.00 或 4.00 以上	极度湿润	3.00—3.99	较湿润
2.00—2.99	中等湿润	1.00—1.99	轻度湿润
0.50—0.99	湿润初期	0.49——0.49	接近正常
-0.50—-0.99	干旱初期	-1.00——1.99	轻度干旱
-2.00——2.99	中等干旱	-3.00——3.99	严重干旱
-4.00 或 -4.00 以下	极度干旱		

农业干旱

一旦气象干旱开始影响到农作物,它就成为了农业干旱。当土壤含有的水分不足以满足某一种农作物需求时就会出现这一转变。

气象干旱可以从降雨量和土壤中的水分含量这两个方面进行测量。但我们却不可能用这种笼统的方式来测量农业干旱。不同的农作物有不同的需求,并且这些不同的需求还会随农作物生长和成熟而有所改变。在庄稼幼苗处于生长期时,干燥的天气有发展成农业干旱的可能性,但当谷物成熟时,农民们反而希望干燥天气出现。因此,一次干旱是否属于农业干旱主要取决于它出现的时间、该地区的农作物类型以及降水量。

水利干旱

由于气象学家们研究详细而准确的每日降雨记录并将记录与所了解的某一地区土壤特征联系起来,因此他们能首先对干旱做出报道。如果干旱持续下去,下一个观察到干旱的就是农民,而且他们还是首先经历干旱影响的人群。一段时间以后,干旱在更广阔的地理范围中就成为水利干旱。水利干旱通常以河流干涸系统等级进行测量。

当流淌在大地中的水量极大减少时,干旱就会成为水利干旱。发生这种转变需要经历一段时间,上层土壤干燥时,农作物的根部无法再吸收所需的水分,农作物就会受到干旱的影响,但要过些时候,地下水面才会下降,而还要更长的时间以后,地下水流量的减少才会导致河流水位的下降。

河流为野生动植物提供栖身之所,鱼类就是这种野生动物之一,它在世界上一些地区中是重要的食物来源。比如说,河流可以为航海和游泳提供宜人的环境,大河流还可以为商业运输提供航道。河流还可以填充蓄水水库的水位,为水力发电提供水源,为其他种类发电提供冷水,为工业提供加工用冷水——即使用在生产加工过程中的水。河位下降在许多方面都影响着我们的社会,它是很严重的现象,还会增强人们对水资源的争夺。

社会经济意义上的干旱

当干旱开始影响到一个地区的物资和服务供应时,就成为了社会经济意义上的干旱,那时城市居民们不仅会遭受因限制使用草地洒水机和限制洗车而带来的不便,它还意味着要实行定量供水,比如说,在一天中的某些时间里才会开放公共供水,或者将私人家庭的供水同时关闭,只能用公路上的水罐运水。就像农业干旱的定义必须要把某种特定的农作物和它们的生长阶段考虑在内一样,社会经济意义上的干旱主要取决于社会环境和经济环境。

在某些地区,如果污水处理系统部分上是依靠将轻度污染的污水放进水量充足的河流中,再将污水稀释到无毒程度,那么这些地区里出现的干旱可能会引起水污染的恶化。如果河流中的水量变少,稀释的溶剂就会减少,河流就会被污染。如果河流和水库中的水量不够发电的话,那么,主要依靠水利发电的地区会被迫从该地区以外输入能源,这对工业会造成很大的损失,也会使国内定量电力供应变得极其必要。

干旱会持续多久？

分别从气象角度、农业角度、水利角度和社会经济角度给干旱下定义会让我们了解到干旱的影响，当然，干旱可能同时以以上的任何一种形式或所有形式出现。分别给出这几种定义很有用处，但我们还有另外一个描述干旱的方式。

由于卷心菜和仙人掌生长在不同的气候中，要决定持续一段时间的干燥天气是否是干旱，我们要做的第一步就是考虑一下这些不同的气候。这种方法可以划分出四种类型的干旱，即永久性干旱、季节性干旱、破坏性干旱和隐性干旱。

永久性干旱和季节性干旱

永久性干旱就是沙漠中的干旱，农民只有在经过灌溉的土地上才能种植作物。除非在很罕见的降雨（但又经常是大雨）过后，否则沙漠中根本没有河流或溪流。沙漠里的气候一直是干燥的，干旱就是那里正常的天气状况。

第二种干旱类型——季节性干旱就不像永久性干旱那么极端，但也不太容易进行预测。季节性干旱出现在所有降雨或绝大多数降雨都出现在一个季节的气候里。这种地区土生土长的植物大多数都在雨季发芽、生长，在干燥季节中以种子的形式或以休眠状态存活。例如，美国加利福尼亚州的圣地亚哥年平均降雨量为10.2英寸（259毫米）。但其中74%的降雨出现在冬季12月和下年3月之间。印度孟买的年降雨量为71.3英寸（1811毫米），其中94%的降雨出现在夏季季风期的6月到9月之间。在这样的气候里，每年部分时间中出现的干旱也都是正常的天气状况。

破坏性和隐性干旱

第三种类型的干旱是破坏性干旱，没有人能预测出这种干旱，原因是它们出现在全年雨水平均分布的地区里。大自然中的一些意外因素使雨水降落，在中纬度地区，干旱通常都由阻塞高压引起（参见"阻塞高压"部分）。

这种干旱可以在任何地方出现，事先没有任何迹象，预测它结束的时间与预测它起始的时间一样困难。如果干旱出现在冬季，由于冬季不是植物的生长季节，因此大多数人都不会意识到干旱的来临；但如果是出现在夏季，植物就会枯萎、死亡。因此，破坏性干旱也被称为*偶然性干旱*。

一次干旱或几乎构成干旱的一段干燥期间都有可能使地下水面和河流、溪流的水位下降，土壤变得非常干燥。随着阵雨的来临干旱也似乎告一段落，但别忘了我们还有第四种类型的干旱即*隐性干旱*。在隐性干旱期间，确实会出现降雨，但如果将从蒸发和蒸腾作用中流失的水分扣除以后,剩下的水量就不够给含水层重新提供水源了。河位和地下水面保持很低的状态,植物特别是农作物继续遭受干旱的侵袭。2002年夏季在美国各地出现的大雨就让人们认为春季出现的破坏性干旱已经结束,地面潮湿,枯萎的植物又活了过来,但好转的状况却没持续多久。由于地下水面位置仍然很低,大多数降雨都蒸发了,而没有渗透进地下,因此,状况的好转是可能持续多长时间。

许多人不会相信隐性干旱的存在,因此它给人们带来很多麻烦。人们在经常出现阵雨的时候无法理解为什么要节约用水,因此,在"显性"干旱期间已经减少的公共用水需求在这时就会缓慢增加,人们又开始使用草地洒水机、将水池灌满水,并开始洗车。然而,地表以下的土壤仍然很干燥,因此,尽管有降雨,但隐性干旱却经常会变得越来越严重。

桑斯韦特气候分类

美国气象学家C·W·桑斯韦特和J·R·马瑟在研究气候分类体系时于1955年将干旱分为以上这四类。一直以来,许多人都试图将气候分类,1931年由桑斯韦特发明,并于1948年得到极大改进的分类方法被人们广泛使用。

桑斯韦特分类方法部分上是建立在*可能蒸散发*(PE)这一概念的基础上。可能蒸散发量是通过月平均温度计算出来,并用白昼长度校正。它表示在没有任何蓄水的条件下,有可能通过蒸散发流失的水量,通过测量空地上水罐裸露表面的水分蒸发率可以计算出该数值。

一旦得出 PE 值,我们就可以将它与年降水量(r)结合在一起,用 $Im = 100(r/PE-1)$ 这一公式计算出湿度指数(Im)。公式 r/t 使用年均降水量(r)和温度(t)来定义气候的干燥度,而湿度指数使干旱度的数值接近于用公式 r/t 计算出的数值。

过去的干旱

飓风、台风和水灾的破坏范围广泛,并且经常夺走无数人的生命。暴风雪还会使通讯中断,所有这些都是可怕的灾难,但在这些灾难过后,生存者们还会继续生活。然而,干旱却不一样,干旱会摧毁一个王国,将历史进程改变,在历史中,曾出现过几次这样的情况。

在公元前2500年左右,阿加德是世界上最强大的王国,在公元前2300年左右,该国处于最兴盛时期,在萨尔冈的统治下,阿加德控制着从土耳其到阿富汗、向南一直到欧曼湾的贵重物资贸易。美索不达米亚位于底格里斯河和幼发拉底河之间的陆地上,这片领土现在形成了叙利亚和伊拉克的部分地区。在美索不达米亚,人们建立碉堡保护麦田,挖掘灌溉渠为庄稼提供水源。阿加德的首都是面积覆盖200英亩(81亩)的大城市,有着优美的建筑、平坦的人行道,还有排水系统将剩余不用的水排走。在这个城市曾经所处的叙利亚平原上,现在却是一大片被称为特尔莱兰的沙丘,将城市所有的遗迹埋在下面。

对于阿加德人来说,从公元前2200年左右开始,情况就变得不大对劲。他们俘获了特尔莱兰城,并扩大该城,但还不到100年的时间以后,就放弃了这座城。原来,在公元前2200年到公元前1900年,雨水变得不规律,然后便再也不下雨,这种现象出现不久,麦田就被掩埋在一片大风吹来的沙子下面,人们大量地从整个特尔莱兰地区撤离。干旱持续了一个世纪甚至更久,世界上第一个庞大王国的中心变成了沙漠,阿加德就此灭亡。

阿加德人并不是唯一遭受旱灾的人群,干旱殃及的范围很广。公元前2200年到公元前2100年之间,就像印度河谷的默罕朱达罗和哈拉帕一样,人们放弃了巴勒斯坦的城镇。克里特和希腊文明开始衰落,在尼罗河水量的显著减少时,古埃及帝国灭亡了。

没人知道干旱源于何处,也不知道干旱为何持续这么久,但有充分说服力的证据表明干旱确实发生过,而且影响范围广泛。当然,不久以后,新的文明和帝国开始取代那些已经消亡的文明和帝国,但如果不是干旱将旧帝国消除,也许古老的思想和历史都与现实中的发展情况大相径庭。

亚洲干旱

干旱还影响着亚洲的历史。它一直以来都对蒙古和中国北部造成威胁,现在也依然如此。在2002年春季,半个世纪以来最严重的一次干旱袭击中国北方的几个城市,包括北京在内。干旱已持续三年的时间,没有任何要停止的迹象。水库水位与前一年的同期相比已经降低了11%,预计北京需要加强其蓄水量。

在世界上的这部分地区里,干旱并不是什么新生事物。在公元300年左右,亚洲中部曾出现严重干旱,并在整个4世纪中间周期性反复出现。仔细研究当时的沉积物,就可以发现里海水位的下降,还有当时在亚洲中部几个地区和中国北部被遗弃的居住地遗址。水和放牧场所经常变得非常稀少,骆驼商队几乎不可能穿越丝绸之路,自从公元前150年左右丝绸之路首次开放时起,人们就通过这条路线将中国的奇珍异品运到西方。

干旱发生时,游牧民族开始在自己的领土南部与中国人发起战争。战争的原因可能是由于游牧民族原来的牧场已经变得干裂并被侵蚀的无法再提供动物所需的食物了,因此他们需要为动物找到更多的草原。牧民侵入中国北方,产生的矛盾带来秦朝的灭亡。难民从战争中逃跑,向南和向东逃到中国南部、朝鲜和日本。在这些地方,中国人推动了当地文化的发展,并带来了中国的强大影响。也正是由于这一点,朝鲜和日本现在的文化在很大程度上要归功于发生在1700年前的那场干旱。

欧洲并非未受影响、安然无恙。使牧民向南扩张的那场干旱也使他们向西扩张。在公元前370年左右,匈奴人入侵欧洲东南部,击败了试图阻止他们的每一支军队,直至到达多瑙河沿岸的罗马帝国边界。最著名的匈奴国王是阿提拉,意思是"神之鞭",匈奴人入侵欧洲东南部以后过了很多年,他才出生,统治时间是从公元434年到453年(他的出生年份不详)。罗马人向他纳贡,他对罗马人施加无休无止的压力,最终导致罗马帝国的灭亡。如果说亚洲中部的干旱将草原毁坏,使这些伟大的骑手和令人畏惧的弓箭手在4世纪向西移近,那么可以说这些干旱产生了深远的后果。

远古时期的天气

考古学家、地质学家和古气候学家(重建古代天气状况的科学家)进行的调查使他们意识到阿加德出现了什么状况,但他们并没有对大多数干旱进行非常严密的研究。一个特例就是影响着现在美国西南部的长期干旱,这次干旱开始于1246年,从1276年到1299年达到了最严重的程度,直到1305年,降雨也没有规律性地出现过。当然美国并不是第一次发生干旱,自从第一批欧洲人到来并开始对干旱进行记录时起,干旱就每隔20年到22年就有规律地出现在中西部(参见"尘暴"部分)。

然而,在大多数情况下,我们对古代干旱情况粗浅的了解就是把当时的记录拼合在一起形成的。收成记录非常有用,原因是它们一直以来都具有一定的重要性,而且它们经常还会包括作物生长季节期间的天气信息。不幸的是,它们通常都不太完整,很长期间的记录已经丢失。但它们确实可以表明在英国出现的一次干旱从公元678年持续到681年,另一次干旱则从1276年持续到1278年,但这些就是记录能告诉我们的全部情况了。

但我们对14世纪影响英国的两次干旱了解的情况还不止这些。一次干旱发生在1305年,严重得足以引起草本植物完全被毁掉,这种作物主要是作为干草使用。这就使许多农场中的动物被饿死,许多人也被饿死,而且伴随饥荒发生的同时还出现了天花传染性疾病。我们无法分清哪些人死于饥荒,哪些人死于疾病,然而,由于因为饥饿而变得瘦弱不堪的人对传染病的抵抗力也会减小,因此,饥荒和疾病这两者之间自然会彼此互相影响。饥荒在1353年再次袭击英国,那一年的干旱从3月持续到6月末,降雨量极低,一直到下一年地面仍然很干燥。

小冰川期

14世纪初期标志着一次重大气候变化的开始。从中世纪一直到这一时期,欧洲一直享有一个"理想的气候"。当时的平均气温相对较高。现在,这种天气状况被称为*中世纪暖期*。在英国,当时的夏季气温要比现在高出1.25°F—1.8°F(0.7℃—1.0℃),在欧洲中部气温差异更明显。人们在挪威和冰岛种植燕麦,英国则是主要的产酒国。1300年以后,气候开始快速降温,平均气温持续下降,直到大概1700年以后,气温出现缓慢的恢复,但仍然会再次继续下降。这一寒冷期将被称为*小冰川期*。小冰川期的影响很复杂,但大多数历史学家都认为英国14世纪葡萄酒产业的消失在部分上是由于葡萄收成总是不好造成的,这使英国葡萄园的经济竞争力就远远不如波尔多地区的葡萄园了。

法国也没能逃脱当时气候混乱造成的影响。在17世纪50年代,法国中部米迪出现的一次干旱持续了几年的时间。到了1654年,干旱变得越来越严重,在8月份,位于多尔多涅佩里格的人们正式拜访了装有圣沙比娜神像遗迹的圣地进行求雨。

尽管小冰川期带来了较低的平均温度,但同时也带来了极端的天气状况。当时出现了极度寒冷的冬季和凉爽的夏季,也出现了温和的冬季和极其炎热的夏季,天气就在这两者之间快速地来回波动。例如,在1683—1684年的冬季,英国中部平均气温为37°F(2.8℃),1685—1686年的冬季,平均气温则为50.5°F(10.3℃)。1665年和1666年的夏季都非常炎热,1665年夏季的那次高温带来了最后一次影响英国的瘟疫,但它却是最严重的一次。瘟疫开始于冬季,但到了夏季,瘟疫驻留在英国,到了年底,将近6.9万人死于这场瘟疫。

次年即1666年,欧洲大部分地区也出现了一个炎热、干燥的夏季。在伦敦,泰晤士河水位降到了极低点,靠摆渡货物和运送乘客维持生计的船夫们受到严重的威胁。原因很简单,就是没有足够的水让他们定期来回摆渡做生意。一个叫塞缪尔·佩皮斯的人在日记中写道,干旱持续了这么久,"连石头都快要燃起火焰了。"但伦敦大多数的建筑并不是用石头建造,而是用木头制成,木头干得差不多像导火线了。

伦敦大火

9月1日,一个星期六的夜晚,国王查理二世的面点师托马斯·法利诺忘了将自己店铺中的火炉熄灭,店铺位于伦敦桥附近的普丁大道上。他在晚上10点左右上床睡觉,在他进入梦乡时,火中掉出来的燃屑点着了一堆柴火。到了星期日的凌晨1点,整个房子和店铺都燃起了熊熊大火。面点师的助手从床上起来,发现房子中充满烟雾,叫醒了其他所有的人。法利诺和他的妻子、女儿和助手一起从楼上的窗户逃走,穿过屋顶。法利诺的女佣吓得不敢爬出窗外,她留在了后面,成为这场大火的第一个遇难者。

大火向空气中散播火星,一些火星降落在星星客栈院子中的干草堆上,星星客栈位于离鱼山街不太远的地方。很快客栈开始着火,然后附近的圣玛格丽特教堂也燃起大火。从这里开始,大火沿普丁大道和鱼山街一直烧到泰晤士街,泰晤士街两旁全是一排排的库房和装满油、蜡油、稻草、煤和其他易燃物资的开放码头。一旦这些地方燃烧起来,大火就会完全失控。

一个奴仆在凌晨3点左右将塞缪尔佩皮斯从床上叫醒观看这场大火,过了一会儿,奴仆告诉他听说已经有300多座房子被毁。到了上午8点,火势已经蔓延过伦敦桥的一半了,火没有穿过大桥,以前发生的一场火在那里留下了一片空地,这样大火就被限制在泰晤士河以北。

在那里,火势开始快速蔓延,失去控制,整整燃烧了5天的时间。令人不可思议的是只有6个人报道死于这场火灾,尽管真实数字一定比这多不少,而且,近百人在下一年的冬季死去,原因是他们没有栖身之处。到大火熄灭的时候,1万3千2百座房屋、87座教堂和许多其他的建筑(占该城建筑总数的4/5)都已经被烧毁,较差的卫生条件对老鼠繁殖有利,而这又使鼠疫开始传播。

这就是伦敦大火。在这场大火以后,城市被重建起来,这次则用砖头和石头作为建筑材料。1666年干旱也许并没有在很大的程度上改变了历史进程,但它毫无疑问的改变了伦敦的发展道路,并使英国的瘟疫彻底结束。一座被称为"纪念碑"的高塔在托马斯·法诺利的房子兼店铺的位置上建立起来,作为纪念,至今仍屹立在那里。

炎热的夏季在 10 年之后又回到欧洲,在 1676 年到 1686 年之间给法国带来了一次又一次的干旱。整个春季都非常干燥,地下水面下降,在 1686 年,又轮到英国受灾。在英国,一场干旱开始于 1730 年,一直持续到 1734 年的 6 月份。

沙漠的繁荣时期

北非大部分地区都位于撒哈拉沙漠以内,撒哈拉这个名字来源于阿拉伯语"as-Sabra",意思是"废弃"或"荒芜"。撒哈拉是一片沙漠地带,干旱永远都在那里出现,但沙漠却并不一定总处于干旱的状态。

一直到公元前 4000 年左右,撒哈拉地区到处是草地和成群的食草动物,乍得湖曾经是一片面积广阔的内陆海,其水位要比现在高出 130 英尺(40 米)。很长时间过去了,几个帝国在南方兴盛起来。其中一个帝国以廷巴图克为中心,它就是马里的曼丁戈帝国。

曼丁戈的商人们一路穿行过一片广阔的海洋,在路上同时传播伊斯兰教。然而,到了 16 世纪,他们的影响逐渐减弱,气候同时也变得越来越干燥。廷巴图克位于尼日尔河附近,河流在那里拐了一个很大的弯向北流淌。下图可显示廷巴图克的位置。这座城市已经被大水淹没许多次,但它也曾遭受到干旱的袭击,有时干旱和水灾还在同一年出现。从 1617 年到 1743 年,干旱造成了几次饥荒。这段时间正是小冰川期时期,同时夏季热带汇流区向北的移动也在减弱(参见"气候循环和振荡"部分)。直到这个时期,热带汇流区向北移动才带来了夏季的降雨。现在,降雨通常不再出现。然而,导致马里帝国在 1591 年灭亡的原因主要是帝国内部纷争和摩洛哥人入侵,而不主要是因为气候上的变化。不管怎么说,干旱有可能导致帝国衰弱,同时导致入侵者无法在原处建立另外一个帝国将其取代。

马里位于现在的萨赫勒地区内,沿撒哈拉沙漠的南部边界一带。20 世纪 60 年代晚期和 20 世纪 70 年代早期在萨赫勒地区出现的干旱是现代最严重的干旱之一(参见"萨赫勒地区"部分),但萨赫勒地区并不是唯一受到这次干旱侵袭的地方。到了 1972 年夏季,季风雨不再光临埃塞俄比亚的高地,很显然,干旱已经扩展到东非地区。在受灾最严重的地区已经无法在第二年春季种植燕麦作物。到了 5 月份,沃洛和提格雷地区以及部分绍阿地区中 80% 的牛和一些骆驼已经死亡,到了 9 月份,大约已有 10 万到 15 万人死亡。

人们意识到这次灾难的程度有多大,并意识到它已经完全失控,这一点在某种

图 55　马里境内的通布图,位于尼日尔河附近

程度上导致了人们从当年 2 月份开始奋起反抗封建政权,首都阿迪斯阿巴巴开始出现大规模罢工。军队甚至站在了罢工队伍这边。9 月 12 日,政府被推翻,但干旱仍然持续,接下来发生的革命和内战使饥荒更为严重。1975 年 6 月,降雨重新

回到这片土地上,那时,位于南部的欧加登是该国受灾最严重的地区。索马里境内及邻近地区中已有 4 万人死亡,1976 年全年都持续着灾难的影响。但几年以后,降雨又消失了。这时,埃塞俄比亚和索马里游击队在欧加登地区,埃塞俄比亚和厄立特里亚军队在北部提格雷地区分别打起了仗,战争使干旱的影响日趋恶化。

摩洛哥也在 1980 年和 1981 年遭受干旱的侵袭,政府被迫从国外进口粮食,1982 年,摩洛哥不得不从国际货币基金组织借贷 5.79 亿美元用来进口粮食。

在地球的另一端,澳大利亚也正经历一次严重的干旱。到了 9 月份,政府不得不支付巨额资金来帮助农民谋生计。像北非一样,澳大利亚许多地区都是干燥的气候,干旱在这里很常见,而且在其影响变得非常严重以前,它通常都会持续很长的一段时间。澳大利亚人从几千英尺深的水井中取用地下水(参见"井水与泉水"部分),他们完全知道如何应对干旱。

印度尼西亚部分地区的降雨量比其他地区多一些,没有任何一个地区是干燥气候。首都雅加达的年均降雨量为 70 英寸(1 778 毫米),但它却不是该国最湿润的地方。北部赤道地区的降雨量很大而且通常都很固定,居住在那里的人们从来也没料想到干旱会来临。但在 1982 年,印度尼西亚出现的一次干旱却持续了 4 个月的时间,这次干旱没有引起饥荒,但水源却受到污染,10 月份,150 余人死于霍乱(由细菌引起,通过被细菌感染的食物和水传播)和登革热(引起此病的病毒由腐水中繁殖的蚊子传播),1982 年印度尼西亚干旱似乎与出现在同一时期的厄尔尼诺-南方涛动现象有关(参见"厄尔尼诺现象和拉尼娜现象"部分)。1997—1998 年的厄尔尼诺现象是很多年来最严重的一次,它也与大火特别是婆罗洲的大火有一定的关系,大火将大片烟雾散播到南亚的许多地区。

干旱与其他自然灾害之间有一些不同之处。在其他的自然灾害袭击过后,人们可以重建家园、重新开始他们的生活。干旱却不会这么快就过去,一旦地下含水层干涸,流向湖泊和河流的水流运动就会减缓,然后逐渐停止不动。干旱一直侵袭到地面下很深的地方,除非含水层中的水得到重新补充,否则大地无法真正从干旱中恢复过来。光有降雨还不够,就算雨下得再大也不行。降雨必须持续很长的时间,让雨水渗透进地表下,这样水才能向下滴流,使流失的地下水重新恢复。然后,当含水层中的水流运动重新缓慢开始时,还要再过一段时间,水才会到达河流中。即使在世界上气候温和湿润的地方,这一过程也至少需要几个月的时间,通常为 1 年甚至更长的时间。例如,在英国,1995 年由漫长的干燥、炎热天气引起的干旱从夏季一直持续到整个冬天,这是因为冬季的降雨量多少要低于平时的降雨量。因此,干涸的含水层和水库没有得到充分的水量补给,不能为第二年夏季预计的需求提供充足的供应,而夏季上升的温度还会增加液体表面蒸发率。如果连凉爽、潮湿的英国都会出现这种效果,那么你可以想象一下在炎热、干燥的非洲或澳大利亚干旱会有多严重!

干旱与土壤侵蚀

在一个干燥的夏日里,天空经常呈现出一片淡蓝色,有时几乎呈白色。之后出现了一次较大的阵雨,当阵雨停止时,空气感觉更清新,天空的颜色也变成深蓝。为什么天空的颜色在雨后会改变?

干燥天气中天空呈现出的白色是由于粉尘颗粒造成的。这些颗粒非常微小,直径约为 0.000 02—0.000 4 英寸(0.000 5—0.001 毫米),每 1 立方英寸(每 1.8 立方厘米)洁净的乡村空气中约有 30 个或更多这样的小颗粒。那些含有很多粉尘、足以使天空呈现白色的空气中则含有更多的粉尘颗粒。

如果地球上没有大气,太阳就会非常耀眼,但天空就会一片漆黑——就像宇航员在月球表面上看到的那样。我们之所以能看到一个明亮的天空是因为空气中的颗粒使光线折射,光线就可以从各个方向进入我们的视线里。光线折射的方式取决于光线射到的颗粒大小与光线的波长比值,光线到达颗粒上以后再折射出去。一个空气分子的直径约为光线波长的 1/10,空气分子发散出去的短波比长波数量多。蓝光位于光谱的短波一端上,因此,如果光线被空气分子折射出去,那么主要就是蓝光会从各个方向进入我们的视线中,这就是天空呈现蓝色的原理。粉尘颗粒体积相对较大,并且它们会同样折射所有不同波长的光线。因此,当空气中含有很多粉尘时,我们看到的就是由各个不同波长组成的白光。

空中的粉尘

重力使较重的颗粒降落到地球表面,这被称为*散落*,不论天气如何,这一现象会为天空清除一些颗粒。*碰撞作用*则在其他颗粒碰撞到固体表面上并紧贴在表面上时又清除了另外的一些颗粒。烟雾和一些粉尘都是以这种方式被清除的,碰撞作用在干燥和湿润的天气中都会出现。

实际上,散落和碰撞在干燥天气中出现的次数多一些,原因是在湿润的天气中,雨水可以比这两个过程中的任何一种都更有效地净化空气。如果颗粒很小,凝结在上面的水蒸气就会形成云滴,当云滴不断增大到可以降落的尺寸时,云滴就会携带颗粒一同降落。这一过程被称为*雨水清洁*。降雨时,雨点碰撞到其他颗粒上,将它们吞没,并把他们带到地表上,这一过程则被称为*冲刷*。

将颗粒清除使天空的颜色改变,但在干旱期间,没有雨水能清除颗粒,并且由于散落和碰撞都比雨水清洁和冲刷进行得缓慢、效率也更低一些,因此在干旱的天气状况中,粉尘颗粒会积聚起来。

粉尘颗粒能在极其干燥的空气中飞过很长的距离。通常说来,每年都会出现两三次这样的情况:南风将撒哈拉沙漠中的尘土一直带到距离撒哈拉 2 575 公里(1 600 英里)的英国境内,在英国,阵雨将尘土冲到地面上。撒哈拉的尘土呈红色,如果尘土数量足够的话,雨水就会呈现血红色,将所有物体表面都覆盖上一层红色的尘土。撒哈拉尘土甚至还能穿越大西洋,一直被冲刷到美国。在第二次世界大战期间,北非的坦克战扬起了大量尘土,把加勒比海上空的云都染成了红色。科学家计算出来覆盖 5 000 平方英里(12 950 平方公里)面积、高度可达 10 000 英尺(3 050 米)的沙尘暴能够携带接近 7 百万吨的尘土。

大多数大气中的尘土都是由土壤颗粒构成。一些土壤颗粒是被人类活动散发到空气中的。观察一个农民在干燥土壤上犁地,你就会看到这一活动会扬起多少尘土。在土路上开车也会扬起尘土,坦克战当然也会。风本身也能扬尘,你在刮风的干燥天气中随时都可以看到这点。

侵蚀

一旦土壤颗粒被带到高空,不管发生的过程怎样的,它们都会从升起的地方一路运走,沉降在其他的某个地方。它们从原来的地点消失不见,土壤的流失被称为*侵蚀*,土壤侵蚀涉及到的土壤数量非常巨大。现代最著名的一个例子出现在 20 世纪 30 年代,出现在被称为尘暴(参见"尘暴"部分)的地区中。1977 年,吹走的土壤在加利福尼亚州的乔奎因山谷造成损失,并在大约 750 平方英里(1 900 平方公里)的面积上造成土壤侵蚀。在 24 小时以内,2 500 万吨的土壤从放牧场被带走,这次干旱还在得克萨斯州(美国的一个州)的高原地带造成了严重的土壤侵蚀。

诚然,当土壤被吹离陆地表面时,它还会在降落到其他的某个地方去,但这并不一定意味着一个农民的损失就会成为另一个农民的收获。大多数被吹走的土壤都可能被携带到海上,并流失在海中,即使降落在农田上的土壤在那里也不一定合适。降落下来的土壤有可能会将刚刚发芽的农作物掩埋起来,其尘土颗粒会将树叶覆盖并损坏树叶。被风吹走的土壤中也可能携带着种子,农民刚将它们播撒进土壤就被卷走,这些种子可能在另一个农民的田地里长成野草。被风吹来的土壤还会使沟渠堵塞,在公路上形成障碍。

但在一些地方,风却会送来非常肥沃的土壤,被称为黄土。密西西比河和密苏里河东北沿岸及东部沿岸的广大面积上都有很深的黄土土壤。在欧洲莱茵河盆地、中国的黄河山谷以及欧洲、俄罗斯和南美洲许多其他的地区中都有黄土。这些土壤在最后一个冰河世纪末期冰层消退时被吹到现在的位置上。融化的水将土壤颗粒带走,这些土壤颗粒作为沉积物沉淀下来。之后,气候开始变得干燥,土壤再次被吹走,不幸的是,它们仍然能被风吹起来。

只有干燥土壤才会被吹走

土壤颗粒在潮湿的时候粘在一起,一层水膜包裹着每个颗粒,临近颗粒上的水分子被氢键彼此连接在一起。即使是海滩上的沙砾也会以这种方式结合起来,只不过由于沙粒较大,这种结合不太结实。你在潮湿的沙地上可以建造沙子城堡,但当沙子变干时,城堡就会坍塌。另一方面,非常干的沙土会被风吹起,因此在沙质土壤的海滩上经常出现规模很小的沙尘暴。

只有干燥的土壤才会被风吹走,这就意味着世界上气候干燥的地区,也就是年降雨量少于 12 英寸(305 毫米)的地区最容易出现土壤侵蚀。可以预测的是,沙漠地区的危险性最大,图 56 可表明这一点。但大风侵蚀土壤并不仅限于沙漠地区和半干地区,它可以随处发生。如果降雨主要在一年中出现一次,在其他时候,土壤表面就可能非常干燥。即使降雨量在全年平均分布,偶然性干旱(参见"干旱是如何分类的"部分)也能使土壤干燥得足以让强风将其卷走。

显然,土壤颗粒越小,要将其吹离地面所需的风速也就越低。因此,干燥土壤受侵蚀的可能性主要取决于土壤颗粒的大小和风力的大小。它还取决于地表的粗糙程度。粗糙的地表上布满大块的石头或者土块,会通过摩擦力减小风速,这就减少了受侵蚀土壤的数量。植被也会减少风的侵蚀作用,因为它增加了地表的粗糙程度,还因为植物根部会将土壤颗粒固定在一起。

一旦土壤颗粒被从地面吹起,就会再次降落,降落的速度则与土壤颗粒直径有关。最小的土壤颗粒直径可达 0.000 4 英寸(0.01 毫米),它降落的速度很缓慢,甚至可以被气旋捕获、再次上升,停留在空中长达几天的时间。这些土壤颗粒可以飘过漫长的距离,并引起英国和其他地方出现的"红雨"。土壤颗粒悬在空气中,风洞

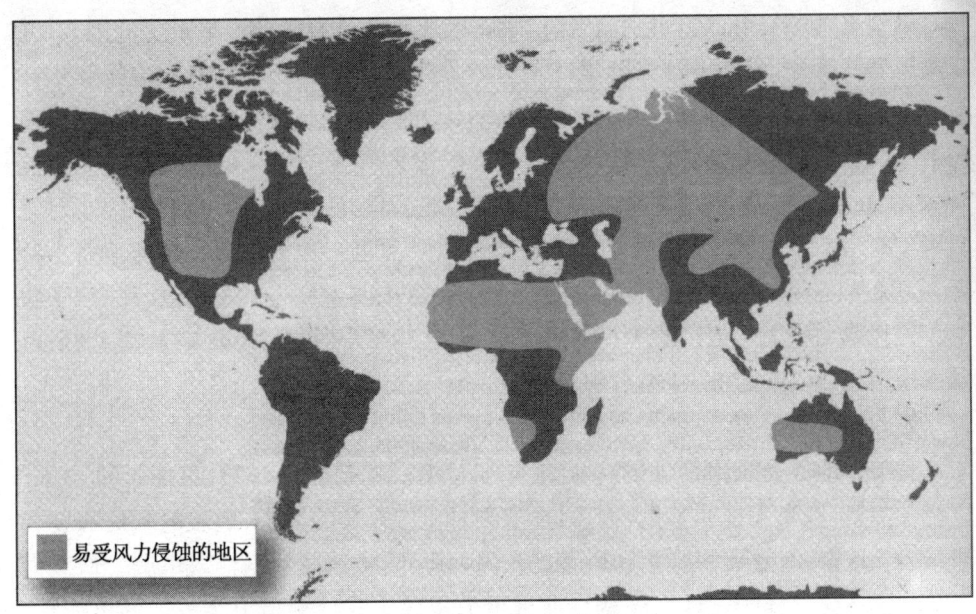

图 56　世界上受风力侵蚀可能性较大的地区

实验可以标明在所有因风力侵蚀土壤而移动的颗粒中，有 3% 到 38% 的土壤颗粒以这种方式运动。

　　最大的颗粒根本不会被吹离地面。它们通过*爬行侵蚀*移动，它们的尺寸过大，无法抬升起来，只好沿地面滚动。从理论上说，这些颗粒的大小没有限制，但在实际中，大多数颗粒的直径都不超过 0.08 英寸（2 毫米）。留心观察一下一阵清风吹拂过干燥沙地表面，你就会看到沙粒以这种方式滚动。有 7% 到 25% 的土壤颗粒以爬行的方式移动。

　　大多数即 55—72% 的被侵蚀土壤颗粒通过*跳跃搬迁*移动——实际上就是以跳跃的方式移动。风将颗粒从地面上抬升起来，颗粒立即就会下落，但风仍然将颗粒向前推动，使颗粒运动加速。颗粒仅仅能上升一两英寸的高度，但它向前移动的距离却相当于其达到的高度十倍左右，颗粒会以极大的冲击力撞到地面上，这就将其他土壤颗粒敲松，而其他的土壤颗粒就会向前跳跃将另外一个颗粒挤走，这个过程接连不断地继续下去，被挤走的颗粒降落，又将更多的颗粒挤走，然后再次被抬升到空中。

尽管土壤颗粒可以被带到高空,但跳跃搬迁却是风力侵蚀中最重要的因素,它在离地表几英寸、最远不过几英里的距离内发生。跳跃搬迁可以使沙尘暴产生在很低的地方,以至于人们行走在沙尘暴中时,我们可以看到他们的头部和肩膀出现在干净的空气中,而身体的下半身却因处在斡旋的沙雾中而无法看到。在3.3英尺(1米)的高度以内,风速达每小时18英里(29公里)的一阵风可以在一个小时之内将490磅(222公斤)的沙子从1英尺(30厘米)宽的沙地上吹走。风速达每小时25英里(40公里)的一阵风则可以在一个小时以内将990磅(450公斤)的沙子吹走。先想象面积为1英亩的一片方形土地,风速达每小时25英里(40公里)的风可以在每个小时内吹走60吨左右的土壤。

如何计算侵蚀度

对某一地区受风力侵蚀的可能性有多大是很复杂的,但却有可能计算出来。显然,这对于农民来说非常重要。科学家测量土壤颗粒的大小、地表的粗糙程度和裸露的土地面积,还要将降雨和风考虑在内,然后再将这些数据输入电脑。像风力侵蚀预测系统这样的软件程序就会通过风力侵蚀等式计算出土壤侵蚀的可能性,风力侵蚀等式是在1963年由两位土壤科学家——W·S·彻比尔和N·P·伍德鲁夫发明(参见补充信息栏:土壤可蚀性)。

补充信息栏

土壤可蚀性

某种特定土壤受风力侵蚀的程度可以用风力侵蚀公式来进行计算,该公式是由W·S·彻比尔和N·P·伍德鲁夫在1963年发明。公式表达为:$E = f(I, K, C, L, V)$,其中,E代表受侵蚀土壤流失总量,单位为吨每年;I代表以土壤颗粒大小和土壤颗粒结合密度为基础的土壤侵蚀系数;K代表土壤表面的粗糙度;C代表气候因素,主要以风速和土壤中的有效水分为基础;L代表风段长度,即风吹过的距离。公式表明E是所有这些因素中的函数。

计算通常由专业化的电脑软件进行,在这样的电脑软件问世以前,通过复杂的运算得出一个估计值,再使用估计值从图表上得出最后的数值。

这是个很复杂的任务,但等式中一个因素的数值就可以让我们了解到土壤受侵蚀的可能性。可蚀性就是土壤在干燥状态下,容易受到侵蚀的可能性。它的计算方法是通过过滤一定体积的土壤来决定直径大于 0.03 英寸(0.84 毫米)的土壤颗粒所占百分比。标准表中用吨位单位显示出每英亩土地中土壤的可蚀度。如果 15% 的土壤颗粒直径都超过 0.03 英寸(0.84 厘米),每英亩土地就会流失 180 吨土壤,如果 50% 的土壤颗粒直径都超过这一数字,每英亩土地就会流失 38 吨土壤。

尘暴

1934 年 5 月,尘土落在了白宫弗兰克林·D·罗斯福总统的办公桌上,刚将它们清理干净,更多的尘土立刻又落在上面。白宫以外,在纽约州、巴尔蒂摩州和华盛顿,天空一片黑暗,布满尘暴云,甚至在有些地方,小鸡觉得黑夜来临,开始入舍歇息。尘土落在 300 英里(483 公里)以外在海中航行的船只上。鸭子和鹅从天空中降下,是尘土携带着它们降落下来,把它们呛得窒息而死。人们将这次风暴称为"黑色暴风雪"。位于 3 英里(4.8 公里)高空的一片尘暴云就可以覆盖 135 万平方英里(350 万平方公里)的面积,从加拿大一直蔓延到得克萨斯州,并从蒙大拿州一直蔓延到俄亥俄州。

所有的尘土实际都是土壤,它们都来自堪萨斯州东南部、科罗拉多州东南部、新墨西哥州东北部河东南部以及俄克拉荷马州和得克萨斯州锅柄地带面积达 15 万平方英里(38.85 万平方公里)的农田上。至少,这些州是受灾最严重的几个州。从农田吹来的土壤总计覆盖美国 3/4 以上的面积,27 个州的局势都很严重。图 57 显示了受影响最严重地区的面积和位置。大多数黑色风暴的发源地地区被称为尘暴,这片地区中的土壤被吹到 30 英尺(9 米)高的沙丘中。

美国农业部每年都会出版一本《农业年鉴》。1934 年的年鉴记录到:"约有 350 万英亩已开垦的农田基本上被摧毁,无法再生产粮食……全部或部分的表面覆盖土壤从 1 亿英亩已长有庄稼的农田中流失;而表面覆盖土壤又正在以很快的速度从 1.25 亿英亩已长有庄稼的农田中流失。"

究竟是什么地方出了差错?

开垦大草原

在第一批欧洲农民到来以前,北美洲的大平原上覆盖着一望无际的草地。草是最常见的植物,一些草丛可以长到 3 英尺(90 厘米)甚至更高。草可以固定土

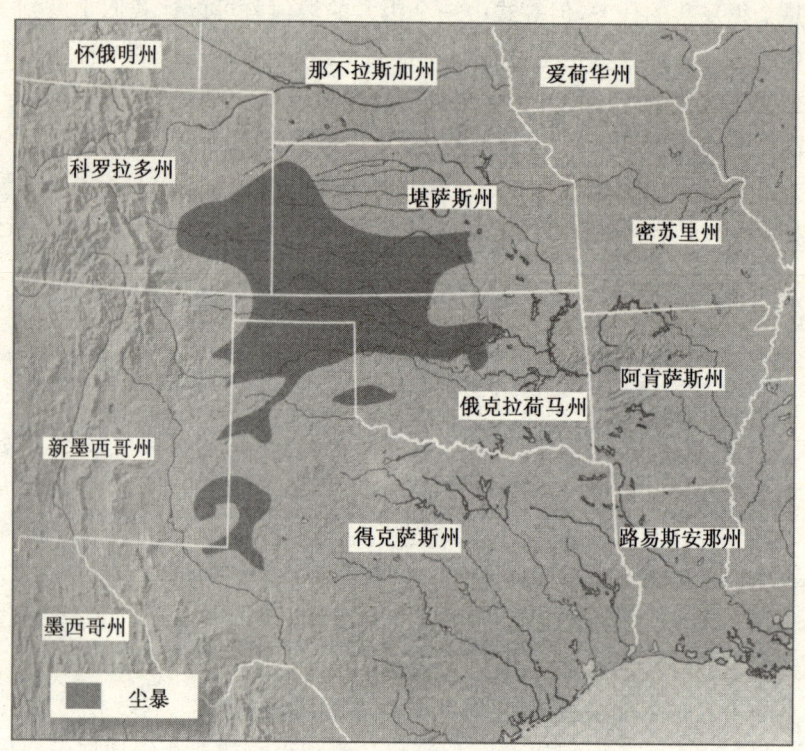

图 57　美国的尘暴地区

壤,防止风力侵蚀。高高的草丛使地表风速减慢,草根形成一片垫子将土壤固定在纤维之间。与人工种植的草坪不同,许多大草原上的草都长有很深的根。

草原上的气候非常干燥、风也很强劲。位于爱达荷州西部的博依西城年平均降雨量为20.4英寸(419毫米)。草地植物能够很好地适应较低的年均降雨量和偶尔出现的干旱。

对于从东部来到这里的定居者来说,这片大草原具有迷惑性。美国1862年的开垦土地法案使许多家庭搬到了大平原上,这一法令为每个人提供一片免费土地,只要他愿意居住在这片土地上并在土地上耕种农田。在这些即将成为农民的人们眼中,大草原看上去非常像东部的青草地,对于一些人来说,它们又与这些人童年记忆中的欧洲青草地相似。他们没有看到的是——也没有人告诉他们——东部和欧洲的青草地生长在湿润得多的气候中(参见"干燥天气中的农业种植"部分）。

农民先反复地燃烧那里自然生长的植被，将这些植被清除干净，并刨掉青草地种上小麦和其他农作物。下雨时，土壤肥沃，收成颇丰。但干旱时不时地使庄稼颗粒无收。在这种时候，农民就会破产，被迫放弃自己的农田和家园。一两年以后降雨还会回到这里，土地再次得以耕种，新的家园也建立起来。

这样的状况一直持续到 1915 年左右。用马犁地和耙地速度很慢，也很辛苦，但大概就是在那个时候最初的拖拉机开始在大草原上驶过。拖拉机使耕地简单了许多，农田也开始扩张。从 1910 年到 1919 年，堪萨斯州种植小麦的农田面积从不到 500 万英亩增长到 1 200 多万英亩，这一增长是通过耕种更多的天然大草原才达到的。后来，又引入了康拜因收割机，使收割速度加快。

当然，这些机器都很昂贵。但到了 1919 年，小麦价格的增长也足够用来支付购买机器的费用了。种地利润非常丰厚，并由于有了所有新发明的机器，种地也在逐年变得不那么辛苦了。19 世纪的农民先驱者们努力使土壤硬块的土地变得适合耕种，但最终这场艰苦的战斗还是获得了胜利，土壤被转变成精细、易碎的土质，正是播种所需的土壤条件。

经济大萧条时期

接下来的几年时间里一切进展都很顺利。但在 1929 年，股票市场崩溃，导致一次巨大而快速的全国经济萎缩，这就是 30 年代的经济大萧条。在经济萧条期间，价格经常会下降，货币贬值取代通货膨胀，那个时候就是这样。燕麦价格下跌，迫使大草原上的农民更密集地耕种农田，通过生产更多的粮食来维持他们的收入。尽管农民工作的更加努力，但农业收入却逐渐减少，直到最贫穷的农民处于一片绝望之中。但天气仍然很有利，因此农田保持着生产力。从 1927 年到 1933 年底，纳布拉斯加、爱荷华和堪萨斯州的年均降雨量比以往平均值高 5 英寸（127 毫米）。

在遥远的大西洋彼岸，一些变化却开始引人注意。在北极圈内的斯匹次卑尔根群岛上有一个出口煤炭的港口。1920 年以前，这个地方每年有 3 个月不结冰，但每年这个地方可供使用的时间都比这稍长一点。到了 1940 年，港口每年开放的时间长达 7 个月以上。在整个北半球，气候变得更加温暖。这一气候变化的一个后果就是西风吹拂在中纬度地区的时间显著增长。大洋东部上的陆地降雨量增多，原因是它们更加频繁地受到携带海洋水分的西风的影响。

大草原上的降雨量减少

但这并不是在大草原上出现的情况。在那里,吹过太平洋的西风在穿越落基山脉时流失了水分,因此到达大草原农田上的风都非常干燥。那里的年均降雨量曾经一度高出平均值,却降到了 16 英寸(406 毫米),比以往年平均值 23 英寸(584 毫米)低了 7 英寸(178 毫米)。庄稼开始颗粒无收,剩下的草原青草也开始死亡。当种植的庄稼和天然植被都开始消失时,宜于耕种的土壤也变得荒芜不堪。

降雨量一直是变化莫测,在干燥期间,天然生长的青草就会消失。这就是青草生存的方式,尽管树叶枯萎、消失,但以前根部结成的垫子将土壤结成坚硬的土块,这样的土块一直给农民带来诸多麻烦。土块在干燥、高温的条件下会被烤得坚硬,形成了一个牢固的表面,不受风力的影响。但现在,土壤被农民开垦成精细的土质,在干旱时变得干硬,土壤开始被风吹走。黑色风暴始于 1931 年,在 1932 年,出现了 14 次严重的沙尘暴,1933 年则出现了 38 次。1934 年 5 月出现了规模最大、最糟糕的几次沙尘暴,1935 年 4 月 14 日的一次最为严重,因此土壤流失的现象一直在持续着。土壤专家们估计在 1935 年,有 8.5 亿吨的表层土壤被从南部平原上吹走。专家们担心受灾地区的面积可能会从 1935 年的 435 万英亩增加到 1936 年的 535 万英亩。

经济大萧条使不计其数的农民在经济上遭受损失,他们纷纷破产,携带家人移到其他地方,大多数人去往加利福尼亚州。这是美国历史上规模最大的一次人口迁移,尽管干旱经常受人谴责,但这次使一些移民失业、变得一贫如洗的是经济萧条而不是天气。总计有 250 万人搬迁,其中有 20 万人前往加利福尼亚。在俄克拉荷马州的博伊阿城附近,有 1 642 个农民家庭放弃了他们的财产,当地人口减少了 40%。尘暴引起的干旱从 1933 年一直持续到 1940—1941 年冬季,到了那时,降雨才重新回到这一地区,原来长有的青草才开始恢复。

从干旱中吸取教训

尘暴发生后,美国土壤保护服务部门在 1935 年成立,在全国范围内,联邦政府开始教授并宣传保护土壤的农业技术。即使是这样,只要粮食价格上涨,大草原上的土地就会被再次耕种。

20 世纪 30 年代出现的严重干旱并非首次侵袭平原,也非最后一次。艾萨克·麦考伊在现在堪萨斯州这片地区进行科学考察,1830 年秋天,他在文章中描述了刚烧毁的草地上冒出的滚滚沙土和草灰。他在 10 月 27 日写道:"河水流淌在沙滩河床上,河岸很低,河床上全部都是白色细沙,现在,沙土干燥成粉末状。"11月5日,那里又出现了一次尘暴。"在我发现尘暴袭来还不到三分钟,太阳就被遮住,到处一片漆黑,在不远的距离以外,我根本无法辨认出任何物体。"

干旱几乎每隔20到23年就出现一次,一些干旱比其他的程度严重。20世纪50年代,美国大平原上又再次出现土壤侵蚀、沙尘暴和庄稼被毁的现象。但20世纪70年代的情况最为严重。1977年2月下旬,科罗拉多州东部出现的一次风暴持续了24小时,产生了时速达每小时90英里(145公里)的大风。大风平均在每英亩农田上卷走5吨左右的土壤。从纳布拉斯加到俄克拉荷马州的克萨斯的锅柄地带,尘暴云的厚度经常可达到12 000英尺(3 660米),能见度几乎为零。

之后,在20世纪90年代,降雨又不出现了。1995—1996年冬季,在美国东部几个州和落基山脉地区出现了创纪录的降雪量,但堪萨斯州、俄克拉荷马州和得克萨斯州的平原地区却很干燥。得克萨斯州的圣安东尼奥在10月份到次年5月份之间的降雨量通常为4英寸(102毫米),但在1995—1996年的这段期间,该地区的降雨量仅有3.7英寸(94毫米)。那里的冬季小麦因为雨水不足而枯死,这种作物在晚秋播种,在冬季到来之前发芽,然后会在春季继续生长,这样,它的产量就会高于春季播种的小麦产量。而存活下来的冬季小麦产量却还不足正常时期的一半。草原上的青草生长状况也不佳,出现了牛饲料的短缺。到了1996年5月,得克萨斯州40%的地区都变得极其干燥,根本无法放牧,农民只好将牛拍卖。粮食短缺导致粮食价格翻番,而动物的售价还不到1吨粮食的价格。5头出售的奶牛中有4头都处于孕期,这就意味着农民甚至都等不到小牛出生,就急于将牛出售,这就相当于把两头牛以一头的价格出售。得克萨斯州农民的损失预计达到20亿美元,但1996年8月,降雨又开始变得正常,水库中的水位开始在10月上升。1997年全年形势都在好转,这其中有强厄尔尼诺现象(参见"厄尔尼诺现象与拉尼娜现象"部分)的功劳,厄尔尼诺带来强降雨天气,但1998年却出现了另一次干旱,一直持续到1999年。这次干旱持续的时间比1996年那次短得多,但预计农业损失达到60亿美元,比1996年高出很多。2002年,又一次干旱又给农业区带来困难,但自此以后,尘暴就再也没有出现。

从尘暴袭击以来,人们就种植了一些防风带和遮风带,还种植青草固定土壤。尽管干旱还在出现,但它们却不会再吹起土壤,将白昼天空遮成一片漆黑。可对于农业区来说,每一次干旱都是一场灾难。

干旱为什么会循环出现?

没有人知道干旱为什么如此有规律地每隔一段时间在美国大平原上出现,但令人好奇的是这一时间间隔——20年到30年正好与太阳活动周期多少有些吻合。太阳的辐射强度不断变化,每隔11年会达到最高值,每个太阳活动周期都包括出现两次辐射最高值,太阳黑子可以表明太阳辐射的强度。

无论你带着太阳镜,还是使用望远镜,你都不可以通过直视太阳看到太阳黑子;这样做会对你的双眼造成永久性伤害。镜片用铝化树脂制成的眼镜使用起来很安全,但前提条件是镜片上没有瑕疵或划痕,而且也不容易搞到这种眼镜。安全观察太阳的方法有两种——一个是使用微孔投影,另一个是使用望远镜投影或小型折射望远镜投影。

要进行微孔投影,你需要有两片18平方英寸(45平方厘米)的硬卡片和一个大头针。在一张卡片上用针扎出一个圆孔,然后背对着太阳站立,将两张卡片前后放置拿在手里,使光线穿过第一张卡片的小空再射到第二张卡片上。这就会在卡片上产生太阳的倒像。不要将针孔扎的过大,否则效果就出不来。

要使用望远镜投影,你需要将一个物镜覆盖,用硬纸板卷成筒,用它围住其他物镜来遮光。以同样的方法将折射望远镜准备好。这时,你背对太阳站立,用物镜对着太阳,这样,物镜就会将太阳的影像投到放在离物镜30厘米(1英尺)处的硬纸板上,使用聚焦装置可以使影像更加清晰。

当太阳上的黑子数目最多时,太阳辐射量最大,太阳辐射的这种变化会间接影响地球气候,对地球气候影响的方式主要有两种。宇宙辐射使空气分子爆炸,产生作为凝结核运动的小颗粒,并促进云的形成。这就增加了降雨量并使地球表面降温。当太阳辐射强度较高时,川流不息的颗粒形成*太阳风*离开太阳,这时的太阳风活动非常旺盛,并使宇宙辐射偏转方向,减少云的形成,增加地球表面温度。太阳辐射最高值和最低值之间的差值只有0.1%,但这种变化大多出现在紫外线辐射中,而不是出现在可视光或热量中。紫外线辐射被平流层中的臭氧层吸收,使平流层温度升高,并使对流层中的大气循环出现微小变化。一些科学家认为在平流层和对流层之间,这一过程可能足以引发厄尔尼诺-南方涛动现象(参见"厄尔尼诺现象与拉尼娜现象"部分),并且还会造成美国大平原的周期性干旱。如果科学家的看法正确,那么我们就可以在未来的几年中提前预测出这种主要的天气现象,原因就是我们可以精确的预测出太阳的活动。

这种知识还不能阻止干旱的出现,但如果农民能做好充分准备,至少他们会躲避干旱造成的个人损失。

萨赫勒地区

1972年,全世界食品生产总量排在有史以来第二位,但却比1971年的产量下降了2%。自1945年以来,全世界粮食产量稳步提高,每年的增长率基本是3%,但在1972年却出现了首次下降。在俄罗斯,1972年的粮食产量比预计低了13%。澳大利亚的小麦收成比前5年的平均值低了25%。同年,埃塞俄比亚、肯尼亚和科特迪瓦的咖啡收成不好,而尼日利亚的花生、高粱和水稻收成不好,出现的厄尔尼诺现象使秘鲁捕鱼量急剧减少(参见"厄尔尼诺现象和拉尼娜现象"部分)。除了秘鲁渔业的衰退之外,农作物产量的减少完全归因于高温和干旱。

粮食减产引起广泛的影响。需要进口食品的国家将目光投向拥有大量储备的美国,俄罗斯抢先一步,首先购买了美国1/4的食品储备,并从其他有剩余产品的国家购进更多的食品。越来越多的需求使小麦价格在几个月内就翻了一番,那些石油产量丰富但却是沙漠气候的国家突然意识到他们需要加强食品生产,原因是早晚有一天他们的油田会枯竭的。为了保证未来的发展,这些国家提高了石油价格,在1973年和1974年,世界石油价格增长了四倍。

贫穷的含义

当价格出现这样的突然增长时,毫无疑问,损失最大的就是贫穷国家。如果它们负担不起新的石油价格,工厂就会倒闭,增加失业人数,运输用的燃料和运作诸如医院这样的基本服务部门所需的燃料就会出现短缺。许多国家缺少足够的外汇储备来支付它们所需的进口食品,即使能支付得起,许多老百姓也支付不起新增长的食品价格,因此,老百姓们就要挨饿。

在世界上所有贫穷国家中,最贫穷的一些人居住在撒哈拉沙漠的南部边境国家里,包括毛里塔尼亚、马里、波尔基纳法索、尼日尔、乍得、苏丹、埃塞俄比亚和厄立特里亚(见图58)。为使读者清晰地了解这些国家的经济状况,表2列出了每个国家在1988年的人均国民生产总值,单位是美元,以美国进行对比。国民生产总值(或者表示为GNP)指的是一个国家在当年生产出来的全部产品和服务总价值;人均表示生活在该国的每一个人所占有的平均值。

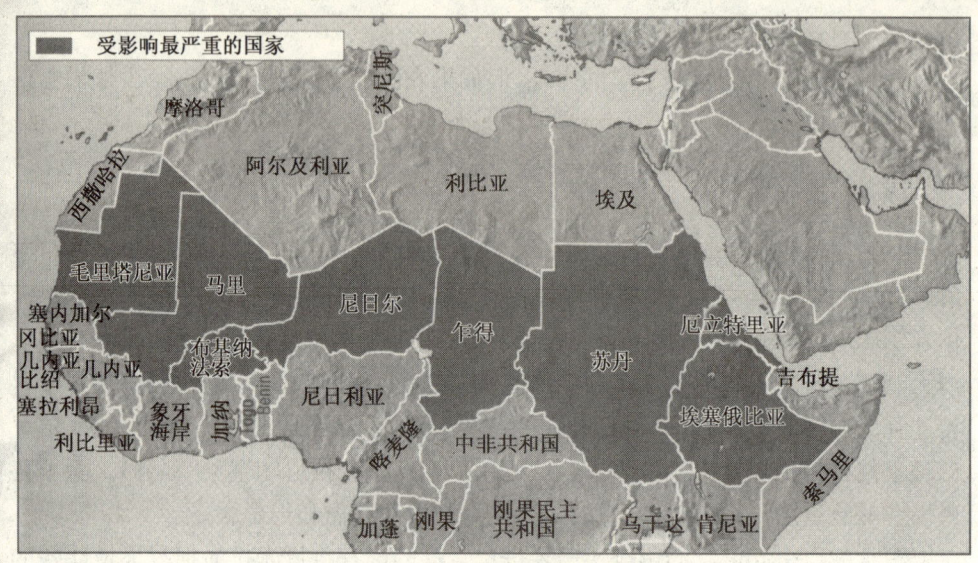

图58 非洲萨赫勒地区国家

表2

国家	人均国民生产总值（美元）	国家	人均国民生产总值（美元）
毛里塔尼亚	410	苏丹	290
马里	250	波尔基纳法索	240
乍得	230	尼日尔	200
厄立特里亚	200	美国	34 030
埃塞俄比亚	100		

（出处：2001年不列颠百科全书）

这就是萨赫勒地区的国家，他们的困境在20世纪70年代引起全世界的关注，当时，20世纪60年代开始的一场干旱在这些国家的土地上肆虐，干旱一直持续到20世纪80年代中期。尽管受灾最严重的是萨赫勒地区国家，但干旱影响的范围却延伸到更远的地方。安哥拉和莫桑比亚受灾较严重，东非大部分地区以及西非的塞内加尔和几内亚比绍也受到影响。

沙漠边境上的生活

除了一些散布的小片区域外，沙漠边境附近的土地无法耕种作物。这里的降雨量总是非常稀少而且没有规律,庄稼无法生长,能够适应这种气候的植物主要是青草、草药和矮小的灌木丛。下雨时,这些植物会长出叶子,生长繁茂,无雨时,植物就会保持休眠状态。

在这片土地上无法种植作物,但却可以让一个牧民维持不太富裕的生活,牧民主要负责饲养牲口和家禽,并和它们一起从一片草原地区和有水地区搬移到另一片地区。这就是萨赫勒地区(参见"沙漠中的居民"部分)许多人们过着传统半游牧的生活。

尽管人们随牲畜从一片草原移到下一片草原上,但这并不意味着无人管理土地。当地人用火清除枯死的干草,以促进新草生长,并为种植农作物开辟土地。大火在3月和4月被大面积点燃,除了那些人们故意点燃的大火以外,闪电还会燃起更多的火。之后,当夏季降雨来临时,人们带着动物向北搬移,用以利用转好的天气状况。他们会在雨季结束时再次撤回南方。

几个世纪以来,萨赫勒地区的居民一直过着这样的生活,这一地区的降雨量一直都反复无常。在好年景里,更多的家畜会生存下来,家禽和牲畜的数量就会增加。如果下一年光景不好,增加的家畜可以提供食品和物资。在为数不多的几个地方,水源供应比较可靠,那里的人们耕种土地,种植包括棉花在内的农作物,其中的一些作物还可以出口创造一些经济收入。

这种生活方式在20世纪60年代开始出现变化,随着非洲这部分地区国家的发展,卫生保健和医疗条件有所改善。死于疾病的动物数量开始减少,因此,动物数量就开始增加。在城市中,人们的生活富裕,可以购买肉类,这一市场也促使牧民增加牲口的数量。刚刚独立的国家需要外汇,因此国家鼓励种植作物用以出口。在这些国家中,波尔基纳法索、乍得、马里、尼日尔和塞内加尔1961—1962年的棉花产量为2 270万吨,1983—1984年的棉花产量则为1.54亿吨。

这些变化给沙漠边境国家带来了一些繁荣,但这些繁荣却是以不断增加的土壤可蚀度为代价。出现降雨时,余下未开发的草原更快地被消耗掉,并且由于更多的动物在上面放牧,本可以存活的植物却被动物咬光、连根拔掉或者被踩死,使地面变得一片荒芜。这就是过度放牧,同时,人们还将经济作物种植在原来用以生长粮食的土地上,其中的一些粮食可以储存起来以备将来使用。但现在粮食储备已经不充足了。

干旱的后果

牧民别无选择只能四处漂泊寻找水源和更好的放牧地。数以千计的牧民从毛里塔尼亚赶到马里,其他的则从马里赶到波尔基纳法索和尼日尔。100多万人来到了科特迪瓦,在这些接受移民国家中,如此大规模迁移给为数不多的草原增加了压力,迫使政府建立起难民营。尽管这一地区内的政府和国际社会做出种种努力,这次发生的悲剧规模仍然很巨大。联合国环境计划(UNEP)中提到:从1974年到1984年,作为非洲干旱的直接后果,至少有50万人死去,而在1970年到1990年之间,死亡人数则是这个数字的两倍或三倍,从那以后,降雨又开始如期而至。

20世纪60年代的变化还归功于一连几年的降雨时间固定而且雨量颇丰。例如,在位于塞内加尔中部的久尔贝勒,1940年到1969年之间的年均降雨量为27.6英寸(701毫米),1996年的降雨量为27.9英寸(709毫米),而1967年的降雨量则为31.9英寸(810毫米),但1968年的降雨量仅为13.9英寸(353毫米)。之后降雨量又开始增加,1969年增加到34.4英寸(874毫米),但是,到了1970年就降低到23.3英寸(592毫米),1971年为26.1英寸(663毫米),1972年为14.7英寸(373毫米)。图59显示了以上这些变化的幅度。在位于塞内加尔北部、靠近毛里塔尼亚边境的波多尔,1969年降雨量为17英寸(432毫米),与此作为对照,1940—

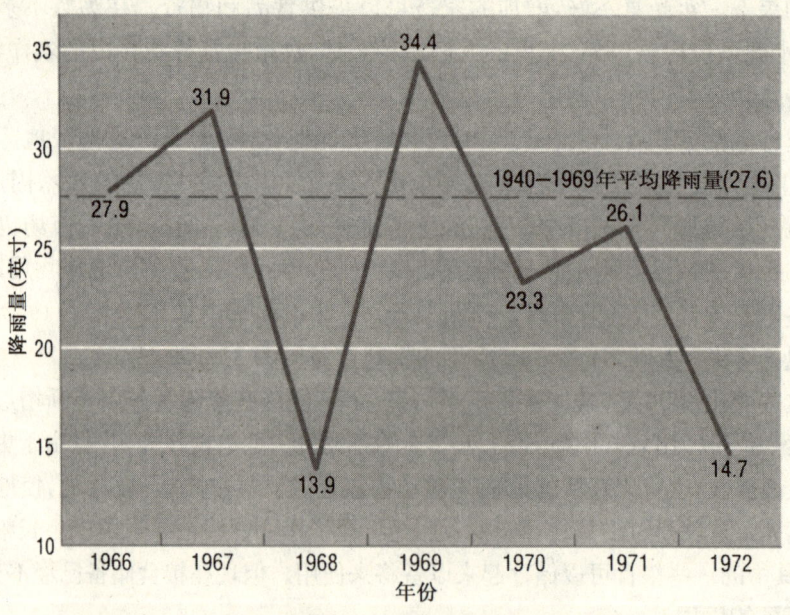

图59 塞内加尔久尔贝勒地区的降雨量

1969年的年均降雨量为13.2英寸(335毫米),但1972年的降雨量仅有3英寸(76毫米)。在尼日尔,1970年的降雨量仅相当于年均降雨量的1/4,相当于1972年降雨量的一半还不到。图59可显示出同一地方在几年的时间内降雨量的变化,而在较长的期间里,天气记录可以表明自从1968年开始,降雨量就一直低于1890—2000年的年均降雨量。

干旱并不是突然降临,仅仅在一年内带来灾难,而是逐渐地出现在连续几年的时间里,在这期间,降雨量都低于正常水平。刚开始还没干燥到足以引起重大损失的程度,但却足以导致过度放牧和地下水面的降低。尽管1969年雨下得很大,但这却不够重新补充含水层中的水分,不够使前几年不断恶化的形式有所好转。于是,干旱开始变为显性干旱(参见"干旱是如何分类的"部分),但干旱却没有结束。到干旱变得严重时,地下水就已经干涸,草原也已寸草不生。

季风与阻塞高压

位于热带地区以北的西非主要依靠夏季季风带来降雨。在印度,人们通常将季风看作是大雨季节,但世界上的其他地区也会出现季风,包括美国在内(参见"季风"部分)。

在萨赫勒地区,也就是北纬10°到20°之间,温暖干燥的空气将到哈得莱环流圈(参见"大气运动与热传递"部分中的补充信息栏:乔治·哈得莱与哈得莱环流圈)的高纬度一侧。在地表附近,热带地区的盛行风为东北信风,但却位于地表以上很高的位置——约为1万英尺(3 000米)的高空,从这一高度一直到平流层之间则是西风(风自西向东吹拂)。在更往北一些的地方,地表盛行风也是西风。

在一些年份里,反气旋在北大西洋上空的中纬度地区连续停留数星期,气团和天气系统继续自西向东漂移,但这些阻塞高压(参见"阻塞高压"部分)的位置根本不会移开,从而为它们让路。气团只好绕阻塞高压向北或向南运动,同时携带低压天气系统,低压天气在不同气团之间的锋面上实力逐渐加强。当阻塞高压停留在冬季和春季时,可以使低气压系统向南偏转进入地中海地区。这通常会给欧洲西北部带来寒冷而干燥的天气,而且经常伴有北风。在南欧,天气则凉爽、湿润。这些天气状况一直持续到阻塞高压喷射出的空气使其势力变弱、空气本身又开始正常运动为止。

这就是地面上的居民所经历的天气状况,但天气的影响却一直延伸进高空大气层中。低压系统向南偏转时,高空西风分支也随之向南偏转。这时,热带汇流区向北运动就要受到限制。在热带汇流区,赤道两侧的信风在此汇聚。在北半球,热带汇流区在春季和夏季向北移动,在南半球,则向南移动(参见"气候循环与振荡"

部分的补充信息栏：热带汇流与赤道槽）。当热带汇流区移动的时候,它会携带赤道降雨同行,将降雨带向南方或北方。在北半球,热带汇流区延伸到北纬20°附近,这一纬度正好将南部的萨赫勒地区与北部的撒哈拉地区分隔开。

如果热带汇流区的季节性迁移受到阻碍,它就不会移动这么远的距离,移动速度也会慢一些,夏季降雨就不会像正常时期范围那么大,或者到来的时间会晚一些。如果它们姗姗来迟,就会比正常持续的时间短,原因是在夏季季末,热带汇流区开始向另一半球移动。如果降雨持续时间短,也就是降雨的时间减少,降雨总量就会比正常时期少。这个时候,撒赫勒地区在一年的时间里就会非常干燥,如果干燥接连持续几年的时间,就会出现干旱。科学家不知道究竟是什么让阻塞高压在北大西洋上空形成,但我们却对它在萨赫勒地区天气中引起的后果了如指掌。

对受害者的谴责

有些人认为20世纪70年代萨赫勒地区出现的悲剧是当地居民一手造成的,他们声称贪欲使牧民不断增加牲畜的数量,从而导致在本来就稀疏的草原上出现过度放牧,使地面直接裸露在太阳的热量和风力之下。土壤变得干燥,被风吹走,将邻近的土地掩埋起来,使生长在那里的庄稼死去,撒哈拉沙漠就是这样在不断向南扩张。

尽管这种观点在某种程度还有一定的正确性,但它还是不太公平。当然,过度放牧破坏了陆地,但干旱是由于没有降雨造成的,而不是当地人的任何所作所为造成的,再说,他们也不能将动物带到其他地方放养。即使牲畜数量没有这么多,草原上也会出现过度放牧,而且许多这些世界上最贫困的人都是通过他们手中动物的数量来衡量他们的财富和社会地位。诚然,从干旱地区吹来的沙子和干土将庄稼和临近土地上的肥沃土壤掩埋,但在萨赫勒地区出现干旱时,这种现象总会发生。当降雨又回到这片土地上时,萨赫勒地区边境地区以及萨赫勒地区中的土地还会再次恢复正常状态。

季风

从12月到次年5月,印度孟买的气候较为干燥。从近60年的记录中可以计算出这7个月的总降雨量仅有1.6英寸(41毫米)。到了6月,降雨开始出现。从6月到10月,该城市的降雨量为70英寸(1 778毫米),7月是孟买最湿润的月份。8月,降雨开始停息,到了10月底,雨水完全消失。同时,气温也基本没有什么变化,孟买全年气温都在80°F(27℃)以上,1月份的平均温度为83°F(28℃)。5月份正处于降雨即将开始之前,它是温度最高的月份,平均温度为91℉(33℃)。

居住在热带以外中高纬度地区的人们认为夏季和冬季仅在温度上有区别。冬季寒冷,人们需要穿上厚衣服、打开暖气。在夏季,人们穿上轻便的服装,打开窗户。夏季比冬季白昼长,你离赤道越远,这一差异就越明显。这使我们认为居住在热带地区、特别是那些离赤道很近的人们根本不会经历一年的四个季节。诚然,赤道附近地区的白昼长度在全年几乎没有什么变化,但却存在着一定的变化,并且,热带植物对这些变化非常敏感。与高纬度地区植物一样,白昼长短的变化会引起许多热带植物开花,但影响这些植物的变化却非常小,高纬度植物不会对这样的变化做出任何反应。另外,这里的日间温度在全年几乎没有变化,日间和夜间的温差比"冬季"和"夏季"的温差还大。

除此以外,大部分热带地区中分布的自然植被就是热带雨林,我们完全可以认为降雨和气温一样保持恒定不变的状态。毕竟,热带雨林生长在湿润的气候中,每天雨下的都很大。然而,这一观点却是错误的。比如说,位于西非加蓬的利伯维尔差不多正处在赤道上(北纬0.38°),该地年平均降雨量为98.9英寸(2 510毫米),如图60所示,这里的夏季干燥,6月到9月的降雨量仅占全年降雨总量的5%,这就是大多数赤道地区和热带地区的典型气候,这里也有一年四季,但区分夏季和冬

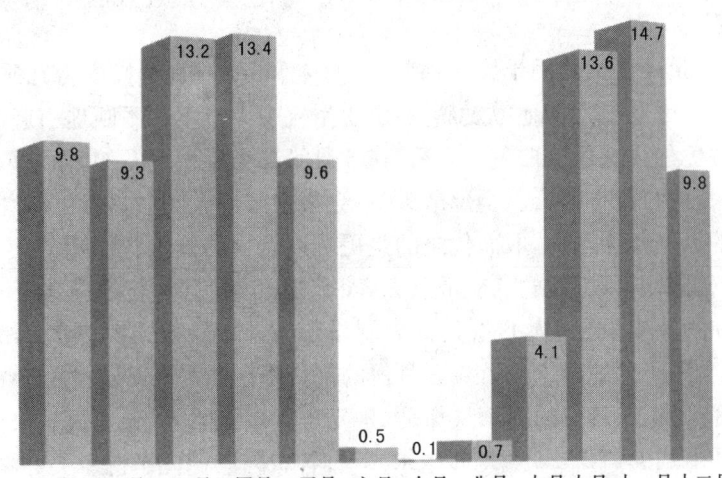

图60 加蓬利伯维尔的降雨量(单位是英寸每月)

季的标志却是降雨量,而不是温度。利伯维尔日间平均气温的变化范围从7月份的83°F(28℃)到3月和4月的89°F(32℃)。所以,如果你来到热带地区,你会发现那儿的人们也会谈论天气,但谈论的内容却不是关于天气的冷热。

冬季湿季与夏季湿季

然而,孟买雨季和干季的差别最大,那里的气候属于季风性气候。荷兰和葡萄牙探险者在16世纪晚期最初开始使用湿季这个词,它可能来自阿拉伯语中的一个单词 mausim,意思是"季节"。阿拉伯的船员们沿阿拉伯和印度海岸四处周游,他们用 mausim 这个词来描述印度洋和阿拉伯海上空的季节性变化,英语单词是由荷兰人和葡萄牙人传给后人,尽管我们用"湿季"这个词来指代特征很鲜明的一种特殊季节,但原本它的全部含义就是"季节"。我们通常将湿季和大雨联系在一起,但这仅描述出其中的一个湿季,实际上,总共有两个湿季。冬季湿季干燥,夏季湿季则很湿润。

热带地区仅有以上两个季节,春季和秋季作为冬季和夏季之间的过渡,每个季节会持续3个月的时间,但这两个季节仅在温和性气候地区才有。在湿季地区,在我们称之为春季的几个月中,气温上升,湿度也增加。例如,在巴基斯坦的雅各布阿巴德,5月份的日间平均气温是111°F(44℃),据说,最高曾到达过123°F(51℃),夜间平均温度降到78°F(26℃)。孟买日间平均气温为91°F(33℃),夜间平均气温为80°F(27℃)。

平常,热带地区炎热而干燥,但到了5月末和6月初,气候变得几乎让人无法忍受。太阳在天空中无情地散发热量,由于空气中大量尘土不断地引起的雾霾,导致天空的颜色呈浅灰色或白色。之后,在6月第二个星期左右的时间里,天空中开始出现云朵,但在黄昏时云就全部散去,不会带来降雨。同时,随着湿度的增加,干燥而炎热的天气就会退去,取而代之的是更难以忍受的低压、潮湿天气。

最后,云朵终于开始增大、变成乌云,突然之间,天空中就像撕开了一个口子,这个变化在瞬间内发生,人们将其称为湿季爆发。湿季爆发时空气结晶,气温降低,空中粉尘降落到地面上。孟买5月份的平均降雨量为0.7英寸(18毫米),4月根本没有降雨,但6月份的降雨量却是19英寸(483毫米)。整个夏季大雨不断,到了9余降雨减少到2.5英寸(64毫米)。雅各布阿巴德位于比孟买更深入的内陆地区,因此,这个地方的气候不可避免地会更干燥一些,5月份的平均降雨量为0.1英寸(3毫米),6月份的平均降雨量为0.3英寸(8毫米),但到了7月份和8月份,降雨量就增加到0.9英寸(23毫米)。乞拉蓬奇位于印度阿萨姆高山地区,海拔高度为4 309英尺(1 313米),这里是世界上最湿润的地方。它的年平均降雨量为425英寸(10 795米),其中,5月份和9月份的降雨量总共为366英寸(9 296毫米),占总量的86%。

气象赤道的移动

当气象赤道(气温最高的地方)向地理赤道以南或以北移动时就会出现季节性变化。气象赤道移动时会携带赤道气候带一同移动,使热带和亚热带气候带延伸到纬度较高地区中。这足以产生季节,但却不会让湿季到来。气象赤道移动是由于北半球比南半球陆地数量多造成的,这就意味着大气总体循环(参见"空气运动和热传递"部分的补充信息栏:大气总体循环)在高纬度地区产生的亚热带高压区和低压区主要集中在一个半球的陆地上空和另一个半球的海洋上空。这就使冬季和夏季的气压分布情况颠倒,同时,也就改变了盛行风的风向。

这就像是一个炎炎夏日海边的天气变化一样,会在白天产生海洋风,夜晚产生陆地风。在白天,陆地升温比海洋升温快,陆地上的暖空气膨胀上升,将海洋上空的较冷空气抽取过来,补充上升的暖空气,这就是海洋风。在夜间,陆地降温比海洋降得快,整个情况就与上面相反,空气作为陆地风从陆地移向海洋。

喷流与青藏高原

冬季,亚洲内陆地区位于正在沉降的冷空气层下。地表气压值较高,天气干燥。在6 500英尺(1 980米)的高度附近,风自西向东吹拂,在与亚热带气象锋相关的喷流(参见"喷流与风暴路径"部分)中风力达到最大值,喷流位于喜马拉雅山上高度约为40 000英尺(12.2公里)的位置,但却分为两个分支,在中国北部地区再次汇聚在一起。青藏高原覆盖面积广阔,高度达到13 000英尺(4公里)以上,印度位于喜马拉雅山南部,温度比西藏高很多,气温差异主要是由于纬度差异造成的。西藏拉萨的日间平均气温为44°F(7℃),而德里的日间平均气温则是70°F(21℃)。南北气温之间的这一巨大差异,再加上高山形成的屏蔽,一起使喷流的南侧分支固定在印度北部地区。

沉降到西风带下方的空气从青藏高原中喷射出来,在延伸至南部的海洋上空,近海空气温度较高,地表气压较低,使这里出现的风为陆地风类型。当风从山间吹来,它首先为西北风,但当风到达印度半岛时,风向就转为东北风,吹过印度地区,并继续吹过阿拉伯海地区。由于陆地风来自于亚洲中部的干燥内陆地区,风通常很干燥,不会给沿途经过的陆地带来降雨,这就成为干燥的冬季季风。

夏季湿季

早春时节,位于高空的西风带向北移动,但喷流仍保留在印度北部的位置上,只不过喷流势力有所减弱。太阳向北移动,温度升高,天气变得极其炎热,对流引起受热空气上升,使得陆地上空产生大面积低气压。随后,南北两半球信风相遇的亚热带汇流区开始向北移动穿过印度,喷流继续减弱,开始变为间歇性,最终向青藏高原的北部漂移。在青藏高原的南部,20 000 英尺(6 公里)高空处的风向为东风,低空风向则为西南风,这就是南半球的信风。当南半球信风停留在赤道以南时为东南风,但在北半球,科里奥利效应使其向右偏转。这样一来,随着亚热带汇流区向北移动,位于其南侧的风向则为西南风,西南风一路吹过印度,但在到达喜马拉雅山的时候却受到阻挡,在这里再次偏转方向,直到变为自西向东吹拂,再自北向南吹拂,将空气带回到海面上。

作为海洋上空的信风,它们早已含有大量的水分。当它们穿过阿拉伯海到达印度时,就聚集了更多的水分,在沿印度中部高原上升时,空气冷却,形成云朵,降雨开始出现,这就是夏季湿季,伴有急雨出现。到了秋季,湿季结束,热带汇流区及信风再次向南移动,冬季气压和风系重新恢复。

在东部地区,夏季湿季影响着亚洲南部的所有地区,并向东延伸到日本南部,但在这里,湿季势力不再那么显著,原因是风中所含的大部分水分已经在缅甸、泰国和越南上空流失掉。在日本的长崎(北纬 33.7°),约有 30% 的降雨出现在 6 月和 7 月。

非洲和美国的湿季

气压分布和信风的季节性移动引起了夏季湿季和冬季湿季,导致盛行风向转向。在夏季,盛行风从一个方向吹来,冬季则从相反方向吹来,这样,就从一个方向上带来了干燥的空气,从另一个方向上则带来了降雨。由于青藏高原面积广、海拔高,还有亚洲大陆面积也很巨大,因此这种季节性移动在印度和亚洲南部表现得极为显著,但它在整个热带地区中也会出现。

在冬季,来自青藏高原的东北风给印度带来干季,并继续穿过阿拉伯海,风向几乎与东非海岸相平行。东北风聚集水分,但由于风向与海岸平行,而不是穿过海岸,因此东北风没有带来多少降雨。在埃塞俄比亚的亚的斯亚贝巴,10 月份到次年

3月份这六个月的平均降雨量为6.2英寸(157毫米),索马里的摩加迪沙10月份到12月份的平均降雨量为3英寸(76毫米),从1月份到3月份则根本没有降雨。然而,再往北一些的地方,亚洲东北风无法聚集水分,风吹过干燥的阿拉伯半岛和狭窄的红海,在春季,当亚热带汇流区向北移动时,东南信风影响着位于其南部的地区,但东南信风也只会带来少量的降雨。

  在夏季,亚洲夏季湿季才会发挥强大的影响力。西南风成为盛行风,尽管它们从大西洋南部一直吹到非洲大陆,却携带着表现显著的雨季。亚的斯亚贝巴在4月到9月这六个月中的平均降雨量为28.3英寸(719毫米),7月和8月是最湿润的月份,摩加迪沙在这期间的平均降雨量则是14英寸(356毫米),这段期间就是非洲的湿季,它在南北两个半球影响着阿拉伯南部和非洲的东部地区,影响范围从埃塞俄比亚到莫桑比克北部和西非的一小部分地区,以及从象牙海岸一直到尼日利亚这部分地区。

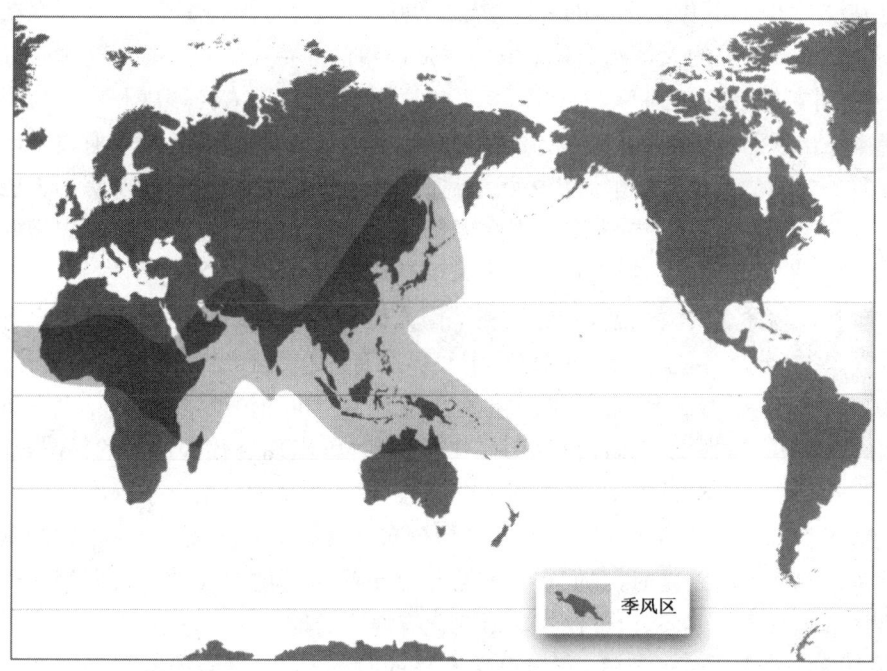

图61 受湿季影响的非洲和亚洲地区

在美国海湾地区也会出现一个与此类似的气压和风向的季节性转变,但却不那么显著。各个地方降雨量的季节性差异都不太大,但在迈阿密,11月到次年4月的平均降雨量为15.4英寸(391毫米),5月到10月的平均降雨量为43.4英寸(1 102毫米),这就是美国的湿季。

湿季没有出现的时候

在干燥和湿润季节之间的差异最明显的地方,湿季的意义最为重大,原因是在湿季期间,农民主要依靠湿季降雨,整个农业也要配合湿季降雨的情况。降雨的迟来会引发困难,如果降雨雨量低于平时,农业就会减产,如果降雨没有出现,庄稼也就不会有收成。过多的湿季降雨也会带来不小的麻烦,河流会冲垮岸堤,水灾会殃及大面积地区。

不幸的是,迄今为止意义最重要的亚洲湿季在某种程度上总是不太规律。古气候学家已经发现湿季主要在1230年、1280年、1330年、1530年、1590年和1640年分别没有出现,其中最严重的一次始于1790年,一直持续到1796年。仅仅在印度,就有60万以上的人口死于其造成的饥荒,当时,世界人口为目前人口数量的1/6。据估计,从1876年到1879年,约有1 400万到1 800万人在印度和中国死于湿季降雨没有出现而引发的饥荒。降雨在1890年也没有出现,这使英国政府请来印度气象服务部门的负责人吉尔伯特·沃尔克爵士(1868—1958)调查湿季降雨未能出现的气象原因,并寻找出对未来出现此现象进行预测的方式,这样可以事先做好准备,减少灾难的程度。尽管沃尔克爵士未能达成此目标,但在研究的过程中,他发现了现在以他命名的大气循环,还发现了南方涛动现象(参见"厄尔尼诺现象与拉尼娜现象"部分)。湿季在20世纪70年代早期有两次没有出现的情况,使印度和孟加拉有100多万人口死去,这两次是有史以来最严重的情况,但也有不太严重的时候,表现为降雨到来,但雨量却很少。19世纪时曾出现过几次这样的情况,1918年又出现一次。在更近的1965年和2000年出现了雨量较低的湿季降雨。

对于我们这些生活在降雨量全年平均分布地区的人们来说,当一年中的其他时间里都几乎没有降雨时,我们很容易忘记季节性降雨的重要性。人们努力适应这种极端的季节性气候,但仅仅在季节变化有规律的地方这种适应才会起作用,没有降雨的时候就会出现干旱,而当出现干旱的时候,人们就会挨饿并经常会有人饿死。

如何应对干旱

干旱气候地区的农业

从重量角度看,植物主要由水构成。植物生长时会将水吸收到新形成的细胞中,并使用水来运送营养物质,提供技能上的支持(参见"植物为什么需要水"部分)。一些像仙人掌之类的植物已经适应了沙漠中的条件,将水贮存在体内组织中,尽可能少量地释放水分。一些这样的植物可以食用,但通常说来,它们并不是给我们提供食物的植物种类。庄稼类植物已经被种植几千年的时间,可以产生大量的营养食物,现代种类多样的粮食中有许多种类都出现在世界中降雨量有规律并可以满足植物生长所需的地区。如果现在的气候不能提供足够的水量,通常的补救措施就是提供灌溉系统(参见"灌溉"部分)。

然而,还有另外一个选择,它涉及到将一些土地暂时闲耕不用。

建设家园者的到来

19世纪中期,当美国的铁路向西扩展时,农民也随之向西搬迁。联邦政府批准铁路公司将土地扩展到铁轨两侧20英里(32公里)的范围内,这给铁路公司留有比实际所需更多的土地,公司就将这些土地以每公亩10美元(4美元每英亩)的价格出售给当地的定居者。联邦政府为了努力筹集资金,也为了鼓励工业的发展,也将土地出售给定居者,售价仅为每公亩3美元(1.25美元每英亩)。农场离铁路的距离越近,农民就越容易将农产品运送到市场上,购买设备和装备,再运回家里,运输成本也就越低。农民们愿意离铁路近一些,铁路公司也对其表示热烈欢迎,并鼓励他们向铁路靠近。

一段时间过后,还出现了免费的土地。1860年的家园法案为愿意在这片土地上居住、耕种和改善土质的人们提供160英亩(65公亩)的土地,供其免费使用,期限为5年。5年后,这片土地就归定居者所有。

几十万人受到提供免费土地的吸引,开始出发加入到那些购买农场的人们中。建设家园者来自美国东部,也有来自欧洲的移民,例如,在1974年,欧洲的一个基督教教派蒙诺乃茨当地人的祖先主要是一些从俄罗斯迁移到美国的德国人,在堪萨斯州购买了60 000英亩(24 280公亩)的土地。

这些移民们所掌握的农业知识全都是针对雨量充足的陆地。当他们在这片全新的土地上定居时,他们就开始尝试使用他们以前熟知的耕种方法,但很快就发现这些方法失败了。大平原西侧上的气候非常干燥,无法使庄稼生长(参见"尘暴"部分)。铁路公司意识到了这一问题,要求政府帮助这些定居者,1906年,政府建立了干燥土地农业局。

干燥农作

干燥土地农业局推荐了一种闲耕耕种方式。在农业局提议的体制中,农场被分为两等份,在其中的一半土地上种植庄稼,在收割庄稼后,土地闲耕一年,同时在另一半土地上种植庄稼。当闲耕土地"休息"时,要每隔一段时间对其进行犁耙,这就会破坏野草和从前一轮耕种留在土壤中的种子生长出来的植物,这还会在土壤中留出空隙,让水更容易渗透进来,并将所有植物清除,防止由于蒸腾作用而使水分流失。在一整年的时间里,只要有雨水降落,闲耕土地就会将水全部收集起来。许多水分不可避免地会流失,但剩下的水足以使种子发芽率和接下来的庄稼早期生长率显著增加,实际上,每种一年生庄稼都可以使用一年以上的水。

并不是农业局自己设计出这种方法的,犹他州图勒县的农民从1877年就开始使用这一方法,到了19世纪80年代,该方法已在犹他州北部大多数地区中牢固地确立下来。几年以后,科罗拉多州也使用与此类似的一种方法。几种由干燥地区耕种方法种植的玉米、马铃薯和洋葱在1906年科罗拉多州展销会上获奖。

1909年,家园法案扩展法对原来的法案进行增补,将气候干燥地区中提供的免费土地增加一倍,变为320英亩(130公亩)。政治家们意识到仅有一半的土地在一年中可以得到开垦,因此,前来开拓家园的家庭需要的土地面积为原先的二倍。法案规定定居者如果耕种80英亩(32公亩)的土地长达5年的时间,他们就会永远拥有这片土地。

这一农业耕种类型被称为干燥农作,在整个美国西部干燥地区都获得极大的成功。帕劳斯地区、华盛顿州东南部地区以及远至俄勒冈和爱达荷部分地区的农民至今仍以这种方式种植小麦和豌豆,只不过每年他们在每片农田中种植不同的庄稼，而不是将农田闲耕。像这片地区原生的高原青草一样，小麦可以将其根部延伸到 6 英尺（1.8 米）深的地方，寻找水源，这使小麦足以熬过干燥的夏季，并且产量也会很高。

沙漠农作

美国农民经过反复的试验发展了自己的干燥农作方法，但即使在北美洲，也还有其他的一些人像他们这样研发自己的耕作方法。当美国农民仍在对这种耕作方式进行试验时，亚利桑纳州的土著人很早以前就已经使用这种方法了。

土著人选择较浅的凹陷处，因为水最有可能在这里聚集起来，并从 4 月份到 7 月份开垦这样的土地。土著农民将天然生长的植被清除，腾出小面积的农田来，在每片农田上播撒西瓜、南瓜、大豆和至少 24 种不同种类的玉米种子。他们还修建防风带减少蒸发量和土壤侵蚀，种植是否会成功主要取决于在生长期间是否适时出现降雨，这一点总是不太确定，但如果植物得到所需的水量，庄稼产量就会非常充足。

在位于几千英里以外的苏丹，人们也发展出一种与此类似的干燥农作，那里的年均降雨量从 5—8 英寸不等（127 毫米到 203 毫米），在有些地方，降雨量仅为 4 英寸（102 毫米），像这样的地方就是沙漠。然而，降雨都出现在 3 个月或 4 个月中，因此降雨很集中。

像美国土著人一样，苏丹农民也开垦较浅的凹陷地，种植高粱，高粱是一种与玉米外形类似的粟类作物，结出的谷物可以研磨成与玉米粉类似的面粉，但它的蛋白质含量较高。

不同形式的干燥农作在北非和西南亚的其他地区中也出现过。很显然，这种方法非常古老，西南亚是最初种植小麦和大麦的地方，这里也是农业开始形成的地区之一，因此，干燥农作可能是所有农业类型中最古老的一种。

水的有效利用

干燥农作这种耕作方式并非完全不使用水，这是不可能出现的。在干燥气候地区的土地上耕种不用灌溉，这与不使用水是完全不同的概念，它表示的是以最有效的方式使用水，并将水分的流失减少到最低点。

在以色列，种植石榴的果园都位于年平均降雨量为 6—8 英寸（152—203 毫米）的地方，石榴树之间的空隙很大，使果园看起来更像一片零散的灌木，而不像欧洲或美洲温和气候地区的果园那样。

这看起来像是在浪费空间——尽管沙漠中并不缺少空间——但实际上,这样做却有充足的理由。沙漠灌木丛原本就会远离彼此而生长,如果灌木丛彼此距离很近,它们在土壤中竞争有效的水分就意味着它们都不会获得充足的水量,这就会使他们全部死亡。以色列的果园之所以设计成这种方式也是出于同样的原因,每株灌木都矮于人的身高,位于沙漠表面下小盆地的中心位置,雨水和露水沿盆地侧面流淌下来,为灌木提供足够的水分用以生存。

这种方法还有其他的表现形式。在较缓的坡面上,可以每隔一段距离就开垦一片平地,下雨时,水顺坡流下,流入田中。远处的坡脊可以阻止水从田地流走。如图62中的图1所示,每片梯田都可以锁住所有顺坡流下的水并使其停留其中。如图2所示,如果是水平地面,就可以人为制造坡面。在这种情况下,就会出现一系列下沉的梯田,每片梯田都会锁住从各侧流入的水。

图62　保持水分的耕作方式

护根

通常,一层死亡植物会帮助保留水分,这些死亡植物一般是以前的庄稼在土壤表层中残留下来的物质,在加利福尼亚州,大麦以这种方式种植的就很成功,每英亩/英寸降雨量的农田产量为 93 英镑。每英亩/英寸指的是覆盖一英亩地棉田达一英寸深度的降雨量,相当于 3 630 立方英尺的水量。这一原理在农田每年都种植在下沉梯田时最为有效,但有时,梯田会每隔几年闲耕一段时间。

植物物质结成的表面被称为护根,园艺师经常使用护根来遏制野草的生长,保持水量。护根还可以通过给土壤遮荫、降低土壤温度而减少蒸发,尽管护根可以有效地处理掉残留的剩余稻草、劈开的木头和其他一些废物,但护根不一定非由植物制成。沙砾和许多其他材料也可以用来制作护根,铺撒护根并不像听起来那么辛苦,农民有专门的机器可以将土壤从地表掘起,经过筛滤,留下其中原本含有的沙砾,在将沙砾撒播在地表上成为护根。

塑料薄膜

常规护根可以减少水从土壤上蒸发的速度,但它们却不能阻止蒸发的发生。如果天气条件一连几个星期都很干燥,那么护根和土壤都会变干。

如果地面上覆盖着扎有小孔、可供播种使用的透明塑料布,水分就会保留更久的时间。塑料薄膜在园艺种植中被广泛使用,即使在降雨充足的地区也要使用,原因是它通常是不必使用除草剂就可以控制野草生长的最廉价、最有效的方式。人们甚至还是用塑料薄膜来聚集水分,植物生长在较前的凹陷处或下沉的梯田中时,如果整片地区都覆盖着薄膜,夜间凝结在塑料上的露水就会沿坡面向下滴流到植物上,这样在清晨太阳照射使水蒸发之前,植物就将水分吸收。

如果一点水分都没有的话,庄稼不可能生长,但干燥农作方法可以在水量少得惊人的情况下使农作物勉强生长,在世界上任何一个降雨稀少的地方,都可以发展起这种农作方法,尽管这些方法无法使产量像那些水量充足的土地一样高,但在整个人类历史中,干燥农作方法使一些干燥地区都变成可居住的地方。

灌溉

墨西哥城位于四面环山的大平原上,海拔高度为 7 575 英尺(2 310 米)。那里的年降雨量为 30 英寸(762 毫米),但其中有 90% 的降雨都出现在 5 月份到 10 月份之间,11 月到次年 4 月的降雨量仅有 3 英寸(76 毫米),当地的气候对人体很适宜,但在冬季,天气却非常干燥,庄稼只有在另外提供水分的前提下才可以生长。

如果你现在拜访这座城市,你会发现城中有许多运河,然而,修建这些运河并不是为了运输使用,它们是世界上曾经有过的最不寻常的农业设施。

墨西哥人造草坪

当第一批欧洲人在 1519 年到达墨西哥时,他们发现了一个特诺奇蒂特兰-特拉特洛克首都阿兹台克统治下的一个王国,这是一个令人印象深刻的城市,位于现在墨西哥城的位置上。当时,一个面积宽广的湖泊在夏季覆盖着 1/4 的山谷,在冬季,由于水分在干燥季节蒸发,这片湖泊就变成了 5 个面积较小的湖泊。其中的一个湖叫做索其米尔克湖,位于该城的南部,水源来自于其南岸上的泉水。那里的地面潮湿,当地农民通过挖掘运河使地面变干,这就使洁净的清水更加自由地流入湖中,并从那里向北流入更深的特克斯科克湖。

运河的宽度不等,但它们或多或少地都与彼此平行,与其他运河呈直角连接起来,形成网格状。运河底部开采的淤泥堆在两条运河之间的陆地上,使陆地高度上升,并产生出一片狭窄的、四周环绕着运河的方形小岛和深进湖泊的半岛。这些小岛和半岛被称为墨西哥人造草坪。最初,它们是由缠绕在四周围的藤条和树枝固定在那里,后来,柳树取代了许多这样的防护栏。

每片人造草坪长约 300 英尺(92 米),宽为 15—30 英尺(4.5—9 米),并且它们都得到了开垦。农民们乘坐平地船行驶于草坪之间,他们还使用这种船从运河河床中挖掘淤泥。挖掘淤泥使运河畅通,泥浆还可以为田地提供肥料。运河中长有水生植物,农民收集这些水生植物,并将其拖到自己的田地中,他们将植物散布在地表上,并用泥浆将其覆盖。当这样的描述在 16 世纪传到欧洲时,描述让人们认为墨西哥人在飘浮的花园中种植粮食。到了现代,开垦草坪的墨西哥土著人声称每年他们都会从每片农田中种植两季玉米和五季其他的植物。

索其米尔克周围地区在 15 世纪成为阿兹台克城邦的一部分,草坪的高产帮助维持阿兹台克城邦,但这一耕种方法的历史却比这个时间古老的多,考古学家认为最初的人造草坪运河可能在 2000 年以前就开始挖掘了。

最初,挖掘运河有可能是为了使潮湿的土地变干,挖出的淤泥形成的人造草坪是垦殖土地的偶然形式,与在荷兰和英格兰东部部分地区提供肥沃农田的垦殖方式类似。然而,人造草坪却更先进一些,原因是运河还可以在整个干燥季节提供水源,还可以为草坪提供植被和淤泥,用作肥料。不需要水的地方就将水排掉,运送到需要的地方,那里非常有效的水源管理设施可以维护植物的营养物质。

水源管理设施相关的知识传播到现在的亚里桑纳州,hohokam 在现在美国土著人的语言中表示"离去的人",这些土著人生活在盐河周围的地区中,但这个词实际指的是在公元前 300 年左右从墨西哥搬到那里的民族。这些农民修建了总计达 150 英里(241 公里)长的灌溉沟,其中的一些灌溉沟宽达 30 英尺(9 米),深度达到 10 英尺(3 米),他们还种植玉米、大豆、南瓜和棉花。

他们的灌溉耕种设施支撑了众多的人口,并且使他们有足够的空闲时间修建城镇、发展艺术、贸易和政府。公元 1400 年以后不久,hohokam 人就消失了,他们的运河也废弃不用了,没有人知道为何会发生这样的事情,也许是他们的耕种遇到了任何灌溉设施都会面临的最大危险,肥沃的土地也遭到破坏。

灌溉与文明一样古老

在气候干燥的地方,使耕种能够进行的最明显的方法就是将存在的水引入开垦地区,这就是灌溉,几千年以来,人们一直在进行灌溉,并且在不同的地方分别都发现了不同的灌溉方式。例如,现在,埃及 99% 的水都被用来灌溉庄稼,埃及农民在 4 000 年以前就开始灌溉土地,他们也许是从"多产新月"的农民那里学会如何灌溉。它指的是底格里斯河和幼发拉底河之间的地区,位于现在叙利亚和伊拉克的位置。这里是中东文明最初发展起来的地方,而西方文明继承了中东文明。8 000 年前,最早的农场和城镇在这片地区里发展起来,在很短的时间里,这些农场得到灌溉,因此,你也许会说灌溉与文明本身一样古老。

灌溉运河经常从河边开始挖起,将一部分水流引到田地边缘,人们经常修建大坝来围成人工湖,水可以从湖中顺河道进入到灌溉设施中。

如果没有适合的河流,浇灌庄稼最简单的方法就是挖井来获得地下水(参见"井水与泉水"部分),并将水从井中灌注到灌溉渠中。几千年来,人们一直在使用这种传统的方式,至今在世界许多地区中仍然可以看到。

人们最熟悉的设施在埃及被称为沙杜夫,在印度的一些地区被称为单柯利,在其他地区则被称为帕阿脱卡,它可以灌溉 0.8 公亩(2 英亩)的农田,它由一根位于井上 2.4—3 米(10 英尺)的水平大梁构成,一侧由一根锥形的水平杆子支撑。在杆子长而细的一端上悬挂下一个水桶,重量相等的物体被固定在短而粗的一端上,人拽拉绳子将杆子较长的那一端向下拉动,使水桶下降到井中。水桶装满水时,等重物使杆子摆动将水桶吊上来,操纵装置的人就可以将水倒入水渠中,为成片的水沟网提供水源。

动物(通常是牛)被轮流使用推转辘轳,水桶被绑在缠绕在辘轳上的绳索上,并且在半数的水桶下降时,另一半的水桶就在上升。当水桶到达井面以上时,就会将水自动翻倒到水渠中。

挖掘水渠并将桶中的水倒入田地中并不需要太多的技术,但一些传统灌溉方法却复杂得多。比如说,在撒哈拉部分地区中就由一些坡度不太大的水渠,使地下水聚集起来,并将其引入绿洲中,这样就增加了可开垦的面积。被称为沙漠地下水管的水渠在建成以后就会被覆盖起来,水就在地面下流动。

纳巴地灌溉与阿基米德螺旋转

在公元前950年到970年期间,以色列内盖夫沙漠中的农民发明了一种"收获"水的方法,并在纳巴地和罗马-拜占庭期间(公元前300年左右到公元630年)将其扩展。内盖夫的年均降雨量达到4英寸(102毫米),但降雨的形式是雨势很大的阵雨,使河流波涛泛滥,造成突然爆发的洪水。

古代的农民们修建矮墙,将这些水控制起来,并将其引入低处的梯田中。水进入了一片农田中,在那里停留的时间足以渗透到地面下,在流淌到下面的梯田中,这样依次进行,直到余下的水滴流进地下蓄水池中。如果这一过程看上去与现代干燥农作的方法(参见"干燥农作"部分)相似的话,也许是因为现代方法就是建立在这些古老的纳巴地方法的基础上。这种设施为农田提供的水量差不多是降雨直接降下所带来雨量的五倍,这一灌溉设施使纳巴地人耕种了内盖夫50万英亩(20.235万公亩)的土地,并养活着几千个农业家庭以及6个城镇。

最终,这些水渠被荒废不用,纳巴地农业知识也失传了,只有在近代,研究目前沙漠地区的考古学家才追溯到纳巴地人的城墙,并将设施的运作原理进行重建。以色列工人们现在在恢复梯田,他们修墙所用的是混凝土而不是沙漠中的石头。

收集稀有水源的不仅仅只有纳巴地人,塔尔沙漠位于印度和巴基斯坦之间的边界线上,沙漠中的人们发明了一种与此非常类似的方法。沙漠中的气候属于季风气候(参见"季风"部分),在夏季湿季期间,在1星期之内,降雨量可达到10英寸(250毫米),降雨很急,因此,在水还没来得及渗透进干裂的土壤以前,就会沿地表流走。为了阻止这一现象发生,农民们在山谷中修建坝墙将水留在坝中,墙上留有水闸可以将剩余的水以可控制的方式排走。水被留在大坝后面,在那里,水开始深入地面,在营养物质丰富的淤泥层表面沉积下来。在水从地表上消失以后,土壤保持湿润状态,可以在上面种植小麦和刍豆。

拉拽井绳使水桶上升或者转动辘轳都可以从井中打到水,但还有另外一个更富有创造力的方法,这种方法被称为阿基米德螺旋转,这一名称表明此方法是由西西里塞拉库斯城最著名的人物——希腊数学家、工程师阿基米德(公元前287年—212年)发明的,但有些人认为在阿基米德出生以前很长的时间起,埃及人就在使用这种方法了。

顾名思义,螺旋转为圆柱体,长约10—15英尺(3—4.5米),轮缘为螺旋形,就像螺丝钉上的螺丝线一样在表面环绕。螺旋转与没入水中的一段倾斜成一定角度,当它开始转动时,水就顺着"螺旋线"上升,在顶部喷射出来。尽管这种方法非常古老,但它至今仍被使用在工业用途上或打取灌溉用水上。

但在最现代的农场里,最常见的灌溉设施应是洒水车。水泵将水压到洒水车中,通过旋转管嘴将水喷洒出去。当喷洒出来的水将一片地区完全浸透时,洒水车就会移动到另一处。一些农场里的洒水车是自我驱动式,在自身动力推动下,缓慢地沿直线移动,农场洒水车与花园中的草坪洒水车工作原理相同,只不过体积稍大些。

灌溉中的问题

不幸的是,灌溉也会引发严重的问题。灌溉通常来说是一种浪费,显然,庄稼在天气干燥炎热是最需要灌溉,但这也正是蒸发率最高的时候。在洒水设备喷出的水雾中,有30%的水没等到达地面就蒸发掉,只不过这一损失可以通过在夜间喷洒而有所减轻因为在夜间温度较低,这也就意味着蒸发率也会比较低。

在许多地方,灌溉用水是从地下水中抽取得(参见"地下水"部分),通过这一途径将水从含水层中转移走的速度要快于水流入含水层使其得到补充的速度。当这一过程发生时,地下水面下降,因此井眼和钻孔必须要达到更深的地方。最终,地下水面也会下降到再也无法达到的最低点,这时,形势就变得很严重,但海岸附近的危险性就更大。如果地下水面降到海平面以下,海水就会开始流入含水层,海水含有盐分,比淡水密度大,就会像楔片一样在下面推动淡水,这就会使淡水从原来的位置移走,但多少也会与淡水混合在一起,这样,灌溉用水的盐度变得越来越大,最终,积聚的盐分足以使庄稼作物受到损害。

盐化与水渗

盐水侵蚀是海岸附近才会面临的危险,但盐分也会破坏任何地方的土地。盐化指的是盐分在土壤表面附近聚集,与水渗密切相关。盐化与水渗结合在一起就会破坏土著人 hokokam 发展起来的农业设施,产生的问题范围广泛,并且历史也很悠久。

　　雨水从地表蒸发时,一些流到地面上的水会滴流进土壤中,最终形成河流。这种流水总是在不停地流动,另一方面,灌溉用水却不会流动,灌溉的目的就是使土壤湿润,并使土壤长时间保持这种湿润状态,这样,供水速度就可能快于流入地下水的速度,通常,出现这种情况是非常有益的,庄稼会生长良好,产量增加,农民们也会满心欢喜。因此,长久以来人们一直采用这种做法。但由于农民们补充水量的速度快于水排走的速度,因此地下水面逐渐稳步上升,很长时间以来,人们都未对其予以关注,地下水面也依然处于庄稼作物的根部以下。

　　之后,植物生长开始缓慢起来,这也许是由于地下水面已经上升的高度足以覆盖庄稼作物的一部分根系,而根部需要空气进行呼吸作用,一些植物可以比其他植物更能忍受根部浸泡在水中,但过不了多久,大多数庄稼作物都开始受到损害,实际上,一些根部已经完全浸没在水中,无法在吸收营养物质维持生命了。这时,土壤开始出现水渗现象。

　　发生水渗的同时也伴随着出现盐化的危险性,灌溉用水并不是纯净水,里面总是含有一些溶解的矿物盐。如果灌溉用水滴流进地下水中,水中的盐分就会随之流动,但如果地下水面上升的话,盐分就不会随之流动,原因是水在地下聚集,而不是在地下流动。在地下水面以上的地方,由于毛细作用(参见"地下水"部分)水被抽向上方,在炎热干燥的天气条件下,灌溉作用最为突出,这时,水就会从地表蒸发掉。

　　蒸发的水是纯净的水蒸气,在蒸发时,水分子与溶解在其中的盐相分离,盐分就留在了最上面的土壤层中,并在此聚集起来。向上移动的水分将其溶解,土壤中水的盐度就越来越大,直到不断增大的盐度破坏了根细胞内部溶液和根细胞外部土壤溶液的平衡性。当土壤溶液密度超过根细胞溶液密度时,纯净水就会从根部细胞中流出,而不是流入根细胞,这就会使植物因缺少营养、脱水而导致死亡。庄稼死去的时候,土壤已经遭到严重破坏。

防治措施

　　对出现的这种情况进行补救是非常困难的,通过使用淡水冲刷土壤可以使盐分溶解在水中、与水一起被冲走而达到去除土壤中盐分的目的。然而,如果土壤出现水渗,这种办法就丝毫不起作用,除非地下水面首先降低下来。

　　一个有效的方法就是使井下降到足够深的地方,可以达到污水(污水从上方下降到这里,但还没流入深处的地下水中)的水位以下,并用水泵将那里的淡水压到底表处,这样做可以将土壤中的盐分冲掉,只要水泵继续工作,蒸发掉和流失掉的水分就可以保证地下水面继续下降。

这种方法造价很高,因此更好的办法就是对危险性进行预测,从而避免损失。如果灌溉水管设在地表下,并将一定量的水直接输送到植物根部周围的土壤中,蒸发作用就会被缩减到最低点,地下水面就不会上升,盐化也就不会出现了,现在,许多灌溉设施都依照这一原理运作。

如果安装灌溉设施的同时也安装排水设施的话,土壤就不会出现水渗或盐化的现象,原因是排水设施可以保证灌溉用水会从灌溉区中流走,而不会在那里聚集。也许,这是墨西哥人造草坪获得成功的秘密所在。由于提供灌溉用水的泉水位置高于位于水渠网另一侧上的湖水位置,水就会从高处流向低处。灌溉用水不断流动,它所灌溉的田地正位于水渠水位以上的位置,这样,田地就不会出现渗水现象,水渠并不是死水水沟,而是不断流动的小溪流。

灌溉是庄稼可以在干燥的气候中生长,这就极大地扩展了为人们提供粮食的农田面积。目前,全世界有 233 平方公里(9 亿平方英里)的灌溉农田,其中,60%以上的农田都位于干燥地区。如下表所示,大约有 48%的农田都位于近东地区,37%左右则位于亚洲地区。从整体上看,1/6 左右的开垦土地都得以灌溉,而这些土地的粮食产量则占全世界粮食总产量的 1/3 左右。平均说来,人工灌溉农田的产量是仅凭降雨浇灌土地产量的 2 倍。

表3 灌溉农田

地 区	面 积 (1 000 英亩)	面 积 (1 000 公顷)	占全部开垦农田的百分比
非洲	30 082	12 174	9.9
北部地区	14 616	5 915	24.8
苏丹—萨赫勒地区	6 138	2 414	12.1
几内亚海湾	1 161	193	4.0
中部地区	299	121	3.9
东部地区	1 072	434	2.9
岛区	2 730	1 105	40.3
南部地区	4 065	1 645	8.1

续 表

地 区	面 积		占全部开垦农田的百分比
	（1 000 英亩）	（1 000 公顷）	
前苏联	56 315	22 790	11.0
俄罗斯联邦	15 132	6 124	5.2
中亚	28 114	11 377	26.2
东欧	7 532	3 048	7.7
高加索	5 456	2 208	67.4
波罗的海国家	81	33	0.7
北美洲	54 658	22 120	9.9
加拿大	1 779	720	1.1
美国	52 879	21 400	13.8
拉丁美洲及加勒比地区	45 454	18 395	13.9
墨西哥	15 459	6 256	34.1
美洲中部	1 112	450	6.7
大安第斯地区	3 105	1 257	17.6
小安第斯地区	13 007	5 264	
圭亚那属地	497	201	35.8
安迪恩属地	9 037	3 657	21.4
巴西	7 092	2 870	5.8
南部	9 139	3 698	11.2
近东地区	117 955	47 736	48
马格里布	6 716	2 718	16
非洲东北部	13 326	5 393	46
阿拉伯半岛	5 531	2 238	80
中东地区	22 033	8 917	30
中亚	70 349	28 470	75
亚洲	1 646 981	666 524	37
印度副大陆	137 375	55 595	36
东亚	1 370 139	554 487	55
远东地区	99 129	40 117	60
东南亚	24 670	9 984	25
岛区	1 567	6 341	13
欧洲	64 874	26 254	

上表中出现的属地是由联合国规定的，并不完全与国界吻合。
（出处：2002 年联合国食品与农业组织；2002 年加拿大统计数字。）

因此，灌溉农田面积一直增加这一点便不足为奇了。即使在降雨量适中的地区，灌溉也可以增加农作物产量，灌溉是一种重要的农业技术，长久以来，农民一直都意识到这一点。然而，不合理的灌溉却会使土壤遭受破坏，而这却是农民一直没意识到的一点。上面的表3列出了世界上每个地区的灌溉土地面积以及灌溉土地面积占全部开垦土地面积的比例。

人类使用的水

没有水喝，我们就会死去。如果在荫凉的地方休息，你就不会流汗，从而将体内水分流失减小到最低点，在这种状态下，如果你一点水也不喝的话，你不会活过一个星期。要是在炎热的天气里，你也许仅能活上两三天的时间。食品并不是身体特别急切的要求，你可以在不进食的情况下活上几个星期的时间。

体内所有的化学反应都在水中进行。在体内所有的水分中，60%左右的水位于细胞中，30%左右位于细胞之间的体内组织中，其余的则存在于血浆中。水占整个人体重量的60%左右，毛发、部分骨骼、手指甲和脚趾甲是干燥的，但人体肌肉中有80%的重量都是水分。

人体必须保持全部的水量，从而使溶解其中的物质浓度保持恒定。如果浓度发生改变，细胞壁每一侧所受的渗透压力也会改变，会造成水流入细胞或从细胞流出（参见"植物为何需要水"部分的补充信息栏：渗透）。如果水从细胞中流走，细胞就会脱水，并最终死亡。如果水流进细胞，细胞就会肿胀破裂。

饮水过多对身体有害

很少有人因为饮水过多而导致生病，但这种现象也会偶尔发生，甚至有人死于水中毒。饮水过多会导致水*中毒*，相应的医学术语为 hyponatremia，意思是"碘缺乏"。这种病症与脱水相反，出现脱水症状的人通常在从事大量运动、长时间大量出汗时，却不能每隔一段时间经常饮水，人如果处于这种状态就会脱水、极度干渴，可能会非常强烈地想要尽快吞下大量的水，这么做其实很危险。

汗水中含有盐分，因此当你流汗时，身体中的盐分就会流失（氯化碘），而你饮用的水中并不含有盐分，因此，你喝下的水可以补充身体流失的水分，但却没有补充流失的盐分。水进入血液中，将血液稀释，改变了细胞内外的浓度平衡，使水开始进入到细胞中——这种状况被称为*液体超载*，它会使细胞膨胀。

细胞膨胀会对大脑造成严重伤害，因为大脑位于颅骨内部，几乎没有多少膨胀的空间；细胞膨胀还会对肺部造成伤害；水中毒患者会出现思维混乱、辨不清方向、语言模糊的症状，也可能会出现恶心干呕、咳血的症状，甚至会出现肌肉抽搐。如果不对其采取任何措施的话，患者会出现与癫痫症突发类似的症状，之后会失去意识，失去意识则会导致昏迷，在极为严重的病例中，颅骨内压力会将部分脑干挤入脊椎，这会阻止脑干保持呼吸的状态，这种情况就对生命构成威胁。

人会渴死吗？

如果你身体流失的水分多于进入体内的水分，过不了多久，你就会生病。你可能不会觉得口渴，需要补充更多液体的最初迹象就是排尿量减少，而且尿液通常呈深黄色。过了一段时间，你通常会觉得身体不适，伴有失眠的症状。随后，会感觉肌肉乏力。如果由于脱水造成体重减轻了2%，肌肉功能就会减少20%。对于一个中等体重（63公斤或140磅）的成年男子来说，流失2%的体液就相当于流失3立升（5品脱）的体液，如果流失了4立升（7品脱）的体液，他就会变得及其虚弱，连最轻微的任务也无法完成，皮肤会变得干燥而坚硬，还会产生幻觉。如果流失了8—10立升（14—18品脱）的体液，他就会死亡。

对水的需求

我们每天至少需要饮用1.4立升（2.5品脱）的水，在炎热的天气里或在进行任何种类的体力消耗之后，对饮水的需求量就更大。大多数人喝的水都多于这个数字，但之所以喝这么多的水是因为他们感到口渴，而不是喜欢饮用水的味道。如果你喝的是一杯咖啡、果汁或苏打水，你不会将它们看作是水，但如果去除了其中的调味料、色素、砂糖和其他一些不太重要的成分，剩下的就是水了。当你感到非常口渴的时候，你也许会吃水果，而不去喝水，但正是水果中的水分才是你口渴时最需要的东西。就连鱼也得喝水，海鱼就具备一些独特的方式将所喝海水中的盐分提取出来并排泄掉。

我们所吃的食物中也含有水分。水分占人体体重的60%，我们吃的大多数食物也如此。你可以看一下食品包装上的营养成分表，将各部分数量加在一起，你会发现得出的总量远远少于食品的重量。这中间的差值就是水的重量，而水并没有作为一种成分列在上面（可能是因为人们会反对为水支付不低的价格）。许多绿色蔬菜中的90%都是水分，肉类和鱼类中的水分占65%，就连面包中也含有30%的水分。如果你的饮食健康平衡的话，食物为你提供的水分在身体所需全部水分中占有很高的比例。

当然,所有的动物也需要水,但有些动物能够比人类更加有效地利用水(参见"沙漠里的生活"部分中的补充信息栏:沙漠之舟)。这就使它们能够在沙漠中生存,在那里,它们只能偶尔找到饮用水。一些哺乳动物根本不喝水,只是从它们的食物中获得所需的全部水分,大多数爬行动物就是从食物中获得全部水分。然而,我们人类就不是这样。我们身体中的体液随时都会流失,原因是我们要流汗保持低温的状态,并且要保持恒定的体温。在炎热的天气里,或者在剧烈的运动过后,人体流汗保持低温可以使每公斤体重每小时流失 12.5—31 立升(0.2—0.5 盎司每磅)的液体。体重 63 公斤(140 磅)的男子在这种情况下每小时会流失 0.8—2 立升(28—70 盎司)的液体。

呼吸作用——这里说的是细胞呼吸的过程而不是呼吸时气体的吸入和呼出——涉及到碳氧化的过程,这一过程也会排除水分。发生的化学反应会释放出能量,而当我们呼气是排出的二氧化碳和水则是这一反应的副产品。像镜面上呼气,凝结在上面的水蒸气最初就来自于你饮用的水和吃下的食物。

已经适应沙漠生活的动物甚至可以减少呼吸产生的水分流失,它们的粪便非常干燥,尿液也很稠。相比之下,一名成年男子排出的尿液中每天平均流失 1.7 立升(3 品脱)的水分,而出汗会流失 0.4 立升(3/4 品脱)的水分,通过粪便流失的水分则是 0.1 立升(1/4 品脱)。即使你一动不动地待在凉爽的地方,你也免不了每天会流失 1.4 立升(2.5 品脱)的水分。如果肾脏无法在一小时内产生至少 30 立方厘米(1.3 盎司)的尿液,新陈代谢产生的废物就开始在血液中聚集,最终会导致致命后果。如果你将水分的流失减少到最低点,但不吃不喝不去补充身体流失的液体,你就会在不到 6 天的时间里流失 8.6 立升(15 品脱)的水分,在 7 天的时间就会流失 10 立升(18 品脱)的水分。通过这种方法,我们就可以计算出来一个人在不喝水的条件下能够生存多长时间。

提供洁净的水

人们一直以来都非常重视干净的饮用水水源。大自然中的泉水和井水经常和保佑人的神灵联系在一起,在有些国家里,还有许多与基督教圣徒联系在一起的"圣井"。圣徒们选择在有可靠而安全的饮用水水源附近居住,因此他们发现的井水和泉水都与他们息息相关。一般距离这些泉或井不远处都有河流,有时有湖泊,但河流和湖泊都不太可靠。在干旱期间,它们会干枯,甚至消失,里面的水也不总是纯净。饮用这样的水可能会引发疾病,实际情况也经常如此。在许多国家里,河流被用来提供饮用和煮饭用的水,也作为洗衣服和处理废弃物来使用,因此,损害健康、有时甚至是致命的水生疾病就很常见。

为每个人提供安全的饮用水是当今世界面临的一个主要挑战,主要是因为将水净化到安全标准(参见"水循环与水净化"部分)的成本很高,但也是因为大自然中的淡水资源在全世界范围内并不是平均分布。在有些地区,每人每年可以使用的天然淡水仅相当于其他国家的 1/50,在那些发展制造业的国家里,对淡水的需求也快速增加。在全世界中,我们现在使用的淡水量几乎相当于 50 年前的 4 倍(1945 年的用量为 254 立方英里;1995 年则为 990 立方英里)。

人们开始对这一挑战采取行动,但行动过于缓慢。根据联合国世界卫生组织的统计数字,1990 年,总计有 41 亿人(占整个人口的 79%)使用至少经过部分提纯的水,到了 2000 年,这一数字增加到 49 亿人(占全世界人口的 82%)。同期,可以享受处理污水设施的人数从 29 亿(占全世界人口的 55%)增加到 36 亿(占全世界人口的 60%)。农村地区的局势比城镇中严重得多,总计约有 20 亿农村居民没有适当的地下水道设备,接近 10 亿人无法得到纯净水的供应。

水流向何方?

当然,饮用水仅在全部用水量中占很小的一部分。实际上,通过水管流入个人家庭中的水仅占全部用水量的 10% 左右,而我们饮用的水仅占其中很小的一部分。我们每天最多喝几品脱水,但在洗澡时,浴缸中通常装有 136 立升(30 加仑)的水。厕所冲水会用掉 23 立升(5 加仑)的水,如果我们在饭后洗碗时不关闭水龙头的话,很容易就使用掉 136 立升(30 加仑)左右的水。每次使用洗衣机时会使用 91—205 立升(20—45 加仑)的水,用量主要取决于洗衣机设定在完全模式还是经济模式上。但这些水全都可以循环再利用,无论它是否得到循环,最终它都会回到大海中。地球上水的总量并不改变。

工厂中使用的水量还要多很多。在北美洲和欧洲,工业用水量是个人家庭供水量的 4 到 5 倍,其中的一些水包含在生产出来的产品中,但大多数的水都是生产过程用水——作为生产加工过程中一个必要成分的用水——或者用作冷却用途。纺织、钢铁、石化工业使用大量的生产过程用水,冷却用水并不直接与产品接触,而是在一系列被称为热量交换器的水管中流动,热量交换器穿过或者环绕在进行热量交换的容器周围。工厂中使用大量的冷却用水使水蒸气凝结成蒸汽(液滴)。

生产过程用水和冷却用水可以再次使用、加以净化或返回到它的源头,但水在每次受热时都会由于蒸发而损失一些,美国的工厂在最后的排水前将这些水平均使用 17 次。

水来自何方?

世界上许多大工业城市都位于河流附近或湖岸边,位置与所需的水源非常接近,方便用水。取用这样的水并不需要做太复杂的事情,只要挖出一条水渠,将水运送到工厂里,或者安装水泵将水压机到运水的水管中即可。但如果从深湖中取水,则可能会使供需之间达到更精确的平衡。例如,在美国的五大湖中,直立在湖床上的塔楼在不同的深度都安有入水口。湖水的温度和化学成分随深度不同而有所变化,因此就可以使用不同的入水口来满足不同的要求。如果无法获得地表水或者水量不足,地下水就可以顺水管流淌上来(参见"地下水"部分)。

河水对工业用途来说比较合适,但却不适于饮用,如果要饮用河水,必须要找到干净的饮用水水源,一旦得到了这样的水,还必须运到所需的地方,可能会相隔几英里的距离。运送水的水渠被称为*输水道*,最早的输水道就是一些地下水管,将水从泉中运送到水池中,但在罗马时期,欧洲南部许多城镇中都修建了宏伟的高空输水道,例如,阿奎亚马奇亚就是在公元前 144 年修建的输水道,长度几乎达到 56 英里(90 公里),全长中有 5.9 英里(9.5 公里)都有高高的拱门支撑。与所有的输水道一样,它将水运送到山下,从山顶的泉中运送到居住在高度较低的人们那里。

罗马位于台伯河上,但台伯河中的水却不可饮用。到了公元 97 年,该城的供水由 9 个输水道运送,每天城内的运水量总计达 1.73 亿立升(3 800 万加仑),还有城外的运水量每天可达 9 100 万立升(2 000 万加仑)。这种传统的方式仍在继续使用,如今,现代的阿普利亚输水道每天可以从亚平宁山脉运出 6 亿立升(1.32 亿加仑)的水,通过一段长达 9.5 英里(15 公里)的隧道运送到 152 英里(244 公里)以外、位于意大利干燥的东南角中的塔栏托城中。

提供水的河流也会带走一些废弃物和副产品。如果数量不多,河流能够进行自我清洁。当排放仅河流中的污染物数量超过这一自我清洁能力,污染就会变得很严重,这种污染会使安全饮用水的供应难度加大,成本也会提高。

水循环与水净化

干旱使水污染更加严重,还会使以前很洁净的水也受到污染,这就会增加生产安全饮用水的成本,而这时,由于天气极为干燥,人们对水的需求量更大了。

干旱与污染之间的联系很简单。进入水中的物质与水混合,通常,这些物质在短时间内会变得很稀释,特别是在水流动时。物质的稀释程度主要取决于与其相混和的水量有多少,在干旱期间,河流中的流水减少,通常是大量地减少,湖泊和池塘中的水位也会降低,这就意味着可以接纳污染物并将其稀释的水量在减少,这样,污染物的浓度就会增加。如果进入水中的污染物数量保持不变,但接纳它们的水量减少一半,那么污染物的浓度就会增加一倍。这就会增加污染程度使其超出安全范围。

水藻开花的害处

即使污染物对人类没有毒害,它也会间接导致中毒。例如,硝酸盐和磷酸盐为植物营养物质,大多数的硝酸盐和磷酸盐从附近的土地进入排水管的地表水中,但污水中也含有硝酸盐和磷酸盐,这些化合物可以刺激藻类和氰菌类的生长。藻类是初级的水生植物,氰菌类则是更初级的有机体,被归为菌类,也生长在水中。如果水比较温暖,水生有机体生长的就会更快,在干旱期间,天气可能会很炎热,在这种条件下,有机体繁殖速度非常快,它们使水变色,或者像一层浮垢一样漂在水面上,这种增生繁殖被称为水藻开花。水藻花通常是肉眼看不到的,但气味很大,一些种类的水藻和氰菌产生的毒素数量足以使在水中游泳的人患上重病,甚至死亡。

水藻开花很常见。例如,在2001年,在美国缅因州城镇附近的湖泊或池塘里出现了15次的水藻开花。但规模最大的一次却出现在1991年的11月,地点在澳大利亚新南威尔士的巴旺河和达令河沿岸。这次氰菌开花延伸了足足1 000公里(620英里)的长度,农场中的动物死于中毒,居住在河岸附近、从河中取用日常用水的人们不得不求助于储存起来的雨水,并使用紧急过滤设备。

河流将植物营养物质带入海洋中时,水藻开花也会在海岸附近形成。这些水藻花经常是由*腰鞭毛虫*引起的。腰鞭毛虫是单细胞有机体,属原生生物,靠两个被称为*鞭毛*的毛发状结构运动。当一些腰鞭毛虫的数量达到一定程度时,会出现"赤潮",使河水变成红色(尽管名称叫做红潮,但和潮水毫无关联)。赤潮在世界很多地方都在夏季出现,特别是沿美国佛罗里达州和得克萨斯州的部分海岸线一带。赤潮有一定的危险性,原因是某些腰鞭毛虫会产生强性神经毒素。任何人如果吞下含有毒素的水或者在水中游泳都有可能患上严重疾病。赤潮甚至还影响到海岸上的居民,它们暴露在喷射到空气中的毒素颗粒下,它们会使人的眼睛、鼻子和喉咙出现不适,并使唇部和舌头出现刺痛感。

必须关闭受到赤潮影响的海滩以保护公众的安全,但危险并未就此结束。毒素使鱼类死亡,但却在贝壳类动物中聚集起来,而不会对其造成伤害。像蚌、牡蛎、贻贝、海螺这样的软体动物不会受到影响,鱼类如果在捕捞时状态正常的话也可以食用,但购买鱼类的消费者怎么会知道?食用被污染的贝壳类动物会引起严重甚至致命的食物中毒。

分门别类供水

天然的地表水不是纯净的,雨水呈微酸性,这是由于空气中的二氧化碳、氢氧化物和二氧化硫溶解在雨水中。雨水还包含一些土壤中的固体颗粒,它们是惰性化学元素,但雨水中也包含一些工厂中释放出的尘末颗粒,它们则是活性化学元素。河流将陆地上的淤泥颗粒和化合物带到河岸两边,地下水饮用起来则很安全,但它通常也有附近岩石中的矿物质溶解在里面,这些矿物质的浓度高到一定程度会对人体有害。从附近陆地流入井中的水可能会使井水污染,井水中也经常藏有致病细菌。

水在通过水管流入千家万户以前必须经过净化。由于我们的饮用水仅占日常用水中很小的一部分,水净化看上去似乎是一种浪费。为什么我们要不辞辛苦将水净化达到一个相当高的标准,而也许这些水只是用来洗澡或洗衣服?对这个问题的考虑经常使人们提出建议,将不同种类的水供应加以区分,这样我们就会用一个水管运送饮用水,另一个水管运送用作其他用途的水。然而,再重新安装所有的水管造价会很昂贵,而且这样的双重设施会使人体健康受到威胁。当然,我们可以在不同的水龙头上贴上标签,这样一个水龙头上会清楚标明"非饮用水",但这么做就足够安全吗?如果一个小孩不小心喝了非饮用水而生病的话,我们会有何感受?另外,水龙头也可能会以其他的方式被混淆。显然,我们应该使用饮用水来清洗、烹饪食物,但洗碗应该用那个水龙头中的水呢?用不适宜饮用的水洗澡或洗衣服会安全吗?

即使装有双重设施,低质量的水仍然会需要进行一定的净化防治疾病传播。污水中含有的细菌会引发霍乱、痢疾、伤寒和副伤寒。这些细菌是潜在的杀手,必须用某种手段将其加以更有效的控制,而不仅仅是在水龙头上贴上标签。小儿麻痹症也许会在未来几年的时间里在全世界范围内被消灭,但以前,引起该病的病毒曾一度主要通过污水传播。

在实践中,所有的水在进入各家各户前都需要进行处理,使其饮用起来很安全。但工业用水不需要达到这么高的标准,工厂用水的质量主要取决于水的用途。

水循环

大多数工厂都会对水进行循环使用。美国的工厂在平均使用17次以后,才会最终将水排放。然而,如表4所示,美国工业循环用水的比例在不同的工业部门之间有很大的差别,可获得的最新数字是2000年的统计数字。

表4

工业类别	在循环水消耗总量中所占百分比(2000年)	工业类别	在循环水消耗总量中所占百分比(2000年)
造纸及纸制品	11.8	化学物质及化学产品	28.0
石油及油产品	32.7	金属熔炼及加工	12.3
全部加工业	17.1		

当然,即便如此,工业用水中的一些物质在经过最后的使用、排放出去以前也必须加以清除,因为它们会对水生植物和动物有害。

家庭用水也要进行循环利用,将水净化一次的处理可以再次使其净化。许多居住区就是这样利用水资源,他们从长长的河流中取用河水,再将用过的废水倒入河中。例如,荷兰人就饮用莱茵河中的水,在他们取用河水之前,水已经流过许多小城镇和一些城市,像瑞士的贝萨尔、法国的斯特拉斯堡以及德国的卡尔思鲁厄、路德维希港、曼海姆、美因茨、科布伦茨、波恩、科隆和杜塞尔多夫。当莱茵河流入北海时,河水已经经过了无数次的饮用和再净化。

净化处理

水的净化处理过程在从水源中取用水时就已经开始了,第一步是筛选,水流过一排彼此间隔10厘米(4英寸)左右的铁栏,除去瓶子、树枝和其他较大的物体。然后使水垂直流动,将沙砾和小颗粒沉到水底。循环水也以同样的方式进行处理,去除一些固体。水中还经常添加硫酸铜用来阻止水藻的生长,这一过程被称为*初级处理*。一旦水或多或少变得清澈一些时,就可以用水泵压送到水处理工厂进行*中级处理*。

在处理工厂,水通过*活性炭*进行过滤。活性炭是使用蒸汽或温度高达1 650°F(900°C)的高温二氧化碳加热的木炭,这使木炭的气孔增多。活性炭非常容易吸收使水味道变坏的化学物质,之后,水中再添加氯气。氯气溶解于水中,可以成为强力氧化物,杀死细菌,同时在这一过程中,氯气也被破坏,它就不会再留在水中。臭氧在这方面也很有效,一些处理工厂也使用臭氧。在这一阶段结束时,处理过的水就可以用来浇灌果园、葡萄园和不为人类食用的庄稼作物。这时的水还可用作工业冷却用途,可以排放到某些含水层和自然环境中。

如果要用水来浇灌粮食或者使用在与人接触的土地上,循环水就需要经历三级处理。水要流过细密的过滤层,将大多数仍留在其中、最微小的颗粒去除。然而,更小一些的颗粒无法通过过滤层滤水去除,相反,必须使这些细小颗粒集中形成大一些的块状物,才会沉到水底,这样的过程被称为凝聚过程,主要是在水中添加一些化合物,化合物中含有的分子可以将颗粒吸引过来、停留在周围。经常使用的是硫酸铝,但硫酸铁、氯化铁和氢氧化钙也适合使用。

然后,再次将水进行过滤,这次水要流过沙床,有时沙床分为几层。水可以在自身的重量下流过沙床,或者在闭口容器中用压力使其流动。两种方式的效果相同,但在压力下进行过滤会快一些。在过滤之后,水中充满了气泡,这就使水中增添了氧气,可以将任何仍未发生氧化的有机物氧化,同时也改善了水的味道。最后,还要再添加一些氯气使水消毒,在消毒以后,水中再加入高锰酸钾或硫代硫酸钠将剩余的氯气去除。在美国,环境保护部门允许将这一阶段的水使用在许多用途上,但却不认为它适合直接进入家庭中,尽管如果这些水事先与河流、湖泊和水库中的洁净水进行充分混合的话,也是可以直接用作家庭用水。

在水处理的每个阶段,特别是接近各阶段尾声时,需要进行水样分析。例行分析需要测量水的pH值(酸碱度)、水的硬度(镁、铁和钙盐的浓度,它们会影响到水是否易于和肥皂产生泡沫),并要检测水中物质的种类和浓度。这些物质的数量不能超过某些特定范围。

污染物的浓度和可允许的最高浓度经常以份每百万(p.p.m)或有时以份每十亿(p.p.b)作为单位。要理解"一份每百万"或"一份每十亿"究竟意味着什么是很困难的,设想你有一茶匙某种物质需要用水稀释到一份每百万,你就需要将这一茶匙的物质和5 000立升(1 100加仑)的水充分混合,这些水大概足以填满面积为1.5平方米、深度为1.8米(5×6英尺)的水罐。而要将这一茶匙物质稀释到一份每十亿的话,所需的水则足以填满一个15.75米长、30米宽、3米深(503 310码)的水池。用份每百万或份每十亿作为最高浓度的衡量单位足以表明现代科学分析仪器的敏感度,同时也表明保护公众健康的谨慎小心。

净化处理出现问题时

当然,意外事件也会发生。偶尔,不常见的污染物会不知不觉地进入水中,通过处理过程而不被发现。水处理并不是使污染物失效,也不是将其去除,更没有利用检测寻找污染物,原因是知道污染物使人生病,否则没人知道它的存在。

污染物还有可能受到阻挡之前就进入水中,溜到水源中。1988年英格兰西南部康沃尔的一个小镇驼津就发生了这样的事件。大约20公吨打算用于絮凝中的硫酸铝被运到一家无人看管的清水处理厂。本来这些化学物质应该被倒入蓄水池中,却被倒错了地方,化合物就在那里与即将要释放出来准备供应各处的水混合。还没等任何人了解到发生了什么事,含铝量达到许可数量四倍的水就已经输送进水管中,供应给22 000人使用。水的酸度值很高(pH值为4.2),水使牛奶凝结,使饮用这些水的人们感到唇部和嘴有刺痛,它还和铅、锌、铜及水管中的其他金属发生反应,使污染状况更为严重。当地官员为了清洁水管,使用干净的水冲洗水管,并将所有的东西都倒入当地河流中,导致43 000到61 000条鲑鱼、鳟鱼以及不计其数的其他鱼类死亡。幸运的是,这种意外不多见。

对细菌的检测

一些在污水中的细菌和病毒会传播疾病。所有这些有机体在处理过程中应该被氯气杀死,因此当检测水的质量时,寻找细菌和病毒的检测只有一个。细菌和病毒出现在已被细菌(并不是所有细菌都会引发疾病)破坏的有机体中,这一过程需要消耗溶解在水中的氧,因此细菌检验主要测量生物需氧量(BOD)。

检验的第一步测量溶解在1立升(1.75品脱)水样中的氧气数量。水样在20℃(68°F)的恒温下,在黑暗处存放5天,然后再次测量含氧量。之后对两次测量结果进行对比,两者之间的差值可以表明细菌活动的程度。干净河水的生物需氧量应约为0.002 5毫克每立升(0.000 4盎司每加仑);原始污水的生物需氧量则大约是这个数值的10万倍(25毫克每立升;4盎司每加仑)。

BOD指的是溶解在水中的含氧量(而不是水分子中的氧)。这部分氧才是细菌要使用的,并且,为了使用氧,细菌就要减少水的浓度。鱼类和其他水生动物也依赖氧生存,因此如果水被原始污水污染,它们就会因窒息而死去。这就告诉我们为什么认为原始污水受到严重污染,即使在不为人类使用的水中也是如此。

将废水排放到河流、湖泊或海水中以前应该对其进行处理、将大多数污染物去除,只有这样的处理才能将污物和工业化学物质去掉。

大多数国家都极其谨慎地保证公众用水供应的安全性,然而,清水处理的成本很高,在贫穷国家中,城市在快速扩张,处理设施并非随处都有,而在干旱期间,正值需水量达到最高值时,干旱通过增加污染物的浓度使水污染的危险性更大。

淡化处理

地球是个充满水的星球,水覆盖着地球表面 2/3 以上的面积,这一巨大的蓄水量取之不尽,用之不竭。不管多么频繁地使用水,所有的水最终都会返回大海——最终的蓄水处。一些水分会蒸发、作为雨水将落到大海中,河流将其余的水运回到大海,水在不断的循环着。如果你是一个外星人,正从遥远的世界中向太阳系靠近,我们的星球首先令你惊叹的就是它充足的水资源。如果在你之前的探索者们返回到你的宇宙飞船上,并告诉你居住在这个世界一些地区中的人类极度缺水,你一定很难相信这点,这种说法似乎完全不合情理。

进一步察看一下地球你很快就会发现这其中的原因。尽管地球拥有如此多的水资源,但几乎全部的水资源都是海水,海水对生活在干燥陆地上的植物和动物有害。这些植物和动物只能靠仅占总量 3% 的无害淡水生存,而即使在这微不足道的 3% 的淡水中,还有一半以上结冻在极地冰帽和冰川上,另外,有些水位于极深的含水层中,根本无法触及。表 5 表明世界上淡水分布的位置。我们的星球看似湿润,淡水仍然是一种稀有的商品,我们赖以生存的水占从地下水、湖泊、内陆海和河流中所获淡水中的 22%。

表 5

所 处 位 置	占淡水总量的百分比	所 处 位 置	占淡水总量的百分比
冰帽及冰川	75	地下水	22
土　　壤	1.75	湖泊及内陆海	0.6
河　　流	0.003		

(各部分数字相加所得结果并不恰好等于百分之百,原因是计算各部分百分比时进行了四舍五入。)

即便如此,你可能依然认为这种情况令人感到迷惑不解,原因是解决这一问题的方法再明显不过了。有害的水中含有溶解的盐分,那为什么不将它们除去呢?这些盐——主要是氯化碘(常见盐类)在水中的浓度平均约为 3.4(每 100 份水中含有3.4份的盐)。

表6列出了溶解在海水中不同种类的离子(携带电极的原子或原子团)、离子的平均数量和占总数的百分比。离子数量用千分比来计量,海水成分的计量单位通常为千分比而不是百分比(将千分比转换成百分比,只需除以100即可)。普通盐类(氯化钠)是数量最充足的物质,含量为29.5‰,而在融于水中的全部34.5‰的盐类中占85%的比例。这一浓度大于细胞内溶液的浓度,因此,如果将细胞浸泡在海水中,水就会通过渗透作用(参见"植物为何需要水"部分的补充信息栏:渗透)从细胞中流出。盐水使细胞脱水,这会产生致命的后果。因此,对这种状况的补救措施就是去除溶解在水中的盐,将水进行净化,水就不会有害,那样的话,就可以为任何需求提供足够的水。

表6 海水的构成成分

离子	重量(单位:‰)	溶解物所占百分比
氯(Cl^-)	18.980	55.05
钠(Na^+)	10.556	30.61
硫酸(SO_4^{2+})	2.649	7.68
镁(Mg^{2+})	1.272	3.69
钙(Ca^{2+})	0.400	1.16
钾(K^+)	0.380	1.10
碳酸氢根(HCO_3^-)	0.140	0.41
溴(Br^-)	0.065	0.19
硼酸($H_3BO_3^-$)	0.026	0.07
锶(Sr^{2+})	0.008	0.03
氟(F^-)	0.001	0.00

除盐

将水同溶解其中的盐分离并不困难,这一过程被称为*淡化*,进行淡化的方式有很多。

给水分子提供足够的能量可以使将水分子彼此连接在一起的氢键断裂,水分子就会脱离液体,将所有溶解的离子留在水中。当然,这就是蒸发的过程,而它也是天然淡水的产生过程。

或者，你可以采取相反的做法。减少水中的能量，直到新的氢键形成，将水变成固体冰。解冻过程会将离子驱逐，仅留下水分子，这也解释了为什么冰山都是由淡水构成。但在这种情况下，在巨大的冰柜中冻结海水则是不必要的做法，原因是天然冰的数量已经不少了。你要做的就是将绳缆系在合适的冰山上，将其托到需要的地方。当然，在冰山进入温暖地区时，它会开始融化，但当它到达目的地——比如中东沙漠的时候，也会剩下足够的冰。冰山可以提供大量的水，而一座大型冰山是由几立方英尺的冰组成。

我们也可以使渗透作用反过来进行。通常来说，当半透水薄膜将浓度不同的两种溶液分隔开时，渗透压力会推动水分子穿过薄膜的气孔，从浓度低的溶液流入浓度高的溶液中。但如果在薄膜的另一侧施加足够的压力，水会以相反的方向流动——从浓度高的溶液流入浓度低的溶液中。如果浓度低的溶液是纯净水，反过来的渗透作用就使其水量增加，这些水是从薄膜另一侧的盐水中流过来的。这一过程被称为反渗透。

或者使用电解也可以达到同样的效果。将盐水倒入含有两个电极的容器中，当电流在水中从一个电极流向另一个电极时，盐水中的离子会根据自身携带的正负电极而彼此分离。在容器中放置一些半透水薄膜，摆放的方式应使其中一半薄膜可以让正电离子通过，而另一半薄膜则可以让负电离子通过。正电离子（例如碘）就会向负电极（阴电极）移动，而负电离子（例如氯）就会向正电极（阳电极）移动，这时，纯净水就会留在容器中央。

除盐的成本有多高？

坐在冥王星附近的宇航船中，你可能在用手挠头（如果这时你还长有头部的话）冥思苦想。地球上水资源的短缺实在是个不解之谜，以上谈到的所有方法都很有效，还有更多的方法在技术上也是可行的，但为什么还会有问题？这其中的关键是你还没有发现所有这些方法都面临的两大困难。

第一个困难是成本昂贵。为了使水蒸发，你必须要使水加热，这就会消耗能量，而产生能量则需要支付费用。冷冻也要使用能量，如果你打算将冰山托过几千英里，你需要一艘装有高动力引擎的船只。引擎会燃烧燃料，那么就要有人为此付钱。反渗透是一项很好的技术，但要产生反渗透，你需要将半透水薄膜所受压力增加到地表气压的25倍，这也会消耗大量能量。如果进行电解，就必须以某种方式产生电流,这也需要钱。所有的办法都有效,但所有的办法产生水的成本远远高于从河流、湖泊中直接取水的成本。

目前,在美国,平均日产量达到 380—3 800 万升淡水的淡化工厂可以以每千升 26—63 美分(每千加仑 1—2.4 美元)的成本进行淡化。对于日产量达到 1 900 万升(500 万加仑)淡水的小型工厂来说,生产成本则是每千升 1—4 美元(每千加仑 4—16 美元)。成本听起来似乎不太贵,但如果你将这些成本与从河流或湖泊中提供洁净水的成本进行一下对比,你就不会再这么认为,后者的成本只有每千升 8 美分(每千加仑 30 美分)。尽管淡化的价格在下降,但成本仍然很昂贵。

不管怎样,你可以设想那些居住地点远离廉价天然淡水资源的人们不顾花费多少钱,也愿意使用家里输送饮用水的水管。你可以为这些人生产淡水,但现在,你又面临着另外一个问题。你在将水和盐分离之后如何处理留下的残余物?这些残余物都是高浓度盐水,它极为有害,会腐蚀大多数金属。你不能将它倒回大海,你可以进一步处理残余物,将盐分离出来,希望可以找到工业市场将其销售出去。生产每千吨淡水,你都会剩下 34 吨盐,不幸的是,这样的商品并不短缺,你会发现出售它们很困难,连生产成本都收不回来。

淡化仍然在广泛使用

尽管存在着诸多困难,可许多国家都是通过对海水进行淡化来生产淡水。淡化广泛地使用在以色列、科威特、沙特阿拉伯、亚利桑纳州的犹玛除盐工厂以及加利福尼亚州的沿海城镇中。佛罗里达州的基韦斯特是美国第一个通过淡化获得水的城市,1967 年,该城市中的多阶段快速蒸发工厂成立了。生产成本在不断下降,高浓度盐水可以储存起来,之后再将其稀释,直到适合排放出去。

反渗透产生淡水的成本通常比其他方法低,但其副作用一直都存在,并且根深蒂固。如图 63 所示,多阶段快速蒸发使用最广泛。海水在压力下受热,这样可以阻止海水沸腾,然后将海水送入一系列闸室中,每个闸室所受压力都逐个减少。海水进入时,一些海水会立即沸腾,其余的海水继续流入下一个闸室中,这时就会有更多的海水沸腾,水蒸气凝结在穿过所有闸室的水管上,凝结的水蒸气正是集中起来、已经去除盐分的淡水。水蒸气凝结时释放的潜热使水管受热,这些水管将流入的海水运向整个过程的开端处,这样,流入的水在不得不受热时温度就已经很高了,这就节约了燃料的使用。

有时也会使用真空冷冻,它也同样利用到潜热。在这一过程中,海水冷却到接

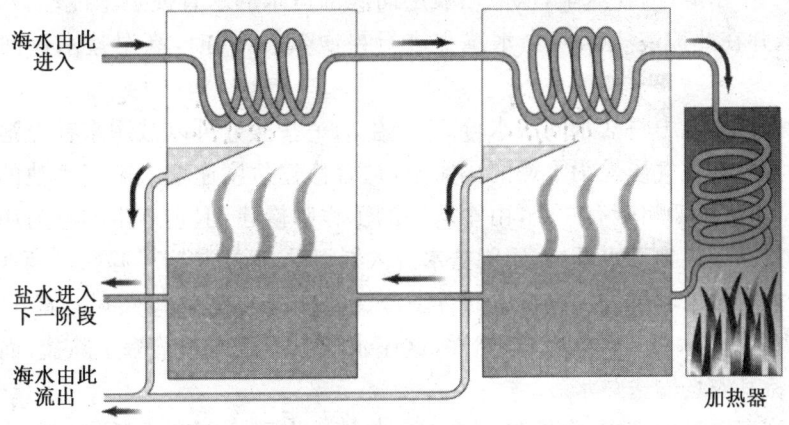

图 63　多阶段快速蒸发

近冰点的温度（海水在 $-1.91℃$；$28.6℉$ 时结冰），之后，海水就被倒入压力很低的闸室中，一些海水从周围的水中利用潜热而立即蒸发，这使海水温度进一步降低，一些水甚至结冰。将（淡水）冰晶与盐水分离，并用淡水进行冲洗，之后，闸室中的压力再次增加，这使水蒸气凝结在冰晶上，释放出潜热，使冰融化。这时，凝结的水蒸气和融化的冰水就可以作为淡水用水管输送出去了。

太阳能水池

干燥地区的天气通常很炎热，因此，应该从太阳中吸取能量进行盐水分离。事实上，我们掌握了几种方法，但其中的一个方法最具创造力。一位名为卢申·布朗尼其的以色列工程师发明了这项技术，使用一种盐度递增太阳能水池来发电。

顾名思义，在清水处理厂的中心位置应是一个大型池塘。第一个修建的池塘位于以色列艾因伯开克附近，池塘表面积接近 8 000 平方码（6 690 平方米）。在池塘底部有一层盐度很高的水。而池塘表面的水则几乎接近清水。夹在这两层中间的则是中等盐度的第三层水。

太阳照射在池塘上时，热量穿透上层水，并提高底层水的温度，将底层水加温到 $160—185℉$（$70—85℃$）以上，但由于底层热水中含有大量的盐分，底层水的浓度高于上层水，因此热水不会出现对流上升。池塘底部温度极高的盐水在水管中流向一个水罐，水罐中装有的液体沸点很低，液体在涡轮机产生的压力驱动下蒸发、膨胀并得到源源不断的补充。不断旋转的涡轮机驱动着一台发电机，水蒸气在进入到第二个水罐中,在这里,从池塘表层向底部运水的水管使热水冷却,水蒸气开始凝结,并在此被装入第一个水罐中进行再次蒸发,同时,高温盐水返回到池塘底部。

如果使用电力将盐水同淡水分离,产生的一些盐分可以被用来补充池塘底部盐分的流失。在气候最为干燥的国家里,适合修建盐度递增太阳能水池的地点有许多个,得克萨斯州就有一个,由军队中的工程师修建,但它产生的电力用来驱动水泵将盐水运送到蓄水湖中,组织盐水流入红河中,而不是为了除盐。商业运营中规模最大的位于印度古加拉特省的普杰,该水池长 100 米(328 英尺),宽 60 米(197 英尺),深 3.5 米(11.5 英尺)。然而,这座水池也不是用来给海水除盐,而是为附近的库特其农场输送热水。

在许多沙漠国家中,海岸附近总有一些处于海平面高度或低于海平面高度的浅湖或沼泽。水分很快地从中蒸发,在很多时候,这些湖泊或沼泽在一年中部分时间里都是干涸状态。如果用水泵将海水输送到这里,然后再使水幕垂直竖立,蒸发就会使盐浓度增加,从而产生出一个盐度递增太阳能水池的底部盐水层,在上面就可以倒入盐度较低的水。这一技术可以淡化大量海水提供所需的廉价能源。

从古至今,在大多数实际情况下,通过除盐使海水变得可以饮用的规模都不足以提供所需的全部用水量。人们不得不利用降下的雨水想方设法生活,如果他们居住在干燥气候中,他们就要学会将水视为珍宝,非常节约地使用水。现在,这一情况发生了改变。在许多国家,盐水淡化已经在为沿海地区提供成本适中的饮用水,在未来的几年时间里,它会满足更多的需要,外星来客再也不会因为我们这个充满水的星球上竟然会出现广泛的水资源匮乏而迷惑不解了。

蓄水

很久以前,在人类历史刚刚开始时,居住在底格里斯河附近的人们修建了一个巨大的土坝来控制河流的流量。很快,尼罗河延安也修建了一座水坝,这座水坝是用岩石制成。罗马人在北非和意大利修建了许多大坝,在印度和斯里兰卡也建了很多。由于在干燥季期间,降雨很少甚至根本没有,因此对于居住在这种气候或居住在降雨毫无规律气候中的人们来说,修建大坝显然是一种蓄水的好方法。在其他地方,季节性大雨或河流源头附近雪水融化会引起突然爆发的水灾,损坏庄稼,冲走家园。同样,水坝可以阻挡洪水,一次仅仅释放少量的水,这样,就有水供灌溉或其他用途使用，还不会发生水灾，现代的水坝还可以发电。

人们一直在建造水坝，现在也仍在建造。大多数古代水坝仅留下一些考古线索，现在在使用中的水坝平均年龄为35岁。2001年，在150个国家里，发挥作用的水坝有45 000座以上，并且，这一数字仅包括规模较大、高度超过50英尺(15.25米)的水坝。这些水坝加在一起可以抵挡住大约1 500立方英尺(6 248立方千米)的洪水，每年平均有160—320座新的大型水坝建成，全部水坝中有一半都是为了提供灌溉用水而修建。在全世界中，水坝中的水灌溉着8 100万—10.8亿公顷(2—2.68亿英亩)的土地，这在全世界所有灌溉土地中占30%—40%。世界上1/3国家中一半以上的电力供应都来自水坝提供动力的水电厂，水坝可以生产全世界19%的电力。

大型水坝有多大？

从技术角度来说，大型水坝的定义是高度超过492英尺(150米)，或者可以阻挡1 500万立方米(1 960万立方码)水量，或者形成的水库容量可达1 200万英亩×英尺。这些水完全能以1英尺(30厘米)的深度覆盖着490万公顷(1 200万英亩)的面积，体积相当于14.8万亿升(3.91万亿加仑)。

一些现在正在修建中或刚建成的水坝规模实际是很大的。塔吉克斯坦境内瓦克什河上的罗干大坝在竣工时会成为世界上最高的水坝。该水坝从地基到顶部可达1 099英尺(335米)，它预计将于2003年建成，其发电量将为360万千瓦。亚其利塔-阿派普水坝位于阿根廷和巴拉圭边境附近的帕拉纳河上，两个坝脊之间的距离超过43英里(69公里)，该水坝于1998年建成，发电量为1 260万千瓦。土耳其境内幼发拉底河上比莱其克大坝的坝脊距离达到1.56英里(2.5公里)。

美国也有一些新的水坝建成，在加利福尼亚州、桑塔安那河上的七颗橡树大坝在1999年竣工，长度约为305米(1 000码)。而洛杉矶和圣地亚哥的一些水源则来自多蒙尼格尼山谷大坝后的水库中，该大坝在1999年竣工，蓄水量为1.32万亿立方码(1万亿立方米)，体积相当于1 010亿立升(267亿加仑)。

这些水坝规模堪称巨大，但和真正的巨型水坝比起来，就显得很小了。奥阿荷湖位于美国南达科塔地区的奥阿荷大坝身后，蓄水量为29.123万亿立升(7.694万亿加仑)；内华达洲胡佛大坝身后的密得湖蓄水量可达38.312万亿立升(10.121万亿加仑)。可即使是这两座大坝，如果坐落在俄罗斯伏加河上的沃尔高格勒大坝的边上，也会显得很小。沃尔高格勒湖的蓄水量为58.023万亿立升(15.328万亿加仑)。卡利巴大坝位于津巴布韦和赞比亚之间的赞贝斯河上,该大坝的蓄水量是160 425.67万亿立升(42 380万亿加仑)。

从古至今,修建大坝的目的大多是为了使人工湖能够蓄水,好用来灌溉,但现在大多是作为水电厂而修建。一些水流不断地从水库中流过大坝内部的涡轮机,产生电力,之后再进入到大坝的主流河水中。这项计划的产电量会非常巨大,例如,中国澜沧江上曼湾大坝的发电量为150万千瓦,发电量相当于现代最大的核电厂或化石燃料发电厂。

如何建造水坝?

最早的水坝是土制的,土这种材料可以大量获得,运送起来也很简单,现在土仍在使用,尽管许多水坝都面临着失败的风险,但由于工程师们已经掌握了一套必须遵守的规则保证水坝修建成功,因此现代土坝比远古时期修建的要安全。

如果水流穿过坝墙或在坝墙下流过,水流就会冲走坝墙材料,甚至使整座大坝坍塌,因此,大坝必须能防水。如果我们无法使泥土防水,那么现代土坝的地基必须是不透水的,内部核心也必须防水。

水必须流过大坝顶部,这也会冲走大坝的建筑材料,破坏其结构。了解到这点意味着要连续几年研究河流的流动情况,首先必须要了解河流在一年中不同时期的流量,以及可能会出现的最大流量。然后,建造出的水坝高度才足够阻止浪潮将其淹没,要在水坝顶部和预计可达到的最高水位之间流出一定的安全余地,最高水位和水坝顶部之间的距离被称为*出水高度*。水坝一侧或两侧上的泻水通道可以提供进一步的保护作用,使多余的水流走,而不是将水坝淹没。

水坝的形状也很重要,如图64所示,坝墙应修成缓坡形,在上游一带,缓坡可以将流水作用力扩散在较大的表面积上,这样就可以防止水坝结构被冲垮,人们还经常使用一大片被称为*抛石*的松散岩石覆盖表面来增强防护,它可以吸收一些流水的能量。在下游一带,水坝表面必须能防雨,如果做不到这点的话,雨水就会冲走大量建筑材料,使水坝损坏。下游水坝表面也要用生长的草或其他植物来加以保护,如果坡度不太陡,这些植物都易于种植管理。

最后,上游一带的水压会使水坝泥土变得饱和。水就会在渗透界限下穿流过坝体,除非渗透率得到控制,否则水坝最终会变得不结实,并出现灾难性的泥石流坍塌事故。同样,如果上游水位突然下降,水就没有足够的时间从饱和泥土中慢慢渗流,相反,水会快速地流出去。这时,缓坡再次发挥了作用,它可以减少建筑材料

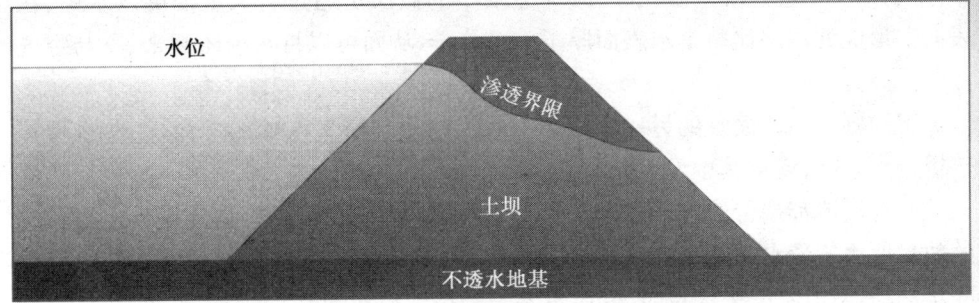

图 64　土坝

向坝底滑坡的危险性。一些水坝也建有排水设施,用一层沙土制成,安放在下游表面附近水坝下的不透水地基之上。排水设施将从坝体渗过来的水排走,其效果就是可以将渗透界限位于水坝的中心位置,从而远离下游表面。

随着水坝建设的进行,许多土坝开始部分地、最后全部都用岩石填充,并用一层垢工水泥作为外皮将其密封。其他的技术也引进过来,现在,修建水坝有很多不同的方式,工程师们会选择出适合水坝位置的一种方法或者使设计出的水坝包含两种或两种以上基本类型的要素。

在河流上筑坝是建造大型水库最简单的方法,但还有另外一种选择。可以将一部分河水转移到运河或水管中,并将其贮存起来。水可以贮存在河谷以外,水在转移之前通过天然洞穴或为此目的挖掘出来的洞穴而流经过河谷。

最初,建造水库是为了给人和牲畜提供饮用水,这就解释了为什么欧洲的乡村挖了许多池塘。为工厂和家庭提供可靠水源依然很重要,但现在,大多数水坝中的水都用来灌溉庄稼和发电,一些河流上的水库还用来存留多余的河水,否则,这些水会引起洪灾。

水坝的缺陷

水坝后面的水库主要存在两种严重的缺陷。尤其是在低纬度地区,水库因为大面积表面上的蒸发而流失了大量的水分,每年流失的水量可以达到几英尺,流失的速度在干旱期间最快,干旱时空气干燥而炎热。在澳大利亚很多地方,潜在蒸发率(参见"沙漠在哪里"部分)高于每年的降雨量,在有些地方,甚至比降雨量达高出很多。例如,在布罗肯希尔,年均降雨量为 7 英寸(178 毫米)而潜在蒸发率则达到

96英寸(2 438毫米)。一些水库减少蒸发率的做法是通过将大量油倒入水中、在表面上形成的油层比整个水表面厚了一个分子,从而可以将水封闭起来、不与空气接触。

沉淀则是水库面临的另一个问题。沉淀缩短了所有水库的寿命,一些水坝建造得过大,使沉淀在其中发生。

所有河流都携带着悬浮在水中的土壤颗粒,颗粒大小不同,河流携带土壤颗粒的数量取决于流水的能量,而这一能量又由水流动的速度决定。水坝使流水变得静止不动,当流水失去能量时,同时也会失去携带泥沙的能力,尽管泥沙颗粒很小,但他们仍然会沉到水底部。在水底,泥沙聚集起来,形成一层沉淀物,而且会逐渐增厚,抬升水库底部,减少水库的蓄水量。通过挖泥可以取出沉淀物,但这通常过于昂贵,并且,要知道任何水库的蓄水量都会逐渐减少,直到最后湖水浅得已经没有什么用处了。

土地、家园和古迹的流失

水库是一个湖泊,但通过在河流上修建水坝而形成的水库却不是天然湖。这种水库占据了从前干旱的土地,而大多数最干旱的土地都无人居住,或者在过去有人居住,保留着一些重要的历史或考古遗迹。出于这个原因,水坝的修建及相关的水库修建经常会导致严重的社会动乱并引起科学上的关注。

中国长江三峡地区的新中华大坝预计在2009年即将最后竣工。在竣工时,大坝长度约为1.2英里(1.9公里),后面的水库宽为1 200码(1 098米),长为370英里(595公里)。该工程是为了防止水灾的发生,水灾在历史上曾发生过几次,并导致不计其数的人死亡,另外,其他的一些目的还包括为以前没有水的地区提供水源,增加当地渔业规模,使工业扩展提供许多人都需要的就业机会。然而,大坝位于山谷中,里面居住着75万人,这些人的家庭被重新安置场所。这只是一个情况比较严重的例子,但大多数大型水库工程都会引起与此类似的问题。即使没有人居住在大水即将淹没的地区中,但这片地区对于野生动物保护也具有重大意义。

水坝带来的利益和修建水坝带来的负效应之间永远也无法达到平衡。世界水坝委员会(WCD)是一个由联合国环境项目支持的国际机构,据该委员会估计,在全世界,计划进行或者目前正在进行的大型水坝建设使4 000万到8 000万人举家搬迁。从1950年到1990年,仅在印度和中国修建的大坝就使2 600万人到5 800万人搬迁。WCD发现在进行详细调查的34个水坝建设项目中,只有7个项目有当地人参与决策，它还发现生活受到干扰最严重的人们基本都是农村居民，许多人都是农民、少数民族和妇女。

阿斯旺高坝的建设在1970年竣工，据说，它是自金字塔修建以来埃及最伟大的建筑，坝中的水足以填满纳瑟尔河，纳瑟尔河长为499公里(310英里)，平均宽度为9.6公里(6英里)。湖水淹没的地区是法老拉姆兹二世下令建造阿布辛贝勒神庙的所在地，神庙中建有四座他的雕像，每座雕像高度达20米(65英尺)，在入口处两侧排开。在其中一座雕像的脚下还刻有一片浮雕，表现的是哈皮神的两座雕像，他们代表着每年发生的尼罗河水灾。神庙本身就雕刻在沙石悬崖上，尽管修建了大坝，但庙中的雕像却得以挽救，它们被从悬崖上切割下来，转移到河流上另外一个地点，在那里，人们仍然可以看见它们。然而，通过大坝调控水流量和泥沙含量，大坝已经极大地减少了营养物质流入东地中海的速度，这使捕鱼量减少到还不及修建水坝前的1/4。

幼发拉底河上比莱齐克大坝后面的湖泊在2000年6月被洪水填满，淹没了古罗马时期的赛路西亚和阿帕米亚城，这两座城合在一起被称为祖玛，是东西两个半球的交会处。祖玛具有重要的历史意义，一些学者将其与庞培城相提并论，考古学家在遗址上尽可能多地使其恢复到消失以前的样子，但现在它仍被隐藏起来。然而，这两座城并不一定会被摧毁，原因是许多艺术品可以在水下保存下来，甚至可以得到水的保护。建议在底格里斯河上修建的水坝甚至威胁到更多的古代遗迹，包括世界上最古老的城市卡塔勒霍育克，以及被人们认为是中世纪西亚最重要的科尔迪什皇室的发源地哈森夫。公众对伊利苏水坝可能造成的影响呼声一直很高，原因是由于修建这座水坝导致搬迁的居民人数众多，也因为工程会威胁到古物的保护，因此，这项工程可能不会进行了。

但问题总是很复杂，水对于灌溉核工业使用来说是必不可少的，现代修建的水坝还可以生产大量的电力。这些益处加在一起可以扩展农业和工业，创造就业机会，并提高生活水平。这些利益——更多高质量的学校和医院、更好的家园、更多的营养物质——可以让每个人都来分享，但并不是每个人都会分享到它的弊端。背井离乡的人们经常是一片地区中最贫穷的人，水坝建设又使他们的生活更加贫苦。几年以前，大型水坝似乎只有益处而没有弊端，现在，人们已经意识到与其相关的问题，这就意味着将来必须更加谨慎小心地减少危害性后果，保证会受到影响的人们可以在规划自己的未来时有一定的发言权。

节约用水

大多数水坝都提供多种休闲娱乐设施。来到这里的游客可以在四处散步,在岸边野餐,也可以在水上航行、钓鱼,它们成为受人欢迎的旅游胜地。然而,在提议修建一个新水库时,通常修建计划都会受到人们强烈的反对。人们不想看到曾经熟悉的山谷被水淹没,而且工程建造本身就会对附近居住的居民造成极大的干扰。

对此立即做出的回应就是倡议每个人都要节约用水。有人建议说只要我们稍加注意,就可以利用目前的有效水量进行我们的日常生活。实际上,并不真正需要修建更多的水坝。

淋浴、盆浴、水管漏水和厕所冲水

但是,上述说法多少有些绝对,当然,有些地方需要修建新水库,保护水是明智之举。(扩展书目中所列网站提供了一些节约用水的方法。)比如说,在浴缸中洗澡会用掉136立升(30加仑)的水,如果改用淋浴就会少用许多水。使用正常淋浴喷头,每分钟会用掉14—45立升(10加仑)水。当然,如果你冲淋浴的时间持续3到10分钟,你用掉的水就会多于你进行盆浴的水量,而且,在浴缸中,你想泡多久就泡多久。如果你希望冲淋浴的时间久一些,最好使用经济性淋浴头,这样确实可以节水,每分钟仅会用掉9—11立升(2.5加仑)的水,而且在淋浴12—15分钟以后,用水量才会大于盆浴。如果家里有四口人,每人每天都洗澡,一个星期就会总共用掉1 819立升(840加仑)的水。相反,如果他们使用经济型淋浴喷头淋浴5分钟的话,一星期则会用掉1 273—1 591立升(280—350加仑)水。这节约了大量的用水,如果你要为使用的供水按照水表付费的话,这也会给你节省开支。

漏水水管极易修理,它们浪费的水量却很惊人。水不断滴流看似很少,但如果水管每秒漏下一滴水,在一年的时间里,水管就会漏走11 365立升(2 500加仑)水。

常规型坐便每次冲水时使用16—27立升(3.5—6加仑)水,当然,这个数量主要取决于冲水的时间有多久。这里,我们还可以实现节约用水。1994年问世的低流量坐便仅使用7.3立升(1.6加仑)水。将这两种坐便进行比较,如果一个四口之家平均每天坐便冲水20次,常规型坐便一星期会用掉2 227—3 819立升(490—840加仑)水,而低流量坐便则会使用水量减少到1 018立升(224加仑)。

园艺用水量则更大,各家庭平均每天使用455立升(100加仑)水浇灌花园,通过集中雨水可以减少这一需水量,但在干旱期间,储存起来的水很快就会枯竭。一些人使用用过的洗澡水浇灌花园,这也会起到作用。使用一些经过改造的水管,洗澡水或洗碗水就可以用来冲厕所了。

美国的用水量

每个地方的用水量不尽相同。在纽约城,每个人每天在家中的用水量约为1 000立升(220加仑),菲尼克斯城的个人用水量则约为1 182立升(260加仑),但图克森的个人用水量仅有727立升(160加仑)图克森的用水需求要低于其他城市,原因是图克森积极鼓励其居民通过多种方法节约用水,包括种植不需要浇水的原生沙漠植物,而不去种植需要大量浇水的草坪。一个地区内的用水量也有极大的差异,在1985年,新墨西哥州安柯德用水量约为每人每天245立升(54加仑),但在新墨西哥州的泰荣,人均每天用水量则为1 923立升(423加仑)。

在全美国,人均每日用水量为832立升(183加仑)。显然,即使水量不多,我们的生活也可以过得不错,而且有充足的水用来饮用、准备食物和做饭。每人每天用在这些方面的水仅有9立升(2加仑)左右。

当然,水可以循环使用,水在使用后可以聚集起来、进行净化,之后再次供人们使用(参见"水循环与水净化"部分)。即使这种水饮用起来似乎并不安全,但它仍适合工业使用或灌溉庄稼。

水流向何方?

每天工业、商业和家庭使用的各种用途所需用水量为9 000立升(2 000加仑),而每人每天在家中的用水量为183加仑左右,这两个数字至今有极大的差异。造成这一差异的主要原因是灌溉庄稼用掉的水,农场的用水量占美国全部淡水供应量的81%,而这些灌溉用水几乎全部使用在了西部,那里的水资源最为匮乏。这就告诉我们为什么许多西部城市现在发现它们正在和农民竞争用水。

工业使用掉8%左右的淡水供应,每提取加工1立升(1加仑)的石油大约需用掉400立升(400加仑)的水,而制造一辆燃烧汽油的汽车则需用水22.73万立升(5万加仑)。即使制作一杯软饮料也需要使用大约0.2立升(1/3品脱)水,这其中包括开采加工金属的用水量,但大多数的水都用在冷却和清洗上,因此,这些水基本可以循环使用多次。

尽管我们尽量节约用水,但在图克森,取用水的速度仍比重新补充水量的速度快上几倍。现在,问题有所缓解,但并未完全解决。尽量少用水不仅仅是个好主意,而且是必须做到的,除非我们学会更加高效地灌溉庄稼、增加工业用水循环的次数、减少家庭用水的数量,否则最终水资源的短缺会变得非常突出,到那时,至少在一年中部分时间里对用水进行定量配给就不可避免了。

气候变化会带来更多的干旱吗

气候在不断变化,历史上不同时期的气候与现在有极大的差异。在距离现在较近的一次冰河世纪时期,厚厚的冰层覆盖着北纬50°以北的大部分陆地,目前芝加哥所在地的气候在当时却与现在格陵兰中部的气候很相似。那次冰河世纪大约在1万年以前就结束了,但在此之前却出现过多次冰河世纪。在中世纪,北欧和北美洲出现了空前绝后的温暖气候,这被称为中世纪暖期。当时,正值斯堪的纳维亚人在格陵兰岛上定居下来,并在那里种植庄稼。之后,在公元1300年以后,天气变得寒冷,这一时期则被称为"小冰川期"。直到18世纪,温度才有所回升,在整个19世纪和20世纪早期,这种温暖天气一直在持续着。现在的科学家们相信全世界的平均气温在不断上升。自从1880年以来,人们就认为全世界平均气温升高了0.6℃(1℉)。

但天气并不是在一直变暖。从20世纪20年代一直到1940年左右,气温上升得很快,之后,从1940年左右一直到1980年左右,气温却在下降。温度下降得并不明显,下降的幅度小于1940年以前上升的幅度,许多气象学家认为自1980年起,气温就在急剧上升,使现在的气候比18世纪和19世纪都暖和,而且有可能比以前几千年历史中的任何一个时期也都要暖和。

温度记录

人们通过地面上气象站的测量来记录温度,我们也可以使用无线电探空气球上携带的仪器设备直接测量温度,自1979年以来,地球卫星也对温度进行了检测。在某一特定纬度上进行的无线电探空压力测量也可以间接地测量温度。如果科学家知道某一特定纬度上的大气压,那么他们就可以非常精确地计算出该纬度上的温度。三套探测气球和卫星测量并没显示出显著的温度变化,地表气象站的记录也不能显示出这一变化,但这并不一定意味着地表附近的空气没有升温,而是表明升温仅仅影响着大气的最底层,也许地表温度测量显示出的升温实在有点过高。尽管一些气候科学家争辩说自1998年以来,厄尔尼诺现象(参见"厄尔尼诺现象与拉尼娜现象"部分)造成1998年天气格外温暖之外,整个世界的气温并没有出现任何的升高。

气温升高并不是均匀地分布,但我们在对待这个问题上却忽略了全球气候的复杂性。从1960年到1986年,在位于北纬70°以北的北极地区,气温比1931年到1969年这期间的气温低。南极半岛温度升高的幅度比世界上大多数地方的升温幅度都大,但南极内陆连续几十年都在变冷。许多地方的冰川都在缩减,但新西兰和斯堪的纳维亚南部的冰川却在扩张,北冰洋中的冰层厚度减少,但这可能是冰层下温暖洋流流动速度加快造成的,而不是气温升高造成的。欧洲在20世纪90年代期间冬季一直比较温和,但这可能是被称为*北大西洋涛动*的这种气压分布循环变化造成的,北大西洋涛动影响着整个海洋天气体系的积极性,还是流入北冰洋的洋流流速加快。海平面在一年中平均升高1.5米(0.06英寸),但并不是每个地方都升高了这么多,而且,很多时候这种测量非常复杂,这其中的原因主要是因为在一些地方,由于地壳运动,陆地的高度出现上升或下降。例如,斯堪的纳维亚和苏格兰的陆地在冰河世纪一直处于冰层的重力下,在冰层消失以后,陆地摆脱了这种压力,因此这两个地方的陆地高度就在上升。

黑体辐射

气候科学家认为平均温度和大气中某些气体和颗粒的浓度有一定的关联,到达地球的太阳能辐射波主要都是短波(参见补充信息栏:太阳光谱),短波辐射可以像光线穿过玻璃一样穿透大气层,这种辐射使地球升温。

补充信息栏

太阳光谱

光、辐射热量、r射线、X射线和无线电波是各种形式的电磁辐射,这种辐射以光的速度传递。各种形式的辐射波长不同。波长是一个波峰和下一个波峰间的距离。波长越短,辐射的能量越大。波长的范围叫光谱,太阳在各种波长发出电磁辐射,所以光谱范围大。

r射线是最高能量的辐射形式,波长为10^{-10}—10^{-14}微米(1微米等于1米的百万分之一)。下一个是X射线,波长为10^{-5}—10^{-3}微米。太阳放射r射线和X射线,但是所有的射线都在地球的高空大气中被吸收,不能到达地面。紫外(UV)辐射波长为0.004—4微米,较短的波长在0.2微米以下,在大气中被吸收,但是较长的波长到达地面。可见光波长为0.4—0.7微米,红外辐射波长为0.8微米—1毫米,微波波长为1毫米—30厘米,无线电波波长为100公里(62.5英里)。

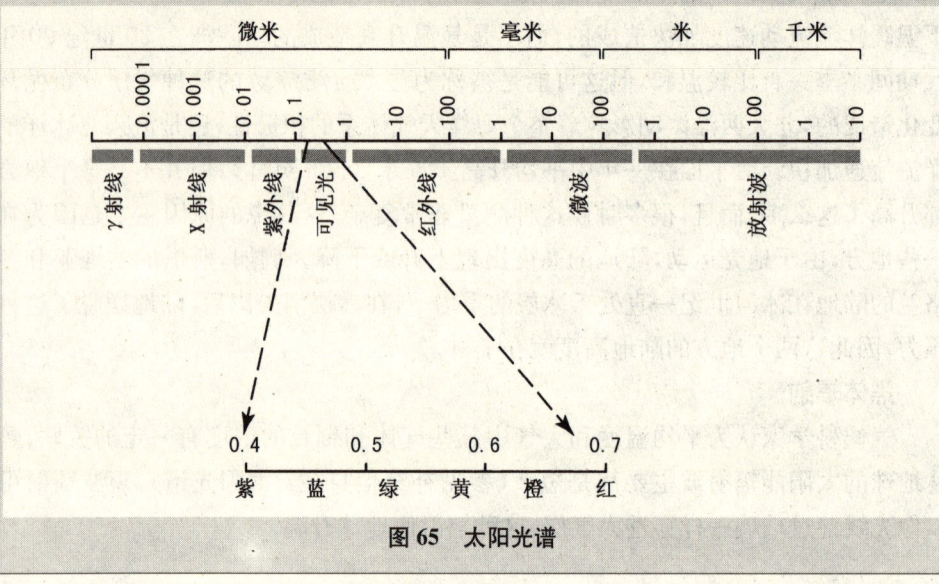

图65　太阳光谱

当物体的温度高于周围环境的温度时——对于星球或行星来说,就是它们的温度高于太空温度时,物体辐射的波长与物体温度成反比。也就是说,物体温度越高,物体辐射的波长就越短。将到达其表面的辐射全部吸收并以较长的波长再全部辐射出去的物体被称为黑体,这种辐射也被称为黑体辐射。世界上并没有真正的黑体,但地球已经非常接近黑体了。

地球黑体辐射出去的热量又回到太空中,地球表面辐射的波长较长。

增强温室效应

长波辐射并不能够完全穿透空气,某些气体分子会吸收辐射,然后再将其辐射出去,但辐射的方向各自不同。其中的一些辐射使其他气体分子升温,这就是大气层自身升温,大气层就像一个温室,可以让(短波)光线进入,但却阻止长波辐射热能离开,因此,温室中的气温比外部高。(实际上,这么说有些误导人。温室的内部之所以温度较高是因为建筑物阻止其内部空气与外部空气相混合。)

这种现象通常被称为*温室效应*,而更多的人将其称为*增强温室效应*。这主要是因为空气中原本就存在的一些气体特别是二氧化碳、甲烷、氧化亚氮和臭氧与力量最强大的温室气体——水蒸气在一起产生了一种自然升温的效应(温室效应)。如果没有天然的温室效应,全球平均地表温度就会是-4℉(-20℃),而现在的平均地表温度却是59℉(15℃)。

目前人们关注的是燃烧煤、油和气体、砍伐森林和某些农业耕种行为会增加这些温室气体的浓度。我们的行为会因此而增加天然的温室效应。CFC(氟立昂)也具有升温的效应,包括烟灰在内的某些颗粒也会吸收长波辐射,使空气升温。其他的一些颗粒,特别是二氧化硫会反射短波辐射,这就具有降温的作用。

气候变化政府工作组(IPCC)的科学家们也计算出来如果这些温室气体的浓度增加一倍,从1990年到2100年,平均气温就会上升2.5—10.4℉(1.4—5.8℃)。用来得出这一结论的电脑程序非常复杂,但这一数字的活动范围很大——最高和最低温度之间相差7.9℉(4.4℃),这表明了科学上不确定性的程度。这也是因为我们需要将许多设想考虑在内,包括关于未来经济技术发展、人口增长、人类行为和颗粒物体冷却作用范围的设想。在未来的几年中,电脑程序会得以改进,但目前,我们应该及其谨慎地对待这一项目。

温室效应会是怎样的?

整个世界普遍变暖可能会导致目前气候带的移动。赤道带和热带范围会扩大,温带地区则会被推挤到较高的纬度上,冻原和极地气候覆盖的地区面积将会变小。

然而,事实要比这复杂得多。变暖的空气意味着水分蒸发的增加,这会通过将水表面流失的蒸发潜热(参见"降雨、蒸发、升华、沉淀和消融"部分的补充信息栏:潜热与露点)而使水表面降温,但水蒸气是一种力量强大的温室气体,其发挥的作用在全部天然温室效应中占绝大多数。大气中更多的水蒸气会产生升温效应,然而,上升空气温度降低,因此,会形成更多的云,特别是在热带地区,海洋覆盖的地表面积在全部地表面积中所占的比例大于温带地区。这也会产生升温作用,原因是在水蒸气凝结时会释放潜热,但同时,由于低空云朵反射光线,因此也会产生冷却作用。如果云朵覆盖面积增加——在最近几十年里,多云天气在增多——,降雨量就会增加,同时携带冷空气下降。然而,由冰晶构成的高空云反射的辐射量就少得多,原因是高空云云层较薄,但也会吸收长波辐射。这样一来,卷云和卷层云就会使大气升温,另外,不同地区也会经历不同种类的变化。

显然,对升温效应进行计算是非常困难的,但气温在陆地上升高的幅度似乎大于海洋上的升温幅度。在高纬度地区和受亚洲季风影响的地区(参见"季风"部分),降雨量会增加,但在一些内陆地区,夏季会变得更加干燥。

温度升温主要出现在高纬度地区,这是水蒸气和二氧化碳之间的平衡造成的。热带地区上空的空气总是很湿润,因此那里的温室效应也很强烈。增加二氧化碳会使在湿润空气中产生的效应小于在干燥空气中的效应,并且大多数热带地区都会失去温室效应,原因是热带空气由于对流而上升,形成大型的云朵,会反射辐射。二氧化碳的增多在温度最低、最干燥的空气中产生的温室效应最大,这样的空气中含有最少量的水蒸气,因此,经历的天然温室效应也就最小。在北美洲西北部和西伯利亚北部的冬季,空气温度最低、最干燥。这里也就应该是升温最显著的地方,实际上,人们已经观察到了这一点。

随着越来越多的降雨作为雪降落在这片地区,冰层就会增厚,而不是像一些人担心的那样,出现融化现象。南极西部的冰层和格陵兰局部地区的冰层似乎就在逐渐增厚,海平面也在上升,原因是海洋升温时体积会膨胀,但冰层持续增厚则会使海平面上升的幅度不会太大。

干旱会增多还是会减少?

温度升高就意味着水分蒸发量会增加,如果空气中包含更多的水蒸气,那么天空中就会形成更多的云;如果更多的云形成,那么就会出现更多的降雨和降雪。看起来,干旱在以后出现的频率会越来越少。

可不幸的是,事情没有这么简单。在20世纪,北纬30°到北纬85°之间的降雨量有所增长,赤道和南纬55°之间的降雨量也增加了一些。在20世纪晚期,欧洲、斯堪的纳维亚和澳大利亚地区降雨量增加的不太显著,这主要是北大西洋涛动造成的。然而,自20世纪60年代以来,南非和萨哈拉地区的天气状况则比平时干燥,即风雨也没有出现整体的改变。

但事关紧要的并不是降雨本身,而是降雨量和蒸发量之间的比例。如果潜在蒸发量——从所有裸露的水表面蒸发掉的水量——超过了降雨量,那么土壤就会变得更加干燥。所有降雨量都会快速蒸发,干旱则会变得更加常见。潜在蒸发量取决于温度,因此无论温度升高多少都会很关键,温度升高的形式也很关键。如果空气在日间升温,气温的升高就会影响到温度已经不低的空气,那么,潜在蒸发量就会出现大幅增加。如果气温升高出现在夜间,它就会影响到温度相对较低的空气,蒸发量就会少一些。据观测,2/3 的升温都出现在夜间,这主要是由于夜间云量的增加。云可以减少夜间地表辐射出去的热量,实际上,升温也就是夜间降温时间的缩短,这就意味着升温更多的是由于最低温度上升造成的,而不是由于最高温度上升造成的,并且升温也意味着日夜之间以及冬夏之间的温度差异有所减少。如果这一趋势继续下去的话,再加上升温主要在冬季出现在高纬度地区,那么干旱在大多数地方出现的频率就有可能越来越少。

预测的可靠性有多大?

这种预测没有看上去那么确定。尽管气候科学家们相信大气中温室气体的增加一定会产生升温的效果,但对于这种效果的程度人们仍持有很大的怀疑。气候自然会发生变化,如果报道中的升温确实出现,那么其中的一部分升温完全是自然现象,与人类的活动毫无关系。由于太阳在最近这几年活动频繁,太阳辐射量也就更多,因此,一部分升温当然是自然现象。对于气温升高也许有其他的解释,而且,尽管解释的非常谨慎,但观察到的变化建立在什么样的测量基础上也许就不太精确了。将全世界的温度变化测量精确到小数点后一位并将这些数据同长期平均温度进行对比是极其困难的,测量必须为误差留有一定的余地,如果温度真在升高,那么这又可能是持续了几十年的自然变化中的一部分。

人们仍然没有完全理解海洋在使热量从赤道转移走时发挥的影响,科学家用来研究全球气候的电脑程序也无法将关于云形成和当地天气系统的一些细节信息包括在内。

20%释放到空气中的二氧化碳不知去向,这又增添了问题的难度。这些二氧化碳既没在空气中聚集也没溶解在海洋中,没人了解它们究竟去向何方,也许植物吸收了其中的一部分,并且由于二氧化碳的作用与化肥类似,因此植物生长的速度就会变快。在大多数温带地区中,森林面积一直在快速增长,这也会吸收一些二氧化碳,树木的生长季节也延长了几天的时间,这主要是因为冬季的时间变短,这样,从整体看,植物的生长就会增加。但不知去向的二氧化碳之谜仍未得到完全的解释。

还有其他的一些不确定性。从 20 世纪 40 年代到 70 年代,二氧化碳在大气中聚集的速度比以往任何时候都快,但气温却仍然在下降。也许气温下降是大气反应有一定的滞后性造成的,或者是由于一些工厂没有安装减少空气污染的设备,导致气体颗粒在空气中聚集的速度更快,只是没人知道究竟是因为什么。我们也无法真实地将现在观察到的变化与过去发生的变化加以比较,原因是我们还没有足够可靠的记录。不过,众所周知,不仅是气候在发生改变,气候改变的程度也在变化。

关于一段温暖时期的可靠记录倒是有一个。在 16 世纪 30 年代,夏季极其温暖而且干燥。人们也许会觉得气候在稳步变暖,从 1536 年到 1539 年,英国的农业收成非常不错,导致谷物价格下降,1540 年,从 2 月份到 9 月中旬一直持续着一场干旱。樱桃在 5 月底就熟透了,燕麦收割的很早,收获也很充足,只不过一些牛因为河流井水干枯而被渴死。之后,天气就开始变化。1541 年年初,天气极度寒冷,20 年后,即 1564 到 1565 年的冬季是几个世纪以来最为寒冷的冬季。在伦敦,人们在结冻的泰晤士河上踢足球,1564—1565 年的这次严寒冬季标志着小冰川期中最寒冷阶段的来临。

人们的怀疑得到了证实,但这并没有为人们的设想提供充分的基础。气候变化和增强温室效应是精密科学研究的课题,尽管我们仍有许多没掌握的知识,但至今为止,研究结果完全证实了温室气体排放会引发气候的普遍变暖。

显然,我们应该认真地对待计算结果,如果我们发现任何实用的方法来减少温室气体的排放量,就应该对其继续进行深入的研究。如果我们确实在改变世界的气候,那么继续这么做不是什么明智之举,原因是结果会以我们目前无法预见的方式阻止我们的发展。

即使平均气温没有改变,或者仅出现微小的改变,干旱也会发生得更加频繁。我们仅掌握 100 多年的可靠气候记录,但科学家们仍然能够研究过去的气候,使用的信息是他们从大树年轮以及从格陵兰和南极冰层中钻出的冰核获得的。这些证据表明近期发生的干旱在程度上并不严重,在时间上也不漫长。例如,在 13 世纪,美国出现了一次"重大干旱",13 世纪和 16 世纪也分别出现了这种程度的干旱。所有这几次干旱都比尘暴带来的干旱严重,这类干旱可能还会再次出现,因此,我们最好现在就如何从干旱中求生做出规划。

附　　录

国际单位及单位转换

	单位名称	位量的名称	单位符号	转换关系
基本单位	米	长度	m	1米＝3.280 8英尺
	千克(公斤)	质量	kg	1千克＝2.205磅
	秒	时间	s	
	安培	电流	A	
	开尔文	热力学温度	K	1 K＝1℃＝1.8°F
	坎德拉	发光强度	cd	
	摩尔	物质的量	mol	
辅助单位	弧度	平面角	rad	$\pi/2$ rad＝90°
	球面度	立体角	sr	
	库仑	电荷量	C	
	立方米	体积	m^3	1米^3＝1.308码^3
	法拉	电容	F	
	亨利	电感	H	
	赫兹	频率	Hz	
	焦耳	能量	J	1焦耳＝0.238 9卡路里
	千克每立方米	密度	kg m^{-3}	1千克/立方米＝0.062 4磅/立方英尺
	流明	光通量	lm	
	勒克斯	光照度	lx	

续表

	单位名称	位量的名称	单位符号	转换关系
导出单位	米每秒	速度	m s^{-1}	1米每秒=3.281英尺每秒
	米每二次方秒	加速度	m s^{-2}	
	摩尔每立方米	浓度	mol m^{-3}	
	牛顿	力	N	1牛顿=7.218磅力
	欧姆	电阻	Ω	
	帕斯卡	气压	Pa	1帕=0.145磅/平方英寸
	弧度每秒	角速度	rad s^{-1}	
	弧度每二次方秒	角加速度	rad s^{-2}	
	平方米	面积	m^2	1米^2=1.196码^2
	特斯拉	磁通量密度	T	
	伏特	电动势	V	
	瓦特	功率	W	1 W=3.412 Btu h^{-1}
	韦伯	磁通量	Wb	

国际单位制使用的前缀（放在国际单位的前面从而改变其量值）

前缀		代码	量值	前缀		代码	量值
阿	托	a	×10^{-18}	德	西	d	×10^{-1}
费	托	f	×10^{-15}	德	卡	da	×10
区	高	p	×10^{-12}	海	柯	h	×10^2
纳	若	n	×10^{-9}	基	罗	k	×10^3
马	高	μ	×10^{-6}	迈	伽	M	×10^6
米	厘	m	×10^{-3}	吉	伽	G	×10^9
仙	特	c	×10^{-2}	泰	拉	T	×10^{12}

参考书目及扩展阅读书目

"Abu Simbel." Available on-line. URL: www.memphis.edu/egypt/abusimbe.htm. Last modified January 23, 1996. Downloaded October 25, 2002.

Allaby, Michael. *Deserts*. New York: Facts On File, 2000.

——. *Encyclopedia of Weather and Climate*. 2 vols. New York: Facts On File, 2001.

——. *Basics of Environmental Science*, 2d ed. New York: Routledge, 2000.

——. *Elements: Water*. New York: Facts On File, 1992.

"Alternative Wastewater Treatment Overview." Available on-line. URL: www.waterrecycling.com/philosophy.htm. Downloaded October 25, 2002.

American Institute of Preventive Medicine. "First Aid for Heat Exhaustion and Heat Stroke." Available on-line. URL: www.healthy.net/asp/templates/article.asp?PageType=article&ID=1291. Downloaded October 23, 2002.

American Water and Energy Savers. "Save Water 49 Ways." Available on-line. URL: www.americanwater.com/49ways.htm. Last modified April 3, 2002.

American Water Works Association. "Stats On Tap." Available on-line. URL: 12.151.62.61/Advocacy/pressroom/statswp5.cfm. Downloaded October 25, 2002.

"Ancient Pueblo Peoples Page." El Centro College History Department. Available on-line. URL: pw1.net.com/~wandaron/pueblos.html. Downloaded October 23, 2002.

Anderson, Donald M. "The Harmful Algae." Available on-line. URL: www.redtide.whoi.edu/hab/. Revised July 17, 2002.

Asmal, Kader. "Notes from the Chair." *United Nations Chronicle*, 2001. Available on-line. URL: www.un.org/Pubs/chronicle/2001/issue3/0103p50.html. Downloaded October 25, 2002.

"Aztec Floating Gardens." Bradley Hydroponics. Available on-line. URL: www.hydrogarden.com/class1/aztec.htm. Updated November 14, 1998.

Barry, Roger G. and Richard J. Chorley. *Atmosphere, Weather & Climate*, 7th ed. New York:

Routledge, 1998.

Baumann, Paul. *Flood Analysis*. Available on-line. URL: www.oneonta.edu / faculty / baumannpr / geosat2 / Flood _ Management / FLOOD _ MANAGEMENT. htm.

Baur, Jörg, and Jochen Rudolph. "Water Facts and Findings on Large Dams as Pulled from the Report of the World Commission on Dams." *D+C Development and Cooperation*, no. 2 (March / April 2001). Deutsche Stiftung Für internationale Entwicklung. Available on-line. URL: www.dse.de / zeitschr / de201-4. htm. Downloaded October 25, 2002.

"The Bedouin: Culture in Transition." Geographia, 1998. Available on-line. URL: www.geographia.com / egypt / sinai / bedouin. htm. Downloaded October 23, 2002.

"Bhuj Solar Pond." Available on-line. URL: www.terin.org / case / bhuj. htm. Updated July 2000.

Boeckner, Linda, and Kay McKinzie. "Water: The Nutrient." NebGuide. Lincoln: Institute of Agriculture and Natural Resources, University of Nebraska. Available online. URL: www.ianr.unl.edu / pubs / foods / g918. htm. February 1997.

Brewer, Richard. *The Science of Ecology*, 2d ed. Ft. Worth; Tex.: Saunders College Publishing and Harcourt Brace College Publishers, 1994.

Campbell, Neil A. *Biology*, 3d ed. Redwood City, Calif.: The Benjamin / Cummings Publishing Co., Inc., 1993.

Cane, Mark A. "ENSO and Its Prediction: How Well Can We Forecast It?" Available on-line. URL: www.brad.ac.uk / research / ijas / ijasno2 / cane. html. Downloaded October 23, 2002.

"Capillarity of Soil." Available on-line. URL: www.geocities.com / CapeCanaveral / Hall / 1410 / lab-Soil-0. 5. html. Downloaded October 24, 2002.

Climate Prediction Center / NCEP. "El Niño / Southern Oscillation (ENSO) Diagnostic Discussion." Available on-line. URL: www.cpc.ncep.noaa.gov / products / analysis _ monitoring / enso _ advisory / . Downloaded October 10, 2002.

Crossley, Phill. "Xochimilco: Don't Float by the Gardens." Available on-line. URL: www.planeta.com / planeta / 95 / 0895chinampa. html. August 1995.

"Desalination—Producing Potable Water." Available on-line URL: resources.ca.gov / ocean / 97Agenda / Chap5Desal. htm. Downloaded October 25, 2002.

Dollar, Tom. "The Sonoran Desert Heart." In *Wilderness Areas*. Available on-line. URL: www.oneworldjourneys.com / sonoran / natural _ essay. html. Downloaded October 23,

2002.

"Dry Farming." Available on-line. URL: www.rootsweb.com/~coyuma/data/souvenir/farm.htm. Downloaded October 24, 2002.

"The Dust Bowl." Available on-line. URL: www.usd.edu/anth/epa/dust.html. Downloaded October 24, 2002.

Ellis, Terry. "Dry Farming in Utah." Available on-line. URL: www.media.utah.edu/UHE/d/DRYFARM.html. Downloaded October 24, 2002.

El-Sayed, Sayed, and Gert L. van Dijken. "The southeastern Mediterranean ecosystem revisited: Thirty years after the construction of the Aswam High Dam." *Quarterdeck*, 3. 1. Available on-line. URL: www-ocean.tamu.edu/Quarterdeck/QD 3.1/Elsayed.html. Updated July 24, 1995.

"Engineers dig deepest well in Air Force history." Available on-line. URL: www.af.mil/news/Jul1999/n19990712_991331.html. July 12, 1999.

"The ENSO Signal." Available on-line. URL: www.esig.ucar.edu/signal/17/articles.html. Issue 17, May 2001.

"Facts about Antarctica." Available on-line. URL: ast.leeds.ac.uk/haverah/spaseman/faq.shtml. Downloaded October 23, 2002.

Food and Agriculture Organization of the United Nations. Available on-line. URL: www.fao.org/. Downloaded October 24, 2002.

——. "Sahel Weather and Crop Situation." Available on-line. URL: www.fao.org/WAICENT/faoinfo/economic/giews/english/esahel/sahtoc.htm. Downloaded October 24, 2002.

Foth, H. D. *Fundamentals of Soil Science*, 8th ed. New York: John Wiley, 1991.

Geerts, B., and M. Wheeler. "The Madden-Julian Oscillation." Available on-line. URL: www-das.uwyo.edu/~geerts/cwx/notes/chap12/mjo.html. May 1998.

"Harmful Algal Bloom Forecasting Project." Available on-line. URL: www.csc.noaa.gov/crs/habf/. Updated August 28, 2002.

Hayes, William A., and Fenster, C. R. "Understanding Wind Erosion And Its Control." Lincoln: Cooperative Extension, Institute of Agriculture and Natural Resources, University of Nebraska. Available on-line. URL: www.ianr.unl.edu/pubs/soil/g474.htm. August 1996.

Henderson-Sellers, Ann, and Peter J. Robinson, *Contemporary Climatology*, Harlow, U. K.,

Longman, 1986.

Henry, Michael. "About Red Tide…" Mote Marine Laboratory. Available on-line. URL: www.marinelab.sarasota.fl.us/~mhenry/WREDTIDE.phtml. Updated July 3, 2001.

"Himalayan Ice Reveals Climate Warming, Catastrophic Drought." Columbus: Ohio State University. Available on-line. URL: www.acs.ohio-state.edu/units/research/archive/monsoon.htm. Downloaded October 24, 2002.

"The History of Dry-Farming". Available on-line. URL: www.soilandhealth.org/01aglibrary/010102/01010217.html. A brief account of historical examples of dry farming from around the world.

"History of the Dustbowl." Available on-line. URL: www.ultranet.com/~gregjonz/dust/dustbowl.htm. Downloaded October 24, 2002.

"History of Rogun Dam." CISRG Database. Available on-line. URL: www.cadvision.com/retom/rogun.htm. Downloaded October 25, 2002.

"Home Water Saving Tips." Available on-line. URL: www.mwra.state.ma.us/water/html/watsav.htm. Downloaded October 25, 2002.

Hope, Nicholas. "Should the World Bank Fund Large Dams?" Available on-line. URL: www.stanford.edu/~armin/hb145/may7.html. May 7, 2001.

Houghton, J. T., Y. Ding, D. J. Griggs, M. Noguer, P. J. van der Linden, X. Dai, K. Maskell, and C. A. Johnson. *Climate Change 2001: The Scientific Basis*. Cambridge: U. K.: Cambridge University Press for the Intergovernmental Panel on Climate Change, 2001.

"Hyponatremia Information." Reprinted from *Runner's World Daily*. Available on-line. URL: www.detnow.com/healthyliving/reference/hyponatremia.html. Downloaded October 24, 2002.

Idso, Graig D. and Keith E. Idso. "There Has Been No Global Warming for the Past 70 Years", *World Climate Report*, 13, July 2000. www.co2science.org/edit/v3_edit/v3n13edit.htm.

"The Indian Monsoon." Available on-line. URL: yang.gmu.edu/~yang/nasacd/www/indian_monsoon.html. Updated October 1, 1997.

"In the Beginning … The Great Fire of London — 1666." London Fire and Civil Defence Authority in association with AngliaCampus. Available on-line. URL: www.angliacampus.com/education/fire/london/history/greatfir.htm. Downloaded October 24, 2002.

"Introduction to the Dinoflagellata." Available on-line. URL: www.ucmp.berkeley.edu/protista/dinoflagellata.html. Downloaded October 25, 2002.

"Inuit/Eskimo." Available on-line. URL: www.arts.uwaterloo.ca/ANTHRO/rwpark/ArcticArchStuff/Inuit.html. Updated March 1999.

"Inuit Tapiriit Kanatami." Available on-line. URL: www.tapirisat.ca/. Downloaded October 23, 2002.

"ITAIPU Binacional." International Research Institute for Climate Prediction. Available on-line. URL: iri.columbia.edu/application/sector/water/BRAZIL/itaipu.html. Downloaded October 25, 2002.

"ITAIPU Binacional: A Binational Hydroelectric Power Plant." Available on-line. URL: www.sovereign-publications.com/itaipu.htm. Last modified November 14, 2000.

"Jet Stream Analyses and Forecasts at 300 mb." Available on-line. URL: squall.sfsu.edu/crws/jetstream.html. Downloaded October 23, 2002.

Kitchen, Willy and Maggie Ronayne. "The Ilisu Dam in Southeast Turkey: archaeology at risk". *Antiquity*, vol. 75 (2001), 37–8. Available on-line. URL: intarch.ac.uk/antiquity/kitchen.html. Downloaded October 25, 2002.

Knauss, John A. *Introduction to Physical Oceanography*, 2d ed. Upper Saddle River, N.J.: Prentice Hall, 1997.

Lamb, H. H. *Climate, History and the Modern World*, 2d ed. New York: Routledge, 1995.

"Landscape Watering Advice." Metropolitan Domestic Water Improvement District, Tucson, Arizona. Available on-line. URL: www.metrowater.com/wateradvice.htm. Downloaded October 25, 2002.

"Land Use History of the Colorado Plateau — The Anasazi or 'Ancient Pueblo'." Available on-line. URL: www.cpluhna.nau.edu/People/anasazi.htm. Downloaded October 23, 2002.

Lomborg, Bjørn. *The Skeptical Environmentalist*. Cambridge, U.K.: Cambridge University Press, 2001.

McCall, Jim. "The Great Fire of London." Available on-line. URL: www.jmccall.demon.co.uk/history/page2.htm. Downloaded October 24, 2002.

McIlveen, Robin. *Fundamentals of Weather and Climate*. London: Chapman & Hall, 1992.

Maryland Department of the Environment. "Water Conservation: Maryland." Available on-line. URL: www.mde.state.md.us/Programs/WaterPrograms/Water_Conservation/index.asp. Downloaded October 25, 2002.

"Mass Exodus from the Plains." Available on-line. URL: www.pbs.org / wgbh / amex / dustbowl / peopleevents / pandeAMEX08.html. Downloaded October 24, 2002.

Michaels, Patrick J., and Robert C. Balling, Jr. *The Satanic Gases: Clearing the Air about Global Warming*. Washington, D.C.: Cato Institute, 2000.

The Missing Carbon Sink. Woods Hole Research Institute. Available on-line. www.whrc.org / science / carbon / missingc.htm.

Moore, David M., ed. *Green Planet*. Cambridge, U.K.: Cambridge University Press, 1982.

Morrison, David. "Canadian Inuit History." Canadian Museum of Civilization Corporation. Available on-line. URL: www.civilization.ca / educat / oracle / modules / dmorrison / page01_e.html. September 27, 2001.

National Atmospheric and Oceanic Administration. "Impacts of El Niño and Benefits of El Niño Prediction." Available on-line. URL: www.pmel.noaa.gov / tao / elnino / impacts.html. Spring 1994.

National Drought Mitigation Center, University of Nebraska — Lincoln. Available on-line. URL: drought.unl.edu / . Downloaded October 24, 2002.

National Science Foundation, Office of Polar Programs. "Amundsen—Scott South Pole Station." Available on-line. URL: www.nsf.gov / od / opp / support / southp.htm.

National Tourist Board of Greenland. "Greenland Tourism." Available on-line. URL: www.greenland-guide.dk / gt / default.htm. Downloaded October 23, 2002.

Oliver, John E., and John J. Hidore. *Climatology: An Atmospheric Science*, 2d ed. Upper Saddle River, N.J.: Prentice Hall, 2002.

Phillips, G., E. Makaudze, Leonard Unganai, J. Makadho, and M. A. Cane. "Current and Potential Use of Climate Forecasts for Farm Management in Zimbabwe." Available on-line. URL: www.ogp.noaa.gov / mpe / csi / econhd / fy99 / phillips99.htm. Downloaded October 23, 2002.

"Qaanaaq." Available on-line. URL: www.greenland-guide.dk / reg-qaanaaq.htm and www.geocities.com / TheTropics / Resort / 9292 / uspage2.html. Both downloaded October 23, 2002.

"Reports of Algal Blooms." Available on-line. URL: www.state.me.us / dep / blwq / doclake / repbloom.htm. Updated September 12, 2002.

Royal Embassy of Saudi Arabia, Washington, D.C. "Makkah and the Holy Mosque." Available on-line. URL: www.saudiembassy.net / profile / islam / islam_makkah.html. Downloaded October 23, 2002.

Ruddiman, William F. *Earth's Climate, Past and Future*. New York: W. H. Freeman and Co., 2001.

"Sahel." Available on-line. URL: www.pbs.org/wnet/africa/explore/sahel/sahel_overview_lo.html. Downloaded October 24, 2002.

"Sahel Regional Program." East Lansing: Michigan State University. Available on-line. URL: www.aec.msu.edu/agecon/fs2/sahel/. Downloaded October 24, 2002.

"Salt and the Ultraendurance Athlete." Available on-line. URL: www.rice.edu/~jenky/sports/salt.html. Downloaded October 24, 2002.

Schneider, Stephen H., ed. *Encyclopedia of Climate and Weather*. 2 vols. New York: Oxford University Press, 1996.

"Seven Oaks Dam Project." Available on-line. URL: www.co.san-bernadino.ca.us/flood/dampage.htm. Downloaded October 25, 2002.

Smith, Frank E. "Africa, to 1500." Available on-line. URL: www.fsmitha.com/h3/h15-af.htm. Downloaded October 24, 2002.

"Solar Ponds for Trapping Solar Energy." Available on-line. URL: edugreen.teri.res.in/explore/renew/pond.htm. Downloaded October 25, 2002.

"State of the Coastal Environment: Harmful Algal Blooms." Available on-line. URL: state-of-coast.noaa.gov/bulletins/html/hab_14/case.html. Downloaded October 25, 2002.

"Summary of the Discussion on Desalination." Available on-line. URL: www.commonwealthknowledge.net/Desalntn/sumdsion.htm. Downloaded October 25, 2002.

Taylor, George H., and Chad Southards. "Long-term Climate Trends and Salmon Population." Available on-line. URL: www.ocs.orst.edu/reports/climate_fish.html. April 1997.

Texas Water Development Board. "The Drought in Perspective 1996–1998." Available on-line. URL: http://www.twdb.state.tx.us/data/drought/DroughtinPerspective.htm. Updated August 8, 2002.

"Three Gorges Dam Project." ChinaOnline. Available on-line. URL: www.chinaonline.com/refer/ministry_profiles/threegorgesdam.asp. Updated October 3, 2000.

Timeline of The Dust Bowl. Available on-line. URL: www.pbs.org/wgbh/amex/dustbowl/timeline/.

"Tips to Prevent Heat Exhaustion." *Apples For Health*, vol. 1, #12, August 20, 1999. Available on-line. URL: www.applesforhealth.com/heatexhaustl.html.

Todd, Mitchell. "Sahel standardized rainfall index (20 – 8N, 20W – 10E) 1898 – June 2001." Available on-line. URL: tao.atmos.washington.edu / data _ sets / sahel / . May 2002.

"Toxic Algal Blooms — A Sign of Rivers Under Stress." Available on-line. URL: www.science.org.au / nova / 017 / 017key.htm. Posted August 1997.

"The Tundra." Available on-line. URL: www.runet.edu / ~swoodwar / CLASSES / GEOG235 / biomes / tundra / tundra.html. September 30, 1996.

"Tundra: The Not-So Barren Land." Available on-line. URL: www.ucmp.berkeley.edu / glossary / gloss5 / biome / tundra.html.

United Nations Food and Agriculture Organization. "Yemen." Available on-line. URL: www.fao.org / ag / ag1 / aglw / aquastat / countries / yemen.index.stm. Downloaded October 23, 2002.

United States Dept. of Agriculture Forest Service. "American Semidesert and Desert Province." Available on-line. URL: www.fs.fed.us / colorimagemap / images / 322.html. Downloaded October 23, 2002.

United States Environmental Protection Agency. "How We Use Water In These United States." Available on-line. URL: www.epa.gov / OW / you / chapl.html. Updated June 7, 2002.

——. "Water Efficiency Measures for Industry." Office of Wastewater Management. Available on-line. URL: www.epa.gov / owm / water-efficiency / industip.htm. Updated June 28, 2002.

——. "Water Recycling and Reuse: The Environmental Benefits." Available on-line URL: www.epa.gov / region9 / water / recycling / . Downloaded October 25, 2002.

United States Geological Survey. "Drought Watch: Definitions of Drought." Available on-line. URL: md.water.usgs.gov / drought / define.html. Updated June 17, 2000.

Visbeck, Martin. "North Atlantic Oscillation." Available on-line. URL: www.1deo.columbia.edu / ~visbeck / nao / presentation / html / img0.htm.

"Vostok Station." Available on-line. URL: www.newzeal.com / theme / bases / Russia / Vostok.htm. Downloaded October 23, 2002.

"Water Dynamics," in *Ecosystem Function: Water*. Available on-line. URL: www.stanford.edu / ~dmenge / dirt / ecofunctions / water.html. Downloaded October 24, 2002.

Weier, John. "El Niño's Extended Family." Available on-line. URL: earthobservatory.nasa.gov / Study / Oscillations / . November 1999.

"What Is Drought? Understanding and Defining Drought." National Drought Mitigation Center.

Available on-line. URL: drought. unl. edu / whatis / concept. htm. Downloaded October 24, 2002.

Williams, Sara. "Soil Texture: From Sand to Clay." Available on-line. URL: www. ag. usask. ca / cofa / departments / hort / hortinfo / misc / soil. html. Downloaded October 24, 2002.

"Wind Erosion Simulation Models." Available on-line. URL: www. weru. ksu. edu / weps. html. Downloaded October 24, 2002.

"World Bank Lending for Large Dams: A Preliminary Review of Impacts." World Bank, Operations Evaluation Department, September 1, 1996. Available on-line. URL: wbln0018. worldbank. org / oed / oeddoclib. nsf / 3ff836dc39b23cef85256885007b956bb68e3aeed5d 12a4852567f5005d8d95? Open Document. Downloaded October 25, 2002.

World Health Organization. "The Global Water Supply and Sanitation Assessment 2000 Report." Available on-line. URL: www. who. int / water _ sanitation _ health / Globassessment / Globall. htm. Downloaded October 24, 2002.